JN275899

地球進化 46億年の物語

「青い惑星」はいかにしてできたのか

ロバート・ヘイゼン　著
円城寺 守　監訳
渡会圭子　訳

ブルーバックス

カバー装幀／芦澤泰偉・児崎雅淑
カバーイラスト／ⓒAFLO
帯イラスト／いたばしともこ
本文デザイン／土方芳枝
本文図版／さくら工芸社

はじめに

二〇世紀の最も心に残る映像といえば、一九六八年に月を周回した宇宙飛行士が撮影した「地球の出」の写真だろう。地球は、満々と水をたたえた大洋、酸素をたっぷり含む大気、そして生命が存在することがわかっている唯一の惑星だ。この世界がどれほど貴重で特別なものか、私たちははるか昔から知っているはずだった。しかし冷たく荒涼とした月の風景と、生命の存在しない暗黒の空虚な宇宙、そしてそこに浮かぶ青地に白を流し込んだマーブル模様の魅惑的な地球、これらの息をのむようなコントラストは、私たちの予想をはるかに超えるものだった。遠く離れたその場所から見た地球は、ぽつんとして小さく無防備だが、同時に天上のどんなものよりも美しく見えた。

私たちが自分の住むこの星のとりこになるのは当然だろう。キリスト誕生の二世紀以上前に、博物学者でもあったギリシャの哲学者エラトステネスは、地球に関する最古の実験を行った。影を観察するという単純な方法で、地球の全周長を測定したのだ。彼はエジプトの赤道付近の町シエネで、夏至の日の正午に太陽が真上にあるのを確認した。そのとき地面に垂直に立っている柱に影はできていなかった。ところが同じ日の同じ時間、北に八〇〇キロメートルほど離れた沿岸都市のアレキサンドリアでは、柱には短い影ができていた。つまり太陽は真上にはなかったのだ。エラトステネスは、ギリシャの先人、ユークリッドの幾何の定理を使って地球は球体であると結論し、全周長を約四万キロメートルと計算した。現在、赤道上の全周長は四万七五キロメートルということになっているので、驚くほど近い値をはじき出していたわけだ。

何世紀もの間、何千人もの学者（そのごく一部は崇められるべき存在として現在に名を残しているが、大半は歴史の中に埋もれ忘れられている）が、私たちが住む惑星について細かく調べてじっくりと考えてきた。彼らは地球がどのように形成され、天上をどのように動いているか、何でできているのか、そしてどういう仕組みなのかを問い続けている。そして何より科学に携わっている人々は、私たちの活動的な惑星がどのように進化し、生命の息づく世界になったのかを知りたがっている。今日の私たちは、これまでに積み重ねられた驚くべき量の知識と、人間が築き上げた技術の粋により、地球について古代の哲学者が想像もつかないほどのことを知っている。もちろんすべてを知っているわけではないが、地球についての理解は豊かで深い。

そしてそれらの知識は人類の始まりから積み重ねられ、一〇〇〇年以上かけて洗練され、理解が確実なものとなった。その進歩の中で明らかになったのは、地球についての研究は変化についての研究であるということだ。

地球が年ごと、時代ごとに変化していることは、数多くの証拠が示している。スカンジナビア半島の氷河湖に見られる規則的な層をなす年縞《ねんこう》堆積物を調べると、一万三〇〇〇年以上にわたって、粗い砂とより細かい砂が交互に堆積していることがわかる。これは毎年の春の雪解けで浸食が急速に進んだ結果だ。南極大陸とグリーンランドで採取された氷河のボーリングコアを調べたところ、八〇万年以上にわたり季節ごとに積み重ねられた氷の層が現れた。また、ワイオミング州にあるグリーンリバー頁岩《けつがん》層の薄層堆積物には、一〇〇万年以上にわたり、毎年の出来事が保存されている。それぞれの層は古い岩石の上に広がっていて、変化が周期的であることがわかる。

徐々に進行する地質学的プロセスの測定でも、地球の歴史の計り知れないほどの長さが示されている。広大なハワイ諸島が形成されるときには、火山活動がゆっくりと、しかし絶え間なく起こり、何百万年、何千万年にもわたり溶岩が幾重にも表面をおおっていったはずだ。アパラチア山脈をはじめとするなだらかな山脈は、何千万年もの間に起こった、ゆっくりとした浸食と大規模な地滑りでできたものだ。長い長い地球史の過程において、ときに不規則なプレートの動きで大陸が移動し、山が隆起し、海が形成された。

地球は常に変化し、進化し続けている惑星だ。中心の核から地殻まで、絶えず変わっていく。現在も、地球の大気、海洋、陸地は、おそらく近年に例のないスピードで変化している。この世界の不安定な状況に関心を持たないのは愚かなことだし、私たちの多くは気にかけずにはいられないはずだ。私たちはエラトステネスと同じように、ごく自然に地球のことを知りたいと思い、また心配もする。しかし地球については、すでに多くが語られている。その驚くべき過去の物語、予想もつかない変化を続ける現在の状況、そして私たち自身を含めた将来像。それらの知識を最大限に利用しないのも、同じくらい愚かなことだ。

私はこれまでの人生の大半を、活力にあふれ、複雑で、変化し続けるこの惑星を理解することに費やしてきた。少年時代には岩石や鉱物を収集し、部屋の中に化石や結晶、雑多な昆虫や骨をずらりと並べていた。研究者としての仕事を始めてからはずっと、地球にまつわるテーマを追っている。顕微鏡でも見えない原子の実験から始まり、造岩鉱物の分子構造を調べ、地球深層部の加圧調理器のような効果を再現しようと細かな鉱物の粒子を熱して押しつぶしてきた。

時間を経るうちに、時間的にも空間的にもより大きなものへと視野が広がっていった。北アフリカの砂漠からグリーンランドの氷原、ハワイの海岸からロッキー山脈の頂、オーストラリアのグレートバリアリーフをはじめ一〇を超える国々の、化石となった古代のサンゴ礁。これら自然の書物が、元素、鉱物、岩石、生命と共に歩んだ、何十億年にも及ぶ地球の共進化の物語を伝えている。生命の地球化学的起源に鉱物が果たした役割へと研究テーマを移してから、私は嬉々として研究にふけってきたが、地球の歴史を通して、生命と鉱物との共進化は想像をはるかに超えるほどすばらしいと感じた。大陸のあちこちに存在する鍾乳洞を見れば明らかなように、生命から生まれた岩石があるだけでなく、生命そのものが岩石から生まれたのかもしれない。四〇億年を超える地球史において、鉱物と生命の共進化の過程、すなわち地質学と生物学は、驚くような形で絡み合っているが、それが注目されるようになったのはごく最近のことである。二〇〇八年、それらのアイデアが〝鉱物進化〟という論文として発表された。この賛否両論を呼んだ新たな議論は、一部の人たちが鉱物学における二〇〇年ぶりのパラダイム・シフトとして歓迎する一方、慎重派は現在の科学を地質学的な時間と絡めて再構成しようとする異端の説として不安視している。

昔の鉱物学は、地球とその過去についてのすべての知識の中心であったにもかかわらず、不思議なほど進歩や発展がなく、時間による変転という概念から切り離されてきた。これまで二〇〇年以上にわたって、鉱物の化学組成、密度、硬度、光学的性質、結晶構造の測定が、鉱物学者の主な研究対象だった。どこかの自然史博物館を訪れてみれば、私が何を言っているのかわかるだろう。すばらしい結晶の標本がガラスケースの中にずらりと並べられ、ラベルにはその名前と化学式、結晶系、産地などが記されている。そこにある貴重な地球の断片には歴史的な情報がたっぷりと含まれているのだが、その鉱物が生まれた年代やその後の地質学的な変化を示すヒントをさがしても、徒労に終わる可能性が高い。昔の研究方法は、鉱物からその感動的な生活史をほとんど切り離していたのだ。

その従来の見方も変わらざるをえなくなった。地球の豊富な岩石に刻まれた記録を調べるほど、生物と無生物のどちらも含めた自然界が、何度も形を変えているのがわかる。地球は時間の経過とともに変化するという理解が進んだことで、鉱物が*どのように*生まれたかだけでなく、*いつ*生まれたかまで推定できるようになった。そして最近、極端に温度の高い噴火口や酸性の水たまり、北極の氷、成層圏を漂う塵といった、生命を寄せ付けないと考えられていた場所で有機体が発見され、生物の起源と生き残りを理解するうえで、鉱物学が重要な分野とみなされるようになった。この分野で最も権威がある雑誌『アメリカン・ミネラロジスト』の二〇〇八年一一月号で、私と同僚は鉱物の世界とその信じられないような変化について、これまで考慮されていなかった「時間」という面からの新しい考え方を提起した。私たちが強調したのは、はるか昔には、この宇宙のどこにも鉱物が存在しなかったということだ。ビッグバン後の異様に温度の高い混乱した状況では結晶化合物が形成される可能性もなく、ましてそれが残るわけもなかった。最初の原子——水素、ヘリウム、少量のリチウム——が、混沌の中から現れるまで数十万年かかった。それらのガス状元素が重力の作用によって最初の星雲となり、その星雲が崩壊して最初の高温、高密度、白熱の星となるまでに、さらに何百万年もが過ぎた。これら最初の星々が大きくなって超新星爆発を起こし、周囲をおおう元素が豊富に存在するガスが冷えて凝縮し、小さなダイヤモンドの結晶となったときに、宇宙の鉱物学の長い物語が始まったのかもしれない。

それで私は取りつかれたように、岩石の証言に耳を傾けるようになった。それは断片的だったりあいまいだったりすることもあるが、思わず引き込まれる興味深い話で、誕生と死、停滞と流動、起源と進化について語っているはずなのだ。これまで語られなかった壮大で複雑に絡み合った生命と非生命の領域——生命と岩の共進化——には驚きがあふれている。私たちはそれらを分かち合わなくてはならない。それは私たちが地球だからだ。住まいと生きる糧を与えてくれるすべてのもの、私たちが所有する物質すべて、私たちの肉体をつくる原子と分子、それらすべてが地球から生まれ、地球に戻る。私たちの故郷を知ることは、私たちの一部を知ることなのだ。

地球の物語を分かち合わなければならないもう一つの理由は、近年海洋や大気がその長い歴史に類を見ないスピードで変化しているからだ。海面が上昇する一方、水温も上昇し酸性化も進んでいる。世界的に降雨パターンが変化し、気候も荒れやすくなっている。極の氷やツンドラの凍った土が融け、動植物の生息地も変わっている。本書でこれから掘り下げていくが、地球の物語は長い変化の物語でもある。しかし過去にこれほど危険なスピードで変化が起こったとき、生命体はひどい犠牲を払ったように思える。思慮深く、自分たちのために時機をのがさず行動するためには、地球とその物語をよく知らなければならない。三八万キロメートル離れた生命のない世界から撮影されたすばらしい写真を見れば深く納得できるとおり、私たちが住める場所は他にはない。

エラトステネスと彼に続く好奇心の強い何千人もの学者の伝統を受け継ぐ私がこの本を書く目的は、地球の長い変化の歴史を伝えることである。地球は見たままの場所であり、よく知っているように思えるかもしれないが、そこには想像を超える変化が次々と起こっているのだ。私たちの故郷たる惑星の本当の姿を知り、それを形づくってきた悠久の年月を理解するには、まず七つの重要な真実を中心に考える必要がある。

1　地球はリサイクルされた原子でつくられ、それは現在もリサイクルされている。
2　人間の時間枠で考えると、地球はとてつもなく古い。
3　地球は三次元で、その活動の大半は見えないところで行われている。
4　岩石は地球史の記録をとどめている。

5　地球のシステム――岩石、海、大気、生命体――は互いに複雑に結びついている。
6　地球の歴史は停滞している期間が長いが、突然、不可逆的な出来事が起こることがある。
7　生命体は変化し、地球の表面を変化させ続けている。

これらの地球の概念が、壮大な空間と時間の中で複雑に重なり合った原子、鉱物、岩石、そして生命体の物語を形づくっている。そのことについては、宇宙の灼熱の始まりから地球の延々続く進化を説明するあらゆる段階で、また言及することになるだろう。本書の中心となる新しいパラダイムである〝地球と生物の共進化〟は、ビッグバンまでさかのぼる、不可逆で連続した進化の一部である。それぞれの段階に新しいプロセスと現象が始まると、それがやがて地表の形を変えていき、現在、私たちが住んでいる驚異的な世界へと向かうべく着々と地ならしをしていたのだ。これが地球の物語である。

地球進化 46億年の物語 ● 目次

第10章 緑の地球　陸上生物圏の出現　地球の年齢 40億〜46億年……296

第11章 未来　惑星変化のシナリオ　地球の年齢 これからの50億年……328

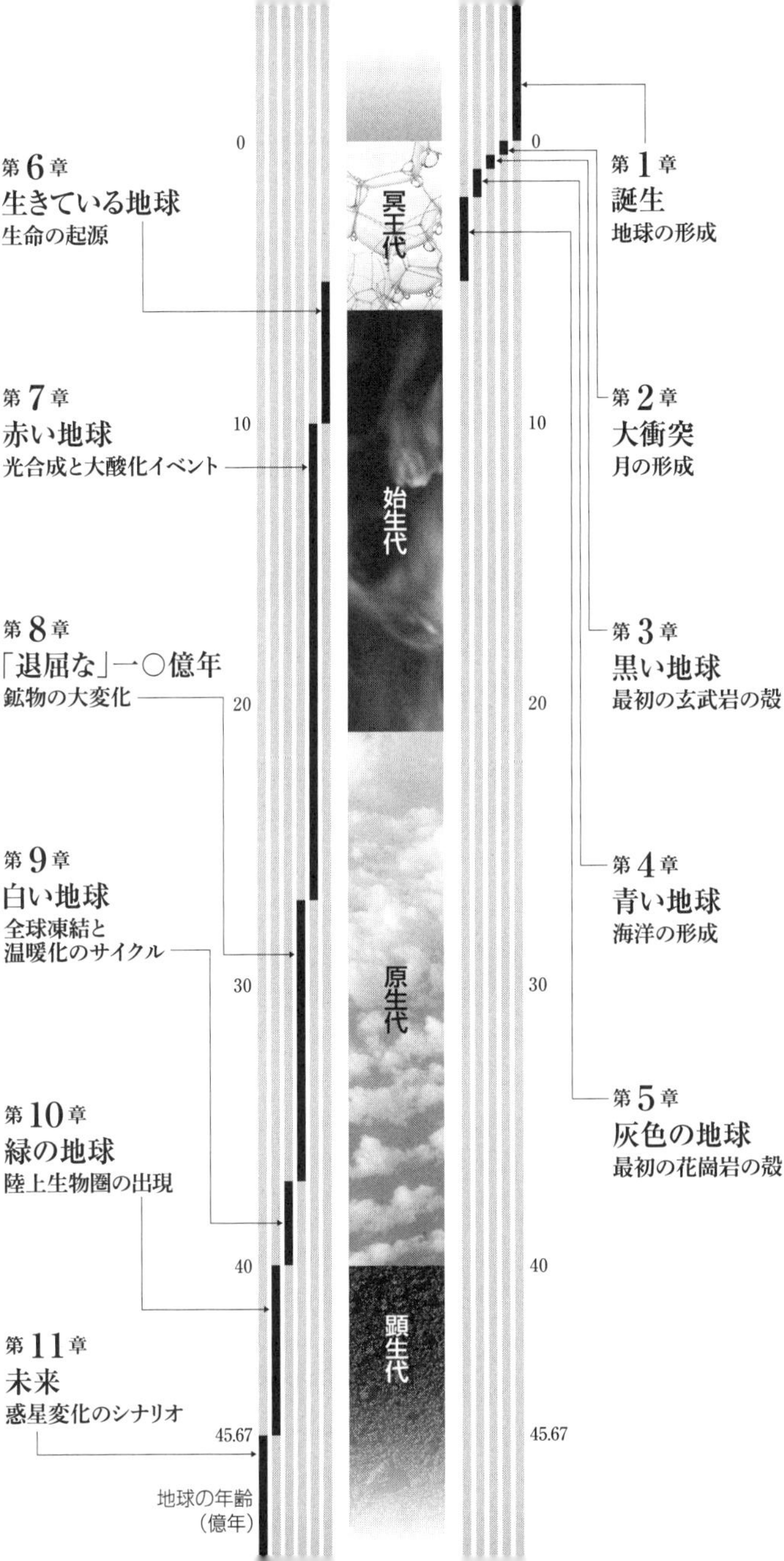

第6章
生きている地球
生命の起源
第7章
赤い地球
光合成と大酸化イベント
第8章
「退屈な」一〇億年
鉱物の大変化
第9章
白い地球
全球凍結と
温暖化のサイクル
第10章
緑の地球
陸上生物圏の出現
第11章
未来
惑星変化のシナリオ
0
10
20
30
40
45.67
地球の年齢
(億年)
冥王代
始生代
原生代
顕生代
第1章
誕生
地球の形成
第2章
大衝突
月の形成
第3章
黒い地球
最初の玄武岩の殻
第4章
青い地球
海洋の形成
第5章
灰色の地球
最初の花崗岩の殻

第1章

誕生

地球の形成

はじめ地球は存在しなかった。そしてそれを熱する太陽もなかった。中央に輝く星とさまざまな惑星と衛星を擁するこの太陽系は宇宙の中では新参者で、できてまだ四五億六七〇〇万年しかたっていない。何もないところからこの世界が現れるまでには、多くのことが起こらなければならなかった。

地球が誕生するための足がかりは、それよりはるか以前にできていた。それがすべての発端であるビッグバンで、最新の推定では一三七億年前ということになっている。その創造の瞬間は、いまだ宇宙の歴史上もっともとらえがたく不可解で決定的な出来事である。無が何ものかへと変容した特異な出来事で、近代の科学の範疇も数学的な理論も及ばない。もし宇宙で創造主の徴候をさがす

地球誕生前の数十億年

なら、手始めはビッグバンだ。

　初めにすべての宇宙、エネルギー、物質は、私たちには知りえない虚空から生まれた。無。その後、何ものかが生じた。これを何かに喩《たと》えるのは、私たちの能力を超えている。私たちの世界は、真空しかなかったところに突然現れたわけではない。ビッグバン以前は空間も時間もなかった。〝無〟というとき、私たちは空っぽを思い浮かべる。しかしビッグバン以前には空っぽにするものがなかったのだ。

　それが突然、何ものかが生じただけでなく、あるべきものがすべて、いっぺんに現れた。誕生したとき原子核よりも小さかった初期宇宙は、ビッグバンによって急速に膨張し、何分の一秒か後に最初の素粒子が生まれた。それが電子とクォークだ。そして一秒が過ぎないうちに、クォークが二つ、三つと結合し、より大きな粒子ができた。すべての原子核に存在する陽子と中性子もここででてきた。すべてがまだ想像を絶するほど高温で、数十万年はその状態が続くが、さらに膨張するとやがて数千℃にまで温度が下がった。ここまで下がってようやく電子が原子核にくっついて、最初の原子がつくられた。これら最初の原子の大半は水素だった。それに数パーセントのヘリウムと、リチウムもわずかに含まれていたようだ。これらの元素が混ざり合って最初の星がつくられた。

最初の光

宇宙をまとめる大きな力となったのは重力である。水素原子は小さなものだが、一個の原子が一〇の六〇乗倍に増えれば、互いに相当な重力が働く。重力によって原子が内側に引っ張られて一つの中心に向かい、そこで星が形成された。中心が高圧の巨大なガスのかたまりだ。巨大な水素雲が崩壊するとき、星が形成されるプロセスで、原子の運動エネルギーが重力による位置エネルギーに変わり、それがもう一度、熱へと変換される。小惑星が地球に衝突したときと同じくらいの激しいプロセスだが、はるかに大量のエネルギーが放出される。水素の中心の温度がやがて数百万℃に、圧力も数百万気圧に達する。

その温度と圧力が引き金となって核融合反応という現象が起こる。そうした極限の状況で、水素原子核（すなわち陽子）二個が衝突して、陽子一個と中性子一個からなる他より重い水素原子核ができる。そのような衝突を何度か繰り返すと、二個の陽子を持つヘリウム原子核ができる。驚いたことに、それでできたヘリウム原子核は、もとの水素原子核二個より一パーセントほど軽いのだ。失われた重さは直接、熱エネルギーへと変換され（水素爆弾の仕組みと同じ）、さらに核融合反応を引き起こす。すると星は〝発火〟して、周囲に放射エネルギーを浴びせる一方、さらに水素から変換されたヘリウムの数が増える。

大きな星々（太陽よりもはるかに大きなものも多い）は、やがて中心部にあった大量の水素を使い切ることになる。しかし極度に高い内部の温度と圧力で、核融合反応がさらに進められた。星の中心部でヘリウム原子が融合して炭素ができた。これは六個の陽子を持つ生命体に不可欠な元素だ。中心部の炭素はさらに融合してネオンに、ネオンが酸素に、さらにマグネシウム、ケイ素、硫黄などができた。星はしだいに、融合反応が起きている一つの層を別の層が包む、タマネギのような構造になった。反応のスピードはどんどん速くなり、最後の鉄ができる段階はたった一日しか続かない。最初の星のライフサイクルのこの時点までで、ビッグバンから何百万年もたっていた。その間に、数多くの星の中で起こった核融合によって、周期表の最初の二六の元素の大部分が生まれていた。

この核融合のプロセスの最後に鉄ができる。水素が融合してヘリウムができるとき、ヘリウムが融合して炭素ができるとき、すべての融合の段階で膨大な核エネルギーが放出される。しかし鉄は原子の中で最小の核エネルギーしか持っていない。燃え上がる炎が燃料すべてを灰に変えるときと同じで、すべてのエネルギーを使い切ってしまった。鉄は核の灰が行きついたものなのだ。鉄を何かと融合させてエネルギーを抽出することはできない。つまり最初の星々の中心に鉄ができたらそこで終了。破滅的な結末を迎える。この時点まで星の内部で二つの大きな力が均衡を保って安定していた。中心へと向かう内向きの重力と、中心から外側へと向かう核融合反応の力だ。しかし中心部が鉄でいっぱいになると、外へ向かおうとする力が止まって内向きの重力が圧倒し、すぐに想像を超える猛烈な現象が起こった。星全体が猛スピードで収縮し、その反動で星自体が爆発した。それが超新星爆発だ。星はばらばらになり、その大半が外側に吹き飛んだ。

化学反応の始まり

宇宙には設計者がいると考える人々にとって、ビッグバンと同じくらい話を始めるきっかけとして都合がいいのが超新星だ。たしかにビッグバンによって必然的に水素原子が生まれ、水素原子から当然のごとく最初の星々が生み出された。しかしそれらの星々が、いかにして私たちが生きている現代の世界へとつながったのかはまったく明らかになっていない。水素の巨大な球がより重い元素を中心に引き寄せて鉄まで生み出したと言っても、それだけでは説明がつかないのだ。

しかし最初にできた星々が爆発したとき、宇宙にそれまでなかったことが起きた。ばらばらになった星の破片によって生み出された元素が宇宙にばらまかれたのだ。炭素、酸素、窒素、リン、硫黄（生命の元）はとくに大量に存在した。岩石や地球型惑星をつくる主成分であるマグネシウム、ケイ素、鉄、アルミニウム、カルシウムも豊富だった。しかしこれらの星が爆発したとき、想像を超えるほどのエネルギーが生じた環境で、これらの元素がそれまでにない方法で新たに融合し、周期表にある元素すべて（二六番をはるかに超える元素）ができた。貴重な銀や金、利用しやすい銅、亜鉛、毒性のある砒《ひ》素や水銀、放射性ウラン、プルトニウムなど、希少な元素も微量ながらここで初めて現れた。さらにこれらの元素すべてが宇宙へと放出されてたまたま出会い、化学反応を起こして、それまでにない形でまとまった。

ありふれた原子が別の原子にぶつかると化学反応が起きる。すべての原子の中心には、正の電荷を帯びた原子核があり、そのまわりには負の電荷を帯びた電子が雲のように浮かんでいる。個々の原子核同士は、恒星内部のような極端な高圧高温の環境以外では、相互作用を起こすことはない。しかし電子は隣の原子の電子と常に衝突している。二個以上の原子が出会い、電子が衝突して配列が変わったとき、化学反応が起こる。そのような電子の移動や共有が起こるのは、ある数の電子が組み合わされると、とくに安定した状態になるからだ。よく知られているのは、二個、一〇個、一八個である。

ビッグバンの直後に起こった最初の化学反応で分子がつくられた。いくつかの原子が一つにまとまったものだ。星の内部で水素原子が融合してヘリウムができる以前から、原子二個の水素分子（H_2）が、深淵宇宙のどこかで化学的に結びついていた。それぞれの水素原子には電子が一個しかない。電子は二個で安定するので、これはやや不安定な状態だ。そのためにこの水素原子が出会うと、協力し合って分子を形成し、安定しやすい二個の電子を共有する。ビッグバンのあと大量の水素があったとすれば、水素分子はきっと最初の星々の誕生以前から存在し、最初の原子が生まれてからずっとこの宇宙の主役であり続けている。

最初の超新星爆発のあと、さまざまな元素が宇宙へと拡散し、他の多くの分子がつくられたはずだ。初期の例の一つとしてあげられるのが、水素原子二個と酸素原子が結びついてできた水（H_2O）だ。おそらく窒素（N_2）、アンモニア（NH_3）、メタン（CH_4）、一酸化炭素（CO）、そして二酸化炭素（CO_2）分子も、超新星の周囲に多く存在していたのだろう。これらの分子はすべて、惑星の形成と生命体の始まりに、重大な役割を果たすことになる。

そして鉱物が現れた。それは化学的に完成し、原子が秩序だって並んでいる結晶質の固体である。鉱物ができるには、それをつくる元素の密度が高くなる一方、原子が整列して小さな結晶ができるくらい温度が低いという状況が必要だった。ビッグバンからわずか数百万年後、最初に星が爆発したときそのまわりをおおっていたものが温度を下げながら拡散し、そのような反応が起こるには打ってつけの状況ができた。おそらく純粋炭素の微小な結晶（ダイヤモンドとグラファイト）が、宇宙で最初の鉱物だった。この先駆的な結晶は細かい塵のようなもので、一つ一つの粒は小さくても、宇宙でダイヤモンドのきらめきが少し見えるくらいの大きさはあったと思われる。まもなく、これら結晶構造の炭素に加え、ありふれたマグネシウム、カルシウム、ケイ素、窒素、酸素を含む高温固体が現れた。アルミニウムと酸素の化合物であるコランダム（ルビーやサファイアなど豊かな色彩が珍重されている）といった、なじみ深いものもある。またペリドットと呼ばれる八月の誕生石、マグネシウムを多く含む苦土《くど》カンラン石、さらに近年、ダイヤモンドの安い合成品として販売されている、炭化ケイ素であるモアッサナイトも現れた。惑星間を漂う塵の中には、今ではありふれた一二種類の〝原始鉱物〟が存在していたと思われる。だからこそ最初の星の爆発で、宇宙はさらにおもしろくなり始めたのだ。

宇宙では何事も一度しかないということはない（おそらくビッグバンを除いて）。大昔に爆発した星の残骸はたえず重力にさらされて、まとまろうとする。前世代の星の断片はこうして新しい種類の星の種ともいうべき新たな星雲を形成する。そのどれもが星間ガスと、以前あった多くの星のがれきの塵から成る。新しい星雲はどれも以前のものより鉄が多いが、水素は少ない。このサイクルが一三七億年続いていて、古い星が新しい星をつくり、ゆっくりと宇宙の構成を変える。何百億もの星が、何百億もの銀河に出現しているのだ。

宇宙を知る手がかり

五〇億年ほど昔、やがて人間が住むことになる銀河辺境の居住地は、中心から渦を巻くように伸びた腕の途中の、星が点在する虚空にあった。暗黒の空間を果てしなく伸びているガスと氷の塵から成る壮大な星雲からは離れたその控えめな場所には、ほとんど何もなかった。その雲の一〇分の九は水素原子で、残りの一〇分の九はヘリウム原子。最後の一パーセントを占めるのは氷と有機分子、微小な鉱物粒子だった。

何百万年も存在していた星雲が、何か（たとえば近くの星が爆発したときの衝撃波）が引き金となって崩壊し、新しい星系がつくられることがある。四六億年前、そのような引き金によって、この太陽系が始まった。一〇〇万年以上かけて太陽系誕生以前に存在していたガスと塵がまとまり、渦を巻いて内側へと引き寄せられていった。スピンするフィギュアスケーターのように、大きな雲の回転がどんどん速くなり、細長い腕が重力によって中心へと引っ張られる。それが崩壊して回転がさらに速度を増すと、雲の濃度が高くなって平べったい円盤のような形になり、中央のふくらみが大きくなっていく。そこから太陽が生まれる。欲張りで水素を大量に含む中央の球が大きくなって、最終的に雲の九九・九パーセントを飲み込んだ。それが大きくなると内部の圧力と温度が融点に達し、太陽を発火させた。

次に何が起きたかを示す手がかりは、私たちの太陽系の記録に保存されている。いくつもの惑星、衛星、彗星、小惑星、そして数多くさまざまなタイプの隕石。一つの際立った特徴は、すべての惑星と衛星が同じ平面上で、同じ方向に太陽のまわりを回っているということだ。さらに太陽と惑星のほとんどが、軸を中心としてほぼ同じ平面で同じ方向に自転している。運動の法則に従ったために、このような共通性が生じたわけではない。惑星も衛星も重力の法則に従いつつ、どのような方向にも（北から南、東から西、上から下、下から上）回転する可能性はあった。惑星と衛星をどこか遠くから見たら、それぞれがもっとばらばらに動いていると思うだろう。しかし太陽系の星々の軌道がほぼ統一されているということは、それらが同じ回転をしている円盤状の塵とガスを材料に、ほぼ同時期につくられたからだと考えられる。それらの巨大な物体すべてに、元となった渦を巻く雲の回転（太陽系全体に共通する角運動量）が保存されているのだ。

太陽系の起源を知るための第二の手がかりは、八個の大きな惑星の独特な配置にあった。太陽に近い四つの惑星（水星、金星、地球、火星）は比較的小さくて岩が多く、主にケイ素、酸素、マグネシウム、鉄でできている。表面は黒っぽい火山性の玄武岩のような、密度の高い岩石が大半を占める。対照的に外側の四つの惑星（木星、土星、天王星、海王星）は、主に水素とヘリウムでできたガス惑星である。これら巨大な星の表面は固体ではなく、奥深く進むほど大気が濃密になっていく。この二つのまったく違う世界から、太陽系の歴史が始まったばかりのころ、つまり太陽の誕生から二〇〇〇〜三〇〇〇年の間に、残っていた水素とヘリウムを、激しい太陽風がはるか遠くの寒冷なところまで吹き飛ばしたことがうかがえる。熱と光を放つ太陽から遠く離れると、その揮発性ガスの温度が下がり、凝縮し、自然に球体にまとまる。一方、中心の熱い星に近いところに留まっていた、もっと大きく、鉱物が豊富に含まれた塵の粒子は、急速に凝縮して岩石の多い内惑星を形成した。

地球をはじめ、他の惑星を形成した荒々しいプロセスは、驚くほど多様な種類の隕石に見事に保存されている。私たちの故郷たる星に、絶えず空から石が降りそそいでいるというのは不穏に思える。実のところ科学界が隕石に注目し始めたのは、およそ二〇〇年前にすぎないが、さまざまな隕石にまつわる逸話が民間伝承では数多く伝えられている。学者が隕石の落下について、まじめに説明し始めたときも、再現可能な証拠がほとんど集められず、それらを記録するのもままならず、ましてや由来について解説するどころではなかった。

アメリカの政治家で博物学者でもあったトーマス・ジェファーソンは、イエール大学の研究者がコネチカット州ウェストンで隕石の衝突を観察したという論文を読んで、こう皮肉った。「石が空から降ってくるということより、二人のヤンキーの教授が嘘をついているという話のほうが信じられるよ」

それから二〇〇年がたち、何万という隕石の発見により、石が降ってくるという事実には異論の余地はなくなった。隕石の専門家や希少なものを奪い合う収集家の数が増えて、今では世界中に博物館や個人的なコレクションも増加している。一時期、そのようなコレクションには、圧倒的に鉄隕石が多かった。外側が黒く、変わった形をしていて、著しく密度が高いといった特徴があり、ありふれた岩石の中にあるとひときわ目立つ。しかし一九六九年以降、南極の氷原で何千もの隕石が発見されたことで、それまでの見方が変わった。

隕石は地球の起源の秘密を教えてくれる手がかりだ。よく見られる最も古い時期のものは、四五億六六〇〇年前のコンドライト（球粒隕石）だ。太陽系の惑星と衛星ができる前、太陽の核反応のスイッチが初めて入り、強烈な放射エネルギーが周囲の星雲を焼いていた時期のものだ。溶鉱炉のような効果で、塵の集まりである円盤が溶け、コンドリュールと呼ばれる、小さなべたつく石の塊となる。これは古代ギリシャ語で〝粒〟を意味する言葉がもとになっている。太陽の炎から生まれたこの物体は、大きさはＢＢ弾から小さな豆くらいまであり、繰り返されるエネルギー放射で太陽付近の状況が変質するなか、何度か溶解された。それらコンドリュールがまとまって、太陽系誕生以前から存在したさらに粒子の細かい塵や、鉱物の断片で固められて原始的なコンドライトとなり、何百万という数が地球に落下していたのだ。コンドライトを調べれば、太陽が誕生した直後から惑星ができるまでの、短期間のことがよくわかる。

第二のもう少し若い隕石グループは、まとめてエイコンドライト（無球粒隕石）と呼ばれる。初期の太陽系の材料が、溶けたりつぶれたり、そうでなければ変質したりして、再加工されていた時期のものだ。エイコンドライトの多様性には目をみはるものがある。輝く金属の塊、ずんぐりとした黒っぽい石、ガラスのように粒子の細かいものもあれば、幅が数センチメートルもの光る結晶が含まれるものもある。今でも地球の辺境で、新しい種類のエイコンドライトが発見されることがある。

南極大陸にはブルーアイスと呼ばれる古い氷河の広大な平原がある。雪が降らず氷の表面が何千年も同じ状態にある場所だ。宇宙から降ってきた石が、黒い場違いな物体として、拾われるのを待っているかのように、そこに存在している。国際条約によってその地域の商業的利用は禁止されていることに加え、はるかな氷原に近づくことも制限されているため、それらの地球外からやってきた試料は科学研究のために保存され続けるはずだ。熱意で結ばれた科学者のチームがヘリコプターやスノーモービルで、禁断の氷の砂漠を効率的にさがし回る。彼らは手や息で表面を汚さないよう、慎重にその収穫物を記録し、収納する。南極で夏を過ごしたあと文明世界に戻るとき、隕石ハンターたちは自分の宝物を公共の収集施設に届ける。とくに有名なのがメリーランド州スートランド郊外にあるスミソニアン学術協会の保管施設で、そこでは何千という種類の隕石が、フットボール場と同じ広さの建物内の、このうえなく清浄な気密性の高い収納キャビネットに保管されている。

組織化された回収体制や無菌室での保管とはあまり縁がないが、同じくらい隕石が多いのがオーストラリア、アメリカ南西部、アラビア半島などの大砂漠で、とくにドラマがあったのが北アフリカの広大なサハラ砂漠だ。サハラ砂漠を移動する遊牧民、トゥアレグ族、ベルベル族などの間で、隕石には価値があるという噂が広まった。二一世紀初め、北アフリカの流砂で発見された一個の貴重な月の隕石が、個人間で一〇〇万ドルで売買されたという。それを聞けば遊牧民もラクダから降りて、奇妙な石を隣の村まで届けようという気になるだろう。そこには弁舌にたけ、衛星電話で連絡を取り合う、非公認の隕石取引業者組合の誰かが待っていて、わずかな現金を差し出す。一人の商人から次の商人へと、袋入りの石が渡され、そのたびに値を上げていき、マラケシュ、ラバト、あるいはカイロを経由して、イーベイのバイヤーや国際的な岩石と鉱物の展示会へたどり着く。

私がモロッコの奥地を地質学研究のために訪れたとき、隕石が入っているという五キログラムから一〇キログラムくらいの石が詰まった麻袋を買わないかと声をかけられた。「仲介人なし。砂漠から直接持ってきた。先週見つかったばかり」という。この〝取引〟の支払いは現金のみで、灼熱の砂漠の太陽をさえぎる褐色の泥レンガでできた家の、窓のない薄暗い奥の部屋で行われる。形式的な挨拶を交わし、伝統的なミントティーを一緒に飲むと、売人は袋の中身をカーペットの上に広げる。一部は本当にただの石だ。砂利である。まるで自分に見る目があるかどうかのテストを受けているように感じる。いくつかオリーブの実か卵くらいの大きさの、ごくありふれたコンドライトが含まれている。またうまい具合に溶けた融解被膜におおわれた石もある。これは空中を燃えながら落下するときできるものだ。交渉開始の値段はいつも高すぎる。ありふれたものばかりだと告げると、前より小さい別の袋が出てくることがある。こちらは鉄隕石など、もう少し珍しいものが入っている。

私はガイドのアブダラの紹介で、スクーラから東に数キロメートルのほこりっぽい道の脇で行った取引を思い出す。売り手はよく知らない相手で、信頼できるかどうかは疑問の余地があった。その男は衛星電話で連絡してきて、他言しないよう求めた。「火星のものかもしれない」と、男はアブダラに告げた。「九〇〇グラム。たった一万ディルハムだ」。およそ二四〇〇ドル。もしこれが本物で、現在二五種ほど知られている火星からの隕石に、新たな種類を加えられるなら掘り出し物だ。二人は待ち合わせの時間と場所を決めた。特徴のない車二台が並んで停まり、三人が出てきて小さな円をつくるように立つ。問題の石をベルベットの袋からそっと取り出す。しかしそれはふつうの石のように見えた（火星の隕石はすべてそうなのだが）。価格は一万五〇〇〇ディルハム、さらに一万二〇〇〇ディルハムまで下がった。しかし確かめるすべがなかったので、買うのは断った。あとになってアブダラは気持ちをそそられていたと、私に打ち明けた。しかし隕石はいつでもある。大成功を狙って欲張らないのが一番だし、取引は一度だけだ。

南極大陸と同じく、赤道直下の砂漠にはあらゆる種類の隕石が分布しているのがわかり、初期の太陽系の性質と、地球の起源を知るための他に類を見ない手がかりとなっている。しかし悲しいかな、南極大陸の隕石と違って、砂漠の隕石の大半は博物館に飾られることはないだろう。これには少なくとも二つの理由がある。一つ目はアマチュア収集家の数が増え（少数の裕福な愛好者と、サハラではわりと簡単に隕石が手に入ることがブームに火をつけた）、競争が激しくなっていることだ。珍しいものはすぐに高値で売れてしまう。一部は博物館に寄付される場合もあるだろう。しかしたいていは扱い方が悪く、素手でさわったり、布袋に無造作に入れていたり、そこらじゅうに落ちているラクダの糞で汚れたりして、科学的な価値はほとんど失われてしまう。同じくらい厄介なのが、その隕石をいつ、砂漠のどのへんで見つけたのかを明示する資料がないことだ。ディーラーは「モロッコ」と言うことが多いが、これはたいてい間違っている。サハラ砂漠の東側はアルジェリアとリビアで、現在はどちらの国からの輸入も禁止されている。たいていの博物館は厳格な書類がないと「モロッコ産」あるいは「北アフリカ産」の隕石は受け入れない。

サハラ砂漠のような苛酷で乾燥した地域や、南極の氷原では、どの石も空から降ってきた見慣れぬ異物として目立つ。さまざまな種類の隕石の純粋な標本は、科学者にとって地球が形成された太陽系の、初期段階のようすを知るための最高の材料だ。

発見された隕石の九割がコンドライトで、残りは多様なエイコンドライト。それはガスが渦を巻いて太陽系星雲が形成されつつあった数百万年ほどの期間にできたものだ。そこでコンドライトがいくつかまとまってどんどん大きくなっていった。最初はこぶしくらい、そして車、やがて小さな都市の大きさへ。直径数キロメートルにも及ぶ、何十億という物質がすべて、若い太陽の周囲を取り巻く狭い輪の中で居場所を取り合っていたのだ。

それらはさらに大きくなり、ロードアイランド州の大きさに、さらにオハイオ、テキサス、アラスカのサイズにまで成長する。何千という微惑星が、そのように凝集するプロセスを経て、それぞれ新たな道へと向かい多様化した。

直径が八〇キロメートル以上になると、二つの同等な熱源が合わさる。多数の小さな物質が衝突したときに解放される重力位置エネルギーは、ハフニウムやプルトニウムのような放射性元素が急激に崩壊するときの核エネルギーに匹敵する。これらの微惑星を構成する鉱物は熱によって変質し、内部は完全に溶け、鉱物の種類によって領域がはっきり分かれて卵のような構造になった。密度が高く金属が豊富な核（卵の黄身の部分）と、ケイ素、酸素、マグネシウムなどで構成されたマントル（卵の白身の部分）、薄くて壊れやすい地殻（卵の殻）。微惑星の最大級のものは、内部の熱や、水との反応、混雑した太陽系辺境で繰り返される衝突の強い衝撃によって変化する。おそらくこうした激しい惑星形成のプロセスの結果、三〇〇もの違う種類の鉱物が生まれた。その三〇〇種類の鉱物を原材料として岩石惑星が形成されたため、現在でも地球に降ってくるさまざまなタイプの隕石の中に見られる。

二つの大きな微惑星が強く衝突すると、粉々になって吹き飛ぶことがある（この激しいプロセスは今でも、大惑星である木星からの重力の影響で、火星の先の小惑星帯で起こっている）。そのため現在見つかっている多様なエイコンドライトには、微小惑星が崩壊したさまざまな場所が示されているのだ。エイコンドライトの分析は、爆発で吹き飛ばされた死体を調べる、厄介な解剖学の授業に少し似たところがある。もとの姿を明確に再現するには、時間、忍耐力、そして数多くの断片が必要だ。

高密度の微惑星の金属成分が多い核《コア》(最後には特徴的な鉄隕石となる)は、一番分析しやすい。かつては最も多いタイプの隕石と考えられていたが、南極で偏りがないようサンプルを集めたところ、鉄はすべての落下物の五パーセントを占めるにすぎないとわかった。その比率からして、微惑星の核のサイズも小さかったに違いない。

核とは違ってケイ酸塩が多く含まれる微惑星のマントルは、さまざまな珍しいタイプの隕石になる。ハワーダイト、ユークライト、ダイオジェナイト、ユレーライト、アカプルコタイト、ロドラナイト、他にもまだあるが、それぞれ成分も外見も鉱物学的にも独特な性質を持ち、名前はたいてい有名な標本が発見された場所に由来する。これらの隕石の中には、現在の地球に存在する種類の岩石とよく似ているものがある。ユークライトはむしろ標準的な玄武岩と言える。玄武岩は大西洋中央海嶺から噴き出して、海底をおおっている岩石だ。ダイオジェナイトはマグネシウムとケイ酸塩鉱物から成り、地下の大きなマグマだまりで結晶が集積してできたもののようだ。マグマの温度が下がると、周囲の熱い液体より密度の高い結晶は底に沈み、凝縮された塊をつくる。これと同じことが、現在も地球内部のマグマだまりで起こっている。

とくに破壊的な衝突が起こると、微惑星の核とマントルの境界部分の断片が、隕石についてくることがある。その部分には、ケイ酸塩鉱物と鉄の豊富な金属が共存している。それが輝く金属と金色のカンラン石が絶妙に混ざり合った美しいパラサイト隕石である。板状にして磨いたパラサイト隕石は、金属部分が光を反射し、カンラン石の部分はステンドグラスのように透き通っていて、コレクターの間ではとくに貴重な隕石として珍重されている。

重力によってコンドライトが凝縮すると（さらに高圧、高温、浸食、激しい衝撃などで微惑星が再加工され）、さらに多くの新しい鉱物が現れた。いろいろな隕石から、二五〇種類の違う鉱物が見つかっている。太陽系誕生以前の一二の原始鉱物から二〇倍に増加している。これらのさまざまな固体（きめの細かい粘土、薄い紙のような雲母、半貴石のジルコンなどを含む）が、地球や他の惑星の基本材料となった。微惑星は大きなものが小さなものを飲み込み、どんどん大きくなる。やがて惑星サイズになった数十の大きな球状の岩塊が巨大な掃除機となって太陽系の帯状の領域を一掃し、大半の塵やガスを吸い込みながら合体して、円に近い軌道に落ち着いた。ここまで質量が大きな物体では、大きいということ自体がこのような結果を生じさせることになる。

太陽系を組み立てる

太陽系では最大の星である太陽がすべてを支配する。私たちの太陽系はとくに大きな星のある星系ではなく、太陽も全体から見れば平均的な星だ。これは生命のいる近くの惑星にとっては好ましいことだ。逆説的に思えるが、星は大きいほど寿命が短い。大きな星は内部の温度と圧力が高く、核融合反応のスピードがどんどん速くなる。そのため太陽の一〇倍の星の寿命は太陽の一〇分の一未満、せいぜい数億年と思われる。周囲を回っている惑星に生命が誕生する前に、破壊的な超新星爆発が起こるだろう。逆に太陽の約一〇分一の赤色矮星《わいせい》の場合、寿命は一〇倍以上（一〇〇〇億年以上）だが、そのような弱々しい星から放出されるエネルギーでは、太陽のように生命を維持することができないかもしれない。

中くらいの星である太陽は、両方のよいところをとったのだ。大きすぎず、短命すぎず、小さすぎず、寒すぎない。そして水素燃焼が九〇億年から一〇〇億年は確実に続くと予測されているので、生命が始まるだけのじゅうぶんな時間が、さらに進化するだけの時間がある。たしかにこれから四〇億〜五〇億年たてば太陽の核の水素が不足して、ヘリウムを燃やさざるをえなくなるだろう。その過程で太陽ははるかに恵みの少ない赤色巨星となり、現在の直径の一〇〇倍以上に膨張して小さな水星を巻き込み、金星をまず焼いたあとで飲み込み、地球にとってもかなりおもしろくない状況をつくる。とは言うものの、誕生から四五億年たった今でも、太陽が気難しい年齢になり、地球が生きるのに困難な場所になるまでにはじゅうぶんな時間がある。

私たちの太陽系は、そこに属する惑星にとって、もう一つ重大な利点がある。他の大半の星系と違い、太陽系には恒星が一つしかない。天文学者が高性能の望遠鏡で観察したところ、夜空に見える星の三つに二つが連星だった。連星とは、共通の重心のまわりで軌道運動をしている二個の恒星である。これらの星が形成されたとき、水素が別の二つの場所に蓄積され、大きなガスの球ができた。

太陽系をつくった星雲がもっと渦を巻いていて、角運動量がもっと大きく、木星の一帯がもっと密集していたら、この太陽系も連星系だったかもしれない。その場合、太陽はもっと小さく、木星は今のような水素が豊富な大きな惑星ではなく、水素の多い小さな恒星になっていたと思われる。そのような二つの存在の間で、おそらく生命も育まれただろう。恒星が一つ増えれば、生命維持のためのエネルギーも増えたはずだ。しかし二つの恒星の重力の力学が複雑になり、地球は二つの強力な重力にあちこち引っ張られて軌道がゆがみ、回転が不安定になり、気候変動が激しく、生命体が棲むには適さない場所になっていたかもしれない。

しかし実際のところガス惑星はむしろおとなしく、適度な大きさで、太陽のまわりをほぼ真円の軌道を描いて回っている。太陽系最大の惑星である木星の重さは太陽の一〇〇〇分の一弱だが、近くの惑星に支配力を及ぼすにはじゅうぶんな大きさである。木星の重力場に秩序を乱されるため、小惑星帯をつくっている微惑星が一つの惑星にまとまることは決してない。しかし木星は自らの中心で核融合反応を起こすほどの大きさはない。それが恒星と惑星の決定的な違いだ。もっと遠くの環を持つ惑星である土星や、さらに遠くで極寒の天王星や海王星はさらに小さい。

しかしこれらのガス惑星はすべて、重力で塵を円盤状に集めるだけの大きさがある。太陽系の中に小さな太陽系ができているかのようだ。そのため外惑星の四つすべてが魅力的な衛星を持っている。大惑星の重力によって軌道に取り込まれた小惑星もある。他の衛星には四つの内惑星と同じくらいの大きさのものもあり、自らの活発な地質学的プロセスで、残った塵とガス（太陽系がつくられたときの断片）から生じた。そして実は太陽系で最も活発なのは木星の衛星イオだ。これは木星のすぐ近くを回っているので、四二時間で軌道を一周してしまう。大きな潮汐力が常に衛星の三六四〇キロメートルの直径を圧迫し、硫黄の煙を地表から二〇〇キロメートルも噴き上げる六つの火山の原動力となっている。太陽系では他にこのような例はない。もう一つ興味深いのはエウロパとガニメデだ。これらは水星ほどの大きさで、岩石と水がほぼ同じ割合で存在する衛星だ。この二つの大きな衛星は木星から絶えず潮汐力を受けて内部は温かく保たれている。その結果、どちらにも星を取り囲むような深い海があり、その表面は氷でおおわれている。ＮＡＳＡは他の世界の生命体をさがし続けているが、そこも調査の対象になっている。

太陽からさらに離れた惑星である土星は、六〇以上の衛星と、誰もが知っているとおり見事な環を持っている。環は主に光を反射する小さな氷のかけらから成る。土星の衛星の大半は比較的小さく、小惑星が捕獲されて軌道に乗ったものもあれば、土星のガスの残りからできたものもある。最大の衛星タイタンは水星より大きく、厚いオレンジの大気でおおわれている。二〇〇五年一月一四日に土星に着陸した欧州宇宙機関のホイヘンス惑星探査機が、タイタンの力強い地表を至近距離から撮影している。枝分かれして網状になった川や水路が、冷たい液体メタンの湖へと流れ込んでいる。色つきで密度が高く、動きの激しい大気には、有機分子が混ざっている。タイタンも生命体の徴候をさがしてみる価値のある場所だ。

太陽から最も遠いガス状巨大惑星である天王星と海王星にも、負けず劣らず興味深い衛星がある。その大半に氷や有機分子の存在と、進行中の活動を示す兆候が見られる。海王星の大きな衛星トリトンには、窒素が豊富な大気まで存在する。そして天王星にも海王星にもそれぞれ複雑な環があるが、それは炭素を多く含む、車くらいの大きさの黒っぽい物質の塊でできているようだ。土星の氷の環をつくっている輝く粒子とはまったく違っている。

岩石の多い世界

地球にもっと近い場所でも、重力が幅を利かせている。太陽が発火したあと水素とヘリウムがガス惑星の近辺まで吹き飛ばされたために、太陽系の内側には凝縮する物質があまりなくなってしまった。そのため内惑星はほとんど固い岩石でできている。これが隕石のコンドライトやエイコンドライトの材料である。太陽系で一番小さく、一番乾燥して岩石の多い惑星である水星は、太陽に最も近いところにある。この灼熱の過酷な世界は、生命がなく荒廃しているように見える。何十億年もかけて形成された多くのクレーターが、大気のない空の下で保存されている。太陽系の中で、生命体には適さない場所をあげろと訊かれたら、まっさきに水星があげられるだろう。

水星の隣の金星は、大きさは地球と同じくらいだが、住みやすさという点ではまったく違っている。それは主に地球と比べて太陽にずっと近い、その軌道に理由がある。形成されたばかりのころは、それなりの量の水、浅い海さえあったと考えられているが、太陽の熱と太陽風によって金星の水は蒸発し、乾いた世界になってしまったらしい。濃密な金星の大気の大半を占める二酸化炭素が太陽の放射エネルギーを封じ込めて、暴走温室効果が生じた。現在、金星の表面温度は平均で四六〇℃、鉛が溶ける温度だ。

地球の隣の火星は、質量が地球の一〇分の一と小さいが、多くの意味で最も地球によく似ている。岩石惑星すべてに共通していることだが、火星の核は金属で、マントルはケイ酸塩鉱物だ。大気と大量の水があるのも地球と同じだ。重力が比較的小さいため、スピードの速い上層の大気の分子を保持し続けるのは容易ではない。そのため何十億年もが過ぎる間に、空気と水の両方が損なわれたが、それでも火星にはまだ温かく湿った地下貯水池があり、細々とであっても、生命体の避難場所であり続けるのではないかと考えられている。惑星探査の行き先がたいてい火星なのも不思議ではない。

そして地球はといえば、〝太陽から三番目の岩石〟であり、いわゆる「ゴルディロックス・ゾーン（生命生存可能領域）」の中心に位置している。太陽に近くて温度も高く、大量の水素とヘリウムを外側の惑星に譲ったが、水の大半を液体の形のまま保持していられるくらいには、太陽から離れていて涼しかったということだ。太陽系の他の惑星と同じく、形成されたのは四五億年以上前で、基本的にコンドライトが衝突し、その後、重力によってまとまり、微惑星が数百万年かけて大きくなっていったと考えられる。

太古の時代

太陽、地球、そして太陽系の他の物体がどのようにして生まれたかを示す、すべての証拠に挟み込まれているのは、計り知れないほどの長い時間の概念と、それを示す数字だ。アメリカ人は人類の歴史上に起こった有名な事件の日付をよく口にし、重大な発見や偉業がなされた日を祝う。たとえばライト兄弟が最初に空を飛んだのが一九〇三年一二月一七日で、人類が初めて月に着陸したのは一九六九年七月二〇日。一九四一年一二月七日や、二〇〇一年九月一一日など、多くの人が亡くなった悲劇の日を語る。そして特別な誕生日を記憶する。一七七六年七月四日（独立記念日）はもちろん、一八〇九年二月一二日（偶然にもチャールズ・ダーウィンとエイブラハム・リンカーンの誕生日）。私たちがこれらの歴史的瞬間を覚えておく価値があると信じているのは、途切れることのない文書あるいは口頭による記録が、それほど遠くない過去と私たちをつないでいるからだ。

地質学者も歴史的な区切りとなる年代をよく口にする。約一万二五〇〇年前、最後の大氷河期が終わり、人間が北アメリカに定住を始めた。六五〇〇万年前、恐竜と他の多くの生物が絶滅した。カンブリア紀境界の五億三〇〇〇万年前、さまざまな硬い殻を持つ生物が突然、現れた。そして四五億年以上前、地球が太陽のまわりを回る惑星となった。しかしこれらの推定年代が正しいことをどうしたら確かめられるのだろうか？　二〇〇〇～三〇〇〇年前より以前の地球の年代史について、記録されているものがあるわけでもないし、口頭で伝えられている情報もない。

四五億という数字は実感しにくい。現在、長寿のギネス記録を持つフランス人女性は一二二歳だ。つまり人間は四五億秒（約一四三年）も生きられない。人類の歴史で記録されている期間は四五億分にも満たない。それでも地質学者は、地球が生まれたのは四五億年以上前だと主張している。

そのような太古の時代を理解する容易な方法はないが、私はときどき遠くまで散歩に出かけて理解しようとする。メリーランド州アナポリスのすぐ南側、チェサピーク湾の西側の海岸に、化石が詰まった崖の側面がうねって三〇キロメートルも続く場所がある。陸と海の間の細い砂浜を歩いていると、絶滅した二枚貝やカタツムリ、サンゴやタコノマクラなどが見つかる。ときどき、とても幸運に恵まれた日は、約一五センチメートルのサメの歯や、二メートルの流線形のクジラの頭蓋骨が出てくることもある。これらのすばらしい過去の遺物は、一五〇〇万年前のことを教えてくれる。この地域は今より暖かく、今のマウイ島のように熱帯性の気候で、威厳あふれるクジラが子を産みにやってきて、二〇メートルもの巨大ザメが小さい獲物を食べていた。化石は高さ一〇〇メートルの堆積物の中に存在し、三〇〇万年以上の地球の歴史をそこに記録している。砂と泥灰土の層がなだらかに南に向かっているので、浜辺の散歩は、時間に沿って歩いているようなものだ。北へ進むと少し古い層があらわになってくる。

地球の歴史がどれほど長いか実感できるよう、時間を歩いてさかのぼると考えてみてほしい。一歩が一〇〇年（人間の三世代以上にわたる）とする。一キロメートル進むと一二万年過去に戻る。チェサピークの崖の三〇キロメートルは（きっと一日がかりの散歩になる）三五〇万年以上にあたる。しかし地球史のほんの少し先まで進むためには、そのペースで何週間も歩き続けなければならない。一歩一〇〇年として、一日三〇キロメートル歩くのを二〇日続けると、七〇〇〇万年時間をさかのぼり、恐竜が絶滅する直前まで到達する。さらにそれを五ヵ月続けると五億三〇〇〇万年強前、カンブリア紀の〝大爆発〟のころ、無数の硬い殻を持つ動物が現れたのとほぼ同じ時期だ。しかしこのペースだと生命が出現した時期に到達するのに約三年、地球の始まりまでは約三年半かかる。

それが確実だと、どうすればわかるだろうか。地球科学者は想像もつかないほど昔の地球の現実を教えてくれる、いくつもの証拠をあげている。一番シンプルな証拠は、年ごとに物質の層ができる、地質学的現象にある。層の数を数えれば、何年たっているかがわかる。そのような地質学のカレンダーで最もわかりやすいものが年縞（年層）だ。暗い色と明るい色の層が薄く交互に重なっていて、春には粒子の粗い砂が堆積し、冬には細かい砂がそれぞれ堆積していることを示す。とくに詳しく調べられているのがスウェーデンの氷河湖でできたもので、一万三五二七年分の層があり、毎年さらに明るい層と暗い層が一対ずつ増えている（訳注・日本では、秋田県の一ノ目潟や福井県の水月湖などで年縞が見られる。とくに水月湖で採取された年縞からは、一万一二〇〇年前から五万二八〇〇年前までの放射性炭素年代が得られ、二〇一三年、化石や遺跡などの地質学的年代決定の世界標準の物差しに採用された)。

ワイオミング州の切り立った渓谷の中でむきだしの薄い層がいくつも重なっているグリーンリバー頁岩は、一〇〇万年以上、毎年新たにできた層の連続した垂直断面が呼び物となっている。同じように、南極やグリーンランドの何百メートルも深いところから採取した氷床コアにも、八〇万年以上、毎年雪の層の上にまた別の雪の層ができていたことが示されていた。こうした層はすべて、それよりはるかに古い層の上にできている。

時間のかかる地質形成過程の測定によって、地球史のさらに古い時代のことがわかる。大きなハワイ諸島ができるまでには、ゆっくりとして規則的な火山活動によって溶岩が次々と積み重なっていくために、短くとも何千万年もの時間が必要だった。アパラチア山脈をはじめ、大昔にできたなだらかな山脈は、何億年もかけて少しずつ浸食されてできた。これまで大陸を動かし、海を開いてきた構造プレートの移動は、私たちにはほとんど感じられないが、現在も何億年という単位のサイクルで作用している。

物理学と天文学も、はるか昔の地球について、やはり説得力のある証拠をもたらしてくれている。炭素、ウラン、カリウム、ルビジウム、および他の元素の放射性同位元素は崩壊率が予測できるので、何十億年も前の太陽系形成までさかのぼる岩石形成の時期をとりわけ正確に計れる時計として使える。放射性同位体の原子が一〇〇万個あったとすると、その半分が半減期と呼ばれる期間で崩壊する。たとえばウラン238原子一〇〇万個を放置しておくと、半減期である四四億六八〇〇万年が過ぎたときには五〇万個に減っている。なくなってしまったウラン原子は崩壊して、他の元素の一部となり、最終的には安定した鉛206の原子となる。さらに四四億六八〇〇万年後には、もとの四分の一のウラン原子しか残っていない。この放射性年代測定法により、最古の原始コンドライトは四五億六六〇〇万年前のものと判定された。

しかし太陽系以前の数十億年についてはどうだろうか。天体物理学では四五億年よりはるかに古い、遠くで動いている銀河を測定する。銀河はすべて地球から猛スピードで離れている。ドップラー偏移、いわゆる赤方偏移のデータには、遠いところにある銀河ほど速いスピードで遠ざかっていることが示されている。宇宙の変化のビデオを巻き戻すと、すべてが一三七億年前で収束する。その点がビッグバンだ。こうした遠方の物体から来た光は、宇宙を一三〇億年以上も旅してきたのだ。

この点に関するデータに論争の余地はない。地球の年齢は一万年以下だという主張は、あらゆる科学の分野で集められた大量の明白な観測証拠を無視している。別の説明として考えられるのは、宇宙は一万年前につくられたときから、はるかに古びて見えたという説だけだ。これはアメリカ人の自然学者、フィリップ・ゴスが『オムファロス』（ギリシャ語の〝へそ〟からとった言葉。母がいないはずのアダムにへそがあるのは、母がいるかのように見せかけるためだったと言われているから）というタイトルの論文で、初めて提唱した説だ。ゴスは何百ページにもわたり、大昔の地球についての事実を示し、続けて神がどのようにしてすべてを一万年で創造し、しかもはるかに古く見せかけたのかを説明した。

　創造主が古く見えるものをつくりだしたという考えはプロクロニズムと呼ばれる。この創造主義者の抜け穴というべきアイデアに、安心する人もいるかもしれない。天体物理学者が何十億光年も離れた星や銀河を観察していることについてのプロクロニストたちの反論は、宇宙ができたとき、遠くの星や銀河からの光は、すでに地球へと向かう途中にあったということだ。岩石に含まれる放射性同位体と、それが崩壊してできる娘核種の比率が大昔のものであることを示しても、その岩石は実際よりはるかに古く見えるような、ウラン、鉛、カリウム、アルゴンの混合率でつくられたと主張する。もしあなたがこうした主張に賛同するなら、このあとの章は飛ばして、第11章の「未来」を読むことをお勧めする。そうでない人は想像力を働かせて、この地球が生まれた数十億年前へと飛んでみよう。

　およそ四六億年前の地球の誕生は、宇宙の歴史の中で何兆回と繰り返されてきたドラマだった。どの恒星も惑星も、わずかなガスと塵が漂う真空に近い空間で生まれた。個々の物質の粒子は肉眼では見えないほど小さいが、全体的としては広大な空間におよび、星を形成する雲が銀河の半分に広がっているのがわかる。何十億年も前、太陽系の誕生には重力がひと役買っている。太陽は軌道を回る惑星の子供たちの中で、唯一の巨大な恒星として生まれた。太陽の表面では核反応が起こり、近くの惑星に光と熱を浴びせた。そのおかげで私たちの故郷たる地球も、生命体が棲む世界へ向かって頼りない一歩を踏み出すことができたのだ。

そのような壮大な出来事は、ふつうとは違うことに思えるかもしれないが、地球の形成につながったのと同じような現象は、日常的に起こっているのだ。人間の体もその住まいも、地球をつくっているのとまったく同じ元素でできている。恒星や惑星の元の塵やガスを集め、元素を星にまとめあげたのと同じ重力が、私たちをこの地球につなぎとめている。一般的な物理学や化学の法則も、地球で初めて生まれたものではない。

岩石、星、生命が語る教訓も同じように明確だ。地球を理解するには、人間の生活を基準とした、ちっぽけな時間的、空間的スケールとは縁を切らなければならない。宇宙には何千億という銀河があり、それぞれに何千億という星が存在する。私たちはその宇宙でも他に類を見ない、小さな世界に住んでいるのだ。同じように、私たちはできてから何千億日もたっている宇宙の中で日々をおくっている。そのような宇宙で意味や目的をさがしても、人間が存在できる恵まれた時代や場所では見つからないだろう。空間と時間のスケールは想像を超えるほど大きい。けれども自然法則によって支配された宇宙の成り立ちは、いずれ解明されるときがくる。そのような宇宙には多くの意味がある。

第2章

大衝突

月の形成

地球の年齢

0〜5000万年

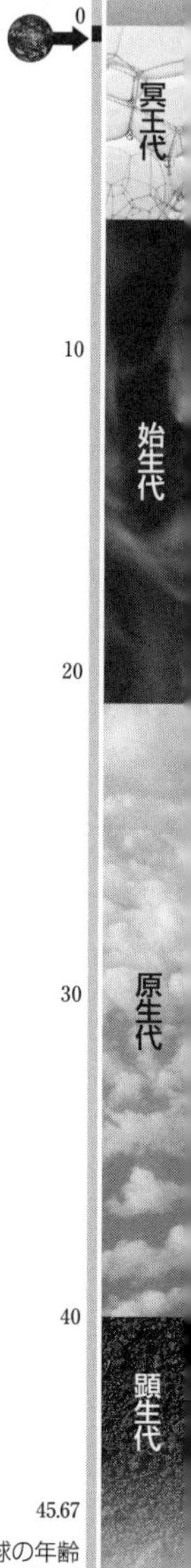

この本の中心にある原則は、惑星系は進化する、つまり時間を経るうちに変わるということだ。さらにそれぞれの新しい進化の段階は、それまでの段階によって決まる。変化はたいてい非常にゆるやかで、惑星の環境が変わるのに何百万年、何十億年もかかることがあるが、突然、激しい出来事が起こって、世界が数分のうちに変わり、決して元に戻らない場合もある。地球も同じだ。

地球は宇宙に散らばった塵やかけらがまとまって形成されたが、その期間は比較的短く、せいぜい一〇〇万年とする推定もある。このプロセスの終わりには、直径数百キロメートルという数十の微惑星が原始地球とともに存在していた。地球が現在の大きさに近づいているとき、計り知れないほどの破壊的現象の中で、このプロセスの最終段階となることが、およそ一〇〇万年の間に起きた。

数千年に一度のペースで、小惑星が原始地球に衝突して、まるごと飲み込まれていたのだ。

その混乱の時期の地球は熱く黒い球体で、ときどき地面が割けて赤く輝き、火山のマグマが高く噴き上がり、ひっきりなしに隕石が衝突していた。巨大な衝突物が地球にぶつかるたびに、岩塊が気化して軌道へと吹き飛ばされ、地球の表面全体が溶けて熱く真っ赤などろどろした状態になる。しかし宇宙は寒い。大規模な衝突が起こったあと、空気のない地球の表面はすぐに冷えてまた黒くなった。

月はどうしてできたのか

この地球の始まりの話は、全体的にきちんとして筋が通っていると思えるが、すぐ目に付く一つの例外がある。それは月だ。月は無視できないほど大きく、これまでのほぼ二〇〇年間の研究で、説明するのがきわめて難しいことがわかった。

小さな衛星は理解しやすいものが多い。火星のまわりを回っている、不規則な形で都市くらいの大きさのフォボスとダイモスという二つの衛星は、重力に捕獲された小惑星と考えられている。木星、土星、天王星、海王星の周囲を回っている何十という衛星は、それら二つよりははるかに大きいが、惑星に比べればごく小さい。最大級の衛星でも、質量は親惑星の一〇〇〇分の一をはるかに下回る。それらは惑星が形成されたときに、いらなくなったガスや塵でつくられ、ガス惑星のまわりを回っているが、そのさまはあたかもミニチュア太陽系のようだ。

ところが地球の衛星である月は対照的に、惑星である地球と比較しても、かなり大きい。直径は地球の四分の一以上、質量は約八〇分の一だ。なぜそのような特異な衛星になったのだろうか？

歴史学、とくに地球科学や宇宙科学は、いかに創造的な物語を構築できるかが頼りだ（ただしその物語はおおよそ事実と一致していなければならない）。一つ以上の物語が観察と一致したら、〝多元的作業仮説〟という慎重なスタンスを取る。これは推理小説が好きな人にはおなじみの戦略だ。

一九六九年にアポロによる月面着陸という歴史的な偉業が果たされるまで、「巨大衛星の謎事件」の容疑者として、とくに注目されていた説が三つあった。広く認められていた科学的仮説の一つ目は分裂説という、一八七八年にジョージ・ハワード・ダーウィン（自然科学者である父チャールズ・ダーウィンほど有名ではないが）が提唱した説である。ジョージ・ダーウィンが考えたシナリオでは、初期のどろどろした状態の地球は軸を中心に猛スピードで自転していたため、引き伸ばされて、やがてマグマの塊が地表から切り離されて軌道に乗った（太陽からの重力の助けも少しあった）。このモデルにおける月は、初期の地球の一部が壊れてできたものだ。このドラマチックな物語の、想像力あふれるバリエーションの一つでは、太平洋海盆が、母なる地球が月を産んだときの傷跡だと言われている。

第二は捕獲説だ。月は太陽系の初期に地球とは別につくられ、地球と似たような軌道を回る微惑星だった。あるとき、これら二つの天体が近くを通り過ぎ、大きな地球が小さな月を捕獲して、落ち着きつつあった地球の円軌道に巻き込んだ。小さな岩石性の火星の衛星では、そうした重力メカニズムがうまく働いたようなので、地球で同じことが起こってもおかしくはない。

第三の仮説は共成長説（双子説）で、月はほぼ現在と同じ位置で、地球を回る軌道に残っていた塵や破片の大きな雲からつくられたというものだ。これは太陽とその惑星、またガス惑星とその衛星の成り立ちについての説に倣《なら》っていて説得力がある。これは太陽系についての理論で、何度もとりあげられるテーマだ——大きな物質のまわりに塵やガスや石の雲から小さな物質がつくられる。

これら三つの競合する理論の中で、正しいのはどれだろうか？ この問いに答えようとする人々は、月からの石（六つのアポロ着陸地点で集めた三八〇キログラムを超える標本）がもたらすデータを待たなければならなかった。

月面着陸

アポロの月への飛行は、惑星科学に多くの意味で変革をもたらした。たしかにアメリカの技術の高さを世界に誇示する、このうえない計画だった。軍産複合体制をおおいに盛り上げたのも間違いない。またその刺激でミニコンピュータから身近な生活用品まで、無数の技術革新が生まれ、何度も行われた宇宙飛行にかかった二〇〇億ドルに見合う経済効果をもたらしただろう。こうした初期の危険でコストのかかる月への飛行を推し進めた要因が、月科学ではなく、国家のプライドと〝優位性の争い〟であったのも驚くことではない。

たとえそうであっても、アポロの宇宙飛行と貴重な月の石のコレクションが、私たちの世代の地球科学者にいかに大きな影響を与えたかについては、どれほど強調してもしきれない。人類が誕生してからずっと、月は地球のすぐそば、ほんの三八万キロメートルの距離にあった。夏の晴れた夜、赤みを帯びた満月がのぼると、手を伸ばして触れられそうな気がしただろう。けれども標本がなかった。月がいつ、どこで、何でつくられたのかを語ってくれるものが、何もなかったのだ。月の石の標本が持ち帰られたとき、人類は初めて、文字通り月に触れることができたのだ（現在でもスミソニアン博物館で、誰でも触れることができる）。

私がまさにこの月の標本の空気を吸ったのは、一九六九年から一九七〇年にかけての冬、MIT（マサチューセッツ工科大学）の四年生のときだった。アポロ11号の歴史的な飛行から半年もたっていないころだ。月の探査が始まったばかりの当時、月から未知の微生物を持ち込む可能性があるという危惧から、宇宙飛行士と彼らが持ち帰った標本を厳しく隔離する方針が適用された。そのため切り離されたモジュールがハワイ近くの太平洋上に着水し、ニール・アームストロング、バズ・オルドリン、マイク・コリンズがアメリカ海軍航空母艦ホーネットで回収されると、彼らと、宇宙から持ち帰られたきわめて貴重な石と土はすぐさまNASAの移動隔離施設に移された。宇宙飛行士と貴重なサンプルは、万一、悪質なものを地球に持ち帰っていないか確かめるため、ほぼ三週間そこに閉じ込められていた。

　それから三年の間、アポロの打ち上げが立て続けに行われた。一九六九年一一月一九日には、宇宙飛行士チャールズ・コンラッド・ジュニアとアラン・ビーンが、アポロ12号の月着陸船イントレピッドで月面に着陸し、五日後に三四キログラムの月の石と土とともに帰還した。それらもすぐ隔離施設へと入れられた。幸い私の卒業論文指導教授であるデイヴィッド・ウォンズが、アポロ12号が持ち帰った月試料標本予備調査チームの一員として、その貴重な月の石のサンプルを最先端の分析機で精査するという、すばらしい冒険に参加したのだ。デイヴィッドの専門は火成岩岩石学だった。マグマからできた岩石の起源を研究する学問だ。アポロ11号と12号が持ち帰った月の石はすべて火成岩だったので、彼にとっては天国にいるような仕事だっただろう。

　ある面で、それはたいへんな仕事だった。一ヵ月間の大部分を、史上最高のコストをかけて採集された重要な石のサンプルから、確固たるデータを集めなければならないというプレッシャーのもと、他の何人かの科学者とともに部屋に閉じこめられていたのだ。しかし別の世界からやってきた石や土を調べる最初の人間の一人であるということは、信じられないほど胸躍ることでもあった。その宇宙からの物質は、月の起源についてはっきりと語ってくれる。

　私が初めて「月」を間近で見たのは、デイヴィッドがＭＩＴに戻ってきたときだった。グリーン・ビルディング（訳注・ＭＩＴの五四番校舎）の一二階でエレベーターの扉が開くと、そこに中肉中背で眼鏡をかけたデイヴィッドが、制服を身に着け銃を携えた二人のたくましい連邦職員に付き添われて立っていた。彼らは月のサンプルを警護していたのだ。当時の収集家市場では、おそらく何百万ドルという価値があっただろう。ミリグラム単位で値がついたに違いない。デイヴィッドは疲れて、緊張しているように見えた。長いこと家を離れ、常に監視され、さらにまだやるべき仕事が残っていたのだ。

月のサンプルというと、たいていの人は月の石、手で持てるような塊を想像するだろう。しかしアポロが持ち帰った試料の大半は月の土、いわゆるレゴリスだった。細かなレゴリスのかけらは顕微鏡で調べられないくらい細かい。月の石が巨大な隕石や絶え間なく打ち付ける太陽風によって砕かれたからだ。この微細な粉にはおかしな特徴があるが、とくによく知られているのは、触れたもの何にでもくっつくということだ。ちょうどコピー機のトナーのように。デイヴィッドの仕事は、近くの研究室に分配するため、単二電池くらいの大きさの容器に入った粉を、もっと小さい単四電池くらいの容器三つか四つに分けることだった。

それくらい簡単に思えるかもしれない。粉を大きな容器から光沢のある薬包紙の上に出して、少量をそっとすくって小さな容器に入れ直す。デイヴィッドはこうした操作を何百回となく行っていたので、一分もかからないはずだった。しかしそのときはリスクが大きすぎた。ユーモアのかけらもなさそうな連邦職員が両脇に立ち、何人かの学生がうろついている。それで大きな容器を傾けるデイヴィッドの手は少し震えていた。くっつきやすい粉が容器の側面に貼りついて、なかなか出てこなかった。彼は人差し指で軽く瓶をたたいた。何も起こらない。もう一度叩く。

すると突然、月の粉末すべて（ハーシーのキスチョコくらいの山になった）がいっぺんに落ちてきてふわりと舞い上がり、デイヴィッドの指にくっつき、薬包紙からはみ出してテーブルの上についた。私たちは全員、空中に舞った粒子を吸っていたはずだ。誰もひとことも発しなかった。

結局それは大惨事には至らなかった。失われたものはなく、粉は無事に分けられて、連邦職員もようやく他の研究所に試料を持っていくため去った。あとから考えると、それはかなり滑稽な光景だった。薬包紙には、月の粉末でついたデイヴィッド・ウォンズの左手人差し指の指紋が残っていた。数日後、私たちはその小さな薬包紙を額に入れて飾った。

アポロの月面着陸はさらに四回行われ、一九七二年一二月には、アポロ17号が一〇〇キログラムを超える試料を、タウルス・リトロウ峡谷から持ち帰った。ここは火山活動があったのではないかと考えられている地域だ。それが最後の飛行となり、それから四〇年間、月に降りた人間はいない。それでも月の石は、ヒューストンにあるＮＡＳＡのジョンソン宇宙センターの月試料保管ビルの中で、無菌の保管室で厳重に管理され（テキサス州サンアントニオのブルックス空軍基地に予備のコレクションが保管されている）、今でも研究者たちにすばらしい機会を与え続けている。

アポロの最後の飛行から数年後、それらの試料のおかげで私は最初の実質的な仕事、カーネギー地球物理学研究所の博士研究員としての職を得た。私の仕事はアポロ12号と17号、そしてルナ20号（ソビエト無人月探査機三台のうちの一つである同機も試料を採集していた）が持ち帰った〝微粒子〟の山を調べることだった。月面土壌の細かな塵全体に、シルト（沈泥）や砂の大きさの粒が散在している。私が何をやるかといえば、そうした何千という粒を一つずつ調べることだった。私は何時間も顕微鏡の前で過ごし、緑や赤の美しい結晶や、小さな金色の丸いガラスをのぞいていた。それらは何十億年もの間、隕石の砲撃にさらされて、荒々しく吹き飛ばされた石の残骸だ。

一度、見込みのありそうな数十個の粒を選り分けて、それらの珍しい粒を三つの方法で分析した。一つ目が単結晶X線回折で、目の前の結晶がどのような種類かを調べるものだ。私の研究の大部分は、ありふれたカンラン石、輝石、尖晶石が中心だった。質のよい結晶が見つかると、慎重に粒を配置して、吸光スペクトル（違う波長の光をどのように吸収するか）を測定する。たとえば緑色のカンラン石の結晶は、一般的に赤い波長を吸収する。逆に赤い尖晶石の結晶は、緑の波長を多く吸収する。私は珍しいガラス玉のスペクトルを測定し、吸光スペクトルでクロムやチタンなど、希少な元素であることを示す意味ありげなピークや波線を注意して見ていた。六二五ナノメートルの波長に小さな山を発見したとき（赤からオレンジの波長が少し吸収されたということで、月にあったクロム元素の特徴だが、地球のものとは違う）は、忘れられない〝発見の瞬間〟だった。

ようやくX線と光学的な分析が終わると、電子マイクロプローブという高性能の分析器を使って、試料に含まれる元素の正確な比率を調べた。私は何度となく、それまで見つかっていたものを確かめた。月の表面にあった鉱物は、主な元素は地球のものと同じだが、細かい部分で違っている。月のものにはチタンが多く含まれ、クロムも違っている。

これらとアポロが持ち帰った他の石の手がかりによって、月の形成についての理論に、大きな制約がかかった。たとえば月と地球は決定的に違っていることがわかった。第一に、月の密度ははるかに低い。大きな高密度の鉄の核はない。地球の核は質量のほぼ三分の一を占めるが、月の小さな核は、その質量の三パーセントに満たない。第二に、月の石には揮発性の元素（温度が上がると蒸発してしまう）の痕跡がほとんど見られない。地球の表面ではありふれた窒素、炭素、硫黄、水素が、月からの塵には含まれていない。それはつまり、水におおわれ、粘土や雲母など水分が多い鉱物を土壌にたっぷり含む地球と違って、水を含むどんな種類の鉱物も、アポロは持ち帰っていないということだ。何かが月を吹き飛ばすか焼き尽くすかして、揮発性の元素がなくなったに違いない。現在、月の表面は非情なほど乾燥した場所だ。

アポロによる第三の重要な発見は、酸素という元素、もっと詳しく言うならその同位体の分布に基づいている。酸素に限らず元素には、原子核を構成する中性子の数によって何種類かの同位体が存在する。自然界における酸素原子の九九・八パーセントは八個の中性子を持っているが（八個の陽子と八個の中性子で、酸素16という同位体となる）、中性子が九個あるいは一〇個（酸素17、酸素18）という同位体も、わずかだが存在している。

酸素16、17、18の化学的挙動は実質的に同じだが（どれを吸い込んでも違いには気づかない）質量が違う。酸素18は酸素16より重い。そのため酸素を含む化合物が固体から液体、あるいは液体から気体へと状態を変えるときはいつも、軽い酸素16のほうが容易に動くことができる。太陽系が形成されつつある混乱期には、そうした状態の変化はしょっちゅう起こっていて、それが酸素同位体の量の変化につながった。酸素16と酸素18の比率は惑星ごとに違い、その惑星が形成されたときの太陽からの距離が強く影響していることがわかった。アポロが持ち帰った石によって、月の酸素同位体の比率は、地球とほぼ同じだと判明した。言い換えると、地球と月は、太陽からほぼ同じ距離のところで形成されたということになる。

これらの発見によって、月の形成についての三つの仮説はどうなっただろうか？　共成長説はすぐに綻びが生じた。月が地球の残り物でつくられたのだとしたら、平均的な組成はよく似たものになるはずだ。たしかに酸素同位体の比率については一致しているが、共成長説では鉄と揮発性物質の量が大きく違うことを説明できない。月の全体的な組成は地球とは違いすぎて、同じものからできたとは考えられない。

組成が違うという点は、捕獲説にも大きな問題となる。惑星運動の理論モデルでは、捕獲された微惑星は原始太陽系星雲の中で、太陽からの距離が地球とほぼ同じくらいの位置でできたとされる。そのため平均的な組成もほぼ同じになるはずだ。しかし月は違っている。もちろん月と同じサイズの物体が原始太陽系星雲の他の場所で形成されて、のちに地球を横切る軌道に乗ったとも考えられるが、軌道力学のコンピュータモデルによると、そのようにして月ができたのなら、地球に比べて高速で動いていなければならない。そうなると捕獲説のシナリオはほとんど不可能になる。

そうなると残るのが、ジョージ・ハワード・ダーウィンが提唱した分裂説だ。この説は酸素同位体の組成が似ているのも（地球と月は一つの組織だった）、鉄の量の違いも（地球の核は先に形成されていて、月となった塊はすでに分化していた、鉄の少ないマントル部分だった）うまく説明できる。月の同じ面が常に地球のほうを向いているという事実にも、ぴったり合致する。地球の自転と月の軌道は、地球の軸を中心とした同じ回転運動に従っている。同じ方向に回転しているのだ。しかしここでも大きな問題が残る。月には見られない揮発性物質はどこにいってしまったのだろう？

物理法則も分裂説には障害となる。アポロ打ち上げが行われていたのと同じころ、惑星形成のコンピュータモデルも進歩して、理論家が高速で回転する地球と同じくらいのマグマの球に働く力や動きについて、自信を持って研究できるようになっていた。答えを言ってしまうと、分裂説では説明できなかった。地球の重力は大きすぎて、溶岩の塊が軌道に飛び出すことはありえない。実際、どろどろの状態だった地球から月の大きさの塊が飛び出すためには、一時間に一回転という信じられないほどの速さで回転していなければならなかった。地球－月系にはじゅうぶんな角運動量がないので、このようなことは起こらない。

結論として、月の形成に関する三つの有力な説は、どれもアポロによってもたらされたデータとは相いれない。それならまた別の説明があるはずだ。

月の石の証言

優れた物語をつむげないのなら、惑星科学者の価値はない。アポロの調査により、月の形成に関する一九六九年以前の仮説はすべて誤りとされたが、まもなく確固とした事実から新しいアイデアが生まれた。アポロからの組成に関する新しいヒントが、一つの手がかりをもたらした。月と地球はある程度、似ている。酸素同位体の組成や主要な元素は同じだが、月の鉄と揮発性物質は地球に比べてはるかに少ない。このデータを、何千年も前からわかっていた軌道についての知識に組み入れなければならなかったのだ。月も地球も、太陽のまわりを回る他の惑星と同じ平面上を、同じ方向に回っている。地球の回転軸は二三度傾いている（季節があるのはそのためだ）。そして月は同じ面を常に地球に向けている。

月の形成についての初期のモデルは、地球以外の惑星や衛星の軌道データを無視する傾向があった。太陽系の一般的なパターンからはずれる、重大な例外についてさえ考慮していなかったのだ。たとえば金星は他の惑星とは逆向きに自転している。大したことではないように思えるかもしれないが、金星は地球と同じくらいの大きさだ。それが違う向きに回転しているのだ。これよりさらに変わっているのは、巨大な天王星（三番目に大きい惑星）の回転軸が横向きで、太陽のまわりの軌道を転がっているように見えることだ。他の惑星の衛星にも、風変わりなものがある。海王星の最大の衛星トリトンは月と同じくらいの大きさで、惑星の回転に対して急角度の軌道で、しかも他の太陽系の天体とは逆方向に回っている。

科学界の文化にはおかしな面があって、部外者が見ると困惑してしまうかもしれない。私たちは数多くの奇妙な事実をまとめる説得力のある理論を思いつく。つまり太陽のまわりを回っている惑星と衛星はすべて同じ平面上を同じ向きに回っているということは、同じ渦巻星雲から生じたということを暗示している。ところがあとになってそのルールに合わない現象が見つかると、それらを興味深い例外として棚上げしてしまう。金星が反対に回転している？　トリトンの公転の向きが反対？　そのくらいは問題ない。大きな枠組みの中では、そうした逸脱がときどき起こるものだ。

しかしこうした逸脱によって議論が複雑になっている問題は数多い。たとえば地球温暖化。多くの科学者が、大気の状態が変わると地球の気温が数℃上昇すると予測している。しかしそのような変化は異常気象の原因ともなり、アメリカ南部で激しい吹雪が起こったりするかもしれない。地球温暖化でメキシコ湾流のような海流が変化し、いずれ北欧がシベリアのような極寒の地になる可能性もある。このような変則的な現象を根拠に、地球温暖化を否定しようとする人々もいる。科学者は世界がどんどん暑くなっていると言うが、この地域では歴史上最悪の吹雪が起こった。これをどう説明するつもりだ、と。そのような疑問に対しては、自然は豊かで多様で込み入っていて、混乱した長い歴史と互いに複雑に結びついているものだ、と答えておくのが賢明だ。惑星の軌道にしろ北米の気候にしろ、例外というのは、無視しておけるささいな逸脱ではない。それは実際には何が起こったか、ものごとが本当はどのように動いているのかを理解するための本質なのだ。自然の仕組みについて包括的なモデルを考えるとき、そうしたちょっとした逸脱を使って、元の不完全なモデルを練り直す（もし例外が多すぎて原則が成り立たないなら、新しいモデルを組み立て直す）。だから一流の科学者は、逸脱について真剣に考える。すべてを理解し、すべてを予測できるのなら、毎朝起きて、研究室に向かう意味はない。

地球の衛星である月に関しては、そうした一般的な原則の例外（不思議な軌道）が、ジャイアント・インパクト説につながった。これは一九七〇年代半ばに現れたモデルだ。一九八四年にハワイで開催された重要な会議で、それらしくはあるものの必然性に乏しかった一連の仮説が一つにまとめられ、それがその後の通説となった。その会議には惑星の形成に関する専門家が集まり、考えられうるすべての可能性が検討された。そのような高揚した状況では、オッカムの剃刀（事実と矛盾しない問題の解答としては最もシンプルなものが正しいことが多いという考え方）が優勢になる。ジャイアント・インパクト説は、その条件を満たしている。

この革新的なアイデアを理解するために、四五億年以上前、たくさんの小さな微惑星から惑星が形成されたばかりのころに思いをはせてみよう。地球が現在の直径約一万二八〇〇キロメートル近くまで大きくなったとき一連の大きな衝突で残った近くの天体をほぼすべて飲み込んだ。こうした何キロメートルもの幅がある物体との衝突は、きっと壮観なものだっただろう。しかしそれは、はるかに大きな原始地球には、ほとんど影響を与えなかった。

とは言うものの、衝突がすべて同じというわけではない。地球の歴史上、ある一つの出来事（他のどの一日よりも記憶に残る一日）が際立っている。およそ四五億年前、黒い原始地球とそれよりわずかに小さい惑星サイズの競合相手が、太陽系の中で同じ狭い領地を争っていた。小さいほう（月を産んだとされる古代ギリシャ神話の女神の名をとってテイアと呼ばれている）も、惑星にふさわしい地位にあった。質量は火星の二倍か三倍（地球のおよそ三分の一）だったと考えられている。天体物理学の原則では、二つの惑星が同じ軌道を共有することはできない。いずれ衝突して、常に大きいほうが勝つ。地球とテイアもそうだった。

どんどん高度になる真に迫ったコンピュータシミュレーションによって、何が起こったか理解を助ける重要な方法が考案されている。大規模な衝突は物理法則にのっとっているので、何千種類もの初期条件でシミュレーションを行い、月ができるかどうか確かめられる。その答えは、最初のパラメーターと固く結びついている。原始地球の大きさと組成、テイアの大きさと組成、相対速度、衝突の角度と正確さ。ほとんどの組み合わせはうまくいかない。つまり月は形成されない。しかし驚くほどうまくいき、現在のような地球―月系に近いものができるモデルもある。

よくとりあげられるのが、衝突は正面からではなく横をかすめるようにして衝突したという説明だ。大きなテイアがさらに大きな地球の中心からずれたところにぶつかる。宇宙から見ると、この出来事はゆっくりとした動きの中で起こる。衝突の瞬間、二つの世界がそっとキスするように見える。それからの四～五分で、テイアは床に落ちた軟らかなパン生地のようにつぶれるが、地球に大きな影響はない。一〇分後、テイアはかなりつぶれ、地球は形がゆがみ始める。衝突から三〇分、テイアは消滅し、地球はもはや均斉のとれた球体ではなくなる。熱い岩が蒸発し、ぽっかり空いた傷口から噴き出して輝く流れとなり、崩壊した世界をおおい隠す。

もう一つのよくとりあげられるシナリオは、一九七〇年代に初めて提唱され、それから二〇年の間に、ハーバード・スミソニアン天体物理学センターの理論学者アルステア・キャメロンによって、改良、発展されたものだ。彼の興味深い理論によると、テイアは原始地球のおよそ四〇パーセントの質量だった。そして中心をそれた衝突が起こったが、この説ではテイアはそれなりに強く地球にぶつかり、細長く引き伸ばされて跳ね返り、また戻って地球にもう一度衝突し、それがとどめとなりテイアは永久に消滅した。

どちらにしても、大惨事でテイアは消滅し、蒸発して何千、何万℃にも達する白熱の雲となり、地球を取り巻いた。テイアもそれなりのダメージを地球に与えていた。地球では地殻とマントルのかなりの量が蒸発して外に飛び出し、テイアの残骸と混ざり合った。その物質の一部は深宇宙へと脱出したが、遺物のほとんどは地球の強い重力によって、軌道につなぎとめられた。この漂っている雲から、衝突した二つの世界の核から生じた密度の高い金属が混ざり合い、冷えて液体に戻って沈殿し、より大きな地球の核を形成した。マントルからの物質も混ざり合い、蒸発して、地球の周囲を取り巻く地獄のように熱い雲をつくった。激しい混乱の数日間、あるいは数週間、地球にはケイ酸塩の熱い雨が絶えず降り注いでいた。それが岸のない赤く輝くマグマの海に混ざった。やがて地球はテイアから生じたものの多くを取り込み、さらに大きな惑星となった。

しかしテイアのすべてが捕らわれたわけではない。宇宙の高いところで、衝突の残骸である石の多い濃い塵が、地球を取り巻いていた。その塵は二つの天体のマントルが混ざり合ったものが大半だった。石の粒の温度が下がり、くっついてまとまって大きな塊となり、それが小さいものを吸い込んでいく。最初に惑星が形成されたときの重力による凝集をそのまま再生し、月は急速に大きくなって、数年で現在の大きさに近づいたのかもしれない。

月がどこに形成されるかを決めるのは、惑星が形成されるときに働く物理法則だ。大きな物体は、ロシュ限界という目に見えない線でまわりを囲まれている。ロシュ限界の内側は重力が大きすぎて、衛星を形成できないのだ。土星には巨大な環があるのに、表面から約八万キロメートル以内に衛星がないのもそれが理由だ。土星の重力のせいで、凍った粒子がまとまって衛星をつくることができないのだ。

回転している物体の中心から計ると、地球のロシュ限界は約一万八〇〇〇キロメートル、地表からは一万一〇〇〇キロメートルだ。そうすると月の形成モデルでは、約二万四〇〇〇キロメートル以上離れたところなら新たな衛星ができる。大衝突で散らばった小さな粒子を飲み込んでいくという昔ながらの方法で大きくなっていける。月はそのようにして、おおかたの予想どおり四五億年前に形成された。地球にはいつのまにか、主に自分自身の断片でつくられた連れができていたのだ。

このジャイアント・インパクト説は、他のどのモデルよりも、あらゆる現象を説明できたので、科学者にすぐ受け入れられた。月に鉄を多く含む核がないのは、テイアの鉄のほとんどが地球の内部に収まってしまったから。揮発性物質がないのは、衝突で吹き飛ばされてしまったから。月の表側が常に地球のほうを向いているのは、地球とテイアの角運動量が、一つの回転システムを構成していたからだ。

ジャイアント・インパクト説は、地球の回転軸が二三度傾いている、変則的な現象を説明するのにも役立つ。これは従来の仮説ではうまく処理できなかった。テイアの衝突は、文字通り地球を斜めに傾けた。そして大規模な衝突が月を形成したという認識から、太陽系の他の天体に見られる逸脱についての考察へとつながった。おそらくどんな種類であれ、大規模な衝突は珍しくなく、必要でさえあるのだ。金星が逆回転しているのも、大量の水が失われたのも、それで説明ができる。天王星が横に回転しているのも、おそらくのちの大衝突が原因だろう。

異なった空

月の形成は地球史においてきわめて重大な瞬間だった。その影響ははるか遠くの将来にまでおよび、最近になって注目が集まっている。四五億年前の月は現在のようなロマンチックな銀色の丸い姿ではなかった。はるか昔の月は不気味なほど大きく、目立ち、想像できないほど破壊的な影響を地球の地表近くの領域に与えていた。

それはすべて、驚くべき一つの事実に行きつく。月は形成されたとき、地球の表面から約二万四〇〇〇キロメートルしか離れていなかった。ワシントンDCからオーストラリアのメルボルンまでの飛行距離とそれほど変わらない。ところが現在、月までの距離は三八万キロメートルだ。一見、巨大な月が地球から離れていっているなど考えにくいが、測定値に間違いはない。アポロの乗組員は鏡を月面に置いてきた。地球から飛ばしたレーザー光がその鏡に反射して戻ってくることを利用すると、一センチメートル以下の誤差で、距離を測定できる。一九七〇年代初頭から毎年、月は少しずつ地球から離れていっている。その距離は平均して、一年に三・八センチメートルだ。わずかな距離だと思われるかもしれないが、塵も積もれば山となる。現在のペースだと、三万年で一キロメートル以上離れることになる。時間を四五億年前まで巻き戻すと、そこには今と根本から違う景色が見えるだろう。

まず月の見た目がまったく違う。地球から二万四〇〇〇キロメートルの距離にある、直径三五〇〇キロメートルの月は、私たちがこれまで見た何物よりも巨大に見えたはずだ。その視直径はほぼ八度で、太陽のざっと一六倍だった。そして今の月の二五〇倍も天空をふさいでいた。

それだけではない。生まれて間もない月では火山活動が起こっていて、今見ているような、静かなシルバーグレーの物体ではなかった。表面は黒く、赤いマグマが詰まった裂け目や池が、地球からも見えていたはずだ。当時の満月も同じくらいドラマチックだった。表面が現在の何百倍もの日光を反射していた。その輝く光の下で楽に読書ができるが、天体観測はできなかっただろう。若い月の強烈な光にあっては、どんな恒星も惑星も見えない。

ドラマチックな光景をさらに高めていたのは、当時の物体が動くスピードだ。宇宙には摩擦がないので、回転している物体は何十億年もそのまま回転し続ける。地球と月の回転するエネルギー総量（角運動量）は、二つの円運動の組み合わせで計測する。第一が地球の自転。地球の自転のスピードが速いほど、角運動量は大きくなる。逆に月の角運動量は基本的に、地球からどのくらい離れ、どのくらいのスピードで地球のまわりを回っているかで決まる。月の自転はそこでは重要ではない。

地球の自転の角運動量と月の軌道は、過去数十億年、大きく変わってはいないが、これら二つの動きの相対的な重要性は大きく変化した。現在、地球–月系の角運動量はほぼすべて、地球から三八万キロメートル離れたところで、二九日の周期で公転している月によって決まっている。その中心にあり月よりも大きな地球は、二四時間で一回転というゆっくりとしたペースで自転している。その角運動量は月に比べればごくわずかである（それと同じく、太陽系の質量は太陽が全体の九九・九パーセントを占めているが、角運動量のほとんどは遠くの巨大ガス惑星が保有している）。

しかし四五億年前は事情がまったく違っていた。月はたった二万四〇〇〇キロメートルしか離れておらず、すべてが途方もないスピードで回っていた。フィギュアスケーターがスピンのスピードを上げるために、腕を体に引き寄せているような状態だ。地球は五時間で一回転していたが、太陽のまわりを一周するには当時も丸一年かかっていた（約八七六六時間）。この公転周期は、太陽系が生まれてから大きく変わっていない。しかし一日は短く、五時間ごとに太陽が昇り、一年は一七五〇日以上だった。

このような推測は奇抜で検証不可能に思えるが、少なくとも実際に計測されたデータで、昔は一日が短かったことは確認されている。無視できない証拠の一つがサンゴ礁だ。ある種のサンゴにはとくに細かな縞が見られ、そこにはかすかだが一日のサイクルと、より明確な一年のサイクルが記録されている。予想どおり、最近のサンゴには毎年の成長に三六五日分の環が見られる。しかしデボン紀（約四億年前）のサンゴの化石には、一年に四〇〇以上の環が見られる。当時は一日が二二時間で、月はおそらく今より一万六〇〇〇キロメートルも地球に近かった。

第二は補足的な測定だが、潮汐リズマイトという地層を基にしている。これは薄く重なった堆積層で、潮の一日、一月、一年のサイクルがわかる。ユタ州ビッグ・コットンウッド・キャニオンの、九億年前の堆積岩の潮汐リズマイトを顕微鏡で精密に調べたところ、当時の地球は一日がたった一八・九時間、一年は四六四日（日の出と日没が四六四回）だったことがわかった。当時の地球から月までの距離が三五万キロメートルであることをあわせて考えると、地球から離れていくスピードは、現在のスピード、年間三・八センチメートルにとても近いことになる。

ねじのはずれた世界

一〇億年以上前の地球の潮汐サイクルを記録した直接的な証拠はまだないが、四五億年前には、今よりはるかにあわただしかったのは確実だ。地球の一日が五時間だっただけでなく、月は今より近い軌道をはるかに速いスピードで回っていた。月はたった八四時間（現在の三日半）で、地球のまわりを一周していた。地球の自転と月の公転のスピードがそれだけ速いと、新月から月が満ちて満月となり、そこからまた欠けていくサイクルも、まるで早回しビデオのように大急ぎだ。ほんの数日（しかも一日は五時間）で、新たな月相のサイクルに戻る。

この事実に多くの結果がついてくる。よいこともあれば、そうでないこともある。これほど大きな物体が、速いスピードで軌道を回っているので、食も頻繁に起こっていただろう。皆既日食は八四時間ごと、ほぼ新月のたび、月が地球と太陽の間に入ったときに起こっていた。数分間、日光は完全に遮られ、暗い空を背景に恒星や惑星が突然、浮かび上がる。月の活動中の火山とマグマの海の赤が、円を描く暗い月の中で際立っている。また皆既月食も時計で計ったように、ほぼ四二時間ごとに起こった。満月の間、つまり地球が太陽と月の真ん中に入ったとき、地球の大きな影が、明るく輝く巨大な月の面を完全に隠してしまう。ここでもまた恒星や惑星が、暗い空の中に突如浮かび上がり、月の火山がその赤い姿を見せる。

近い月がもたらしたはるかに荒々しい結果は、巨大な潮汐力だ。地球と月がしっかりした硬い天体だったら、今も四五億年前とよく似ていたはずだ。地球との距離は二万四〇〇〇キロメートルで、自転と公転のスピードが速く、頻繁に食が起こる。しかし地球と月は堅固ではない。岩はたわみ、曲がる。とくに融解した状態のときは、潮汐力によって膨らんだり縮んだりする。二万四〇〇〇キロメートル離れた若い月からのとてつもない潮汐力が地球の岩石に働いていて、地球からは同じくらい強い逆向きの重力が、大半が融解していた月の表面に働いていた。その結果生じたマグマの移動を想像するのは難しい。数時間おきに一キロメートル以上、融解した岩の表面が月に向かって外側に膨らみ、大きな内部摩擦が生じてさらに熱くなるため、他のぽつんと離れた惑星よりもはるかに長く、表面の融解が続く。そして地球の重力もお返しをして、地球に向いた月の面が外側に膨らんで歪み、完全な球体ではなくなる。

月がなぜ地球から離れ続けているのか、その理由の中心にこれらの壮大な潮汐破壊がある。直径が三五〇〇キロメートルもある物体が、どのようにして二万四〇〇〇キロメートルの位置から三八万キロメートルのところまで動いたのだろうか？　その答えは角運動量の保存にある。地球の回転エネルギーと月の公転エネルギーの総和が一定であることだ。物理法則により、地球—月系がもともと、どのくらいの角運動量を持っていたとしても、そのほとんどを現在でも持っているはずである。

四五億年前、地球では数時間ごとに潮汐力によって海が膨らむ潮汐バルジ（膨張、隆起）が起こっていた。しかし地表が軸を中心に自転する（五時間で一周）スピードは、同じ軸を中心に公転している月（八四時間で一周）のスピードより速いので、余分な質量のある潮汐バルジのほうが常に優位に立っていて、絶えず月を重力で引っ張っているため、月は軌道を回るたびにどんどんスピードが速くなる。惑星運動についての不変の法則は、およそ四〇〇年前にドイツ人の数学者、ヨハネス・ケプラーによって初めて提唱された。それによれば、衛星のスピードが速くなるほど、中心の惑星からの距離は遠くなる。月は公転軌道を回りながら、徐々に地球から離れていった。

それと同時に、ゆがんだ月が地球の大きなバルジを等しい重力で逆向きに引っ張るため、地球の自転は回るたびに遅くなる。ここで角運動量保存が登場する。月の公転速度が速くなるほど、地球から離れていくにつれて角運動量が増加する。埋め合わせとして地球の自転はより遅くなり、地球—月系の角運動量は保存される。ここでもフィギュアスケーターが腕を広げてスピンのスピードを落とすところを思い出してほしい。四五億年以上の時間を経て、地球の回転は五時間で一回から、二四時間で一回というゆっくりとしたペースになり、月は遠くへ移動し、その過程で角運動量が大幅に増加した。

すべての惑星—衛星系が、必ずこのようなプロセスを経るわけではない。惑星の自転が衛星の公転スピードより遅ければ、容赦なくブレーキ効果が起こる。惑星の潮汐バルジがしだいに弱まると衛星の公転スピードも遅くなり、破滅へと近づく。やがて衛星はらせん状に惑星へと落下して飲み込まれる。これがジャイアント・インパクト説のまた違ったバリエーションだ。逆方向に自転している金星に衛星がないのも、おそらくそのためだ。金星の水がなくなり、今では焼けつくような厳しい環境の、生命のない世界になったことも、衛星のその悲惨な最期で説明できる。

地球—月系が生まれて間もないころ、動きが遅くなった地球と加速される月との角運動量の交換は、現在よりはるかに大きかった。月が形成されて最初の一〇〇年、どちらの天体でもマグマの海が荒れ狂っていて、うねり、ゆがむこともあった。巨大なマグマが地表に流れ出し、月では同じようなマグマが盛り上がった。おそらくそのために月は一年に数十から数百メートル離れていき、同時に月の自転は最初の恐ろしいほどのペースから、少しずつ遅くなっていった。しかしこのような地面の浮沈は長くは続かなかった。地球と月が遠ざかるほど潮汐力がさらに衰える。距離が二倍になると重力は四分の一になる。距離が三倍になれば、重力は九分の一になる。

地面のうねりが繰り返され、地面の凝固が遅くなったが、止まることはなかった。大衝突から数百万年たたないうちに、地球と月の表面は黒くて硬い岩におおわれた。地面の浮沈（硬い岩のゆがみ）はささいな問題ではなかったが、それ以前の日常的なマグマの膨らみとはまったく違っていた。

明るい月は今でも、宇宙が創造と破壊が絡み合った場所であることを知らせてくれる。現在でさえ、私たちは宇宙からの突然の攻撃から逃れることはできない。危険な小惑星や彗星が、ときどき地球の軌道を横切っている。今から六五〇〇万年前には、一個の巨大な岩塊が恐竜を全滅させた。これから数千万年以内には、他の巨大な岩塊が地球を標的にするだろう。人類の存続が種としての課題ならば、私たちは空を監視し続けたほうがいい。宇宙の隣人が無言の証言を行ってくれているからだ。変化はゆっくりで気づかないくらいかもしれないが、いつか悲惨な日が訪れる可能性はある。

第3章

黒い地球

最初の玄武岩の殻

地球の年齢

5000万〜1億年

地球は長い歴史の中で、少なからぬ回数、すべてを根本から変えかねない出来事に遭遇している。ジャイアント・インパクトと呼ばれる大衝突は最も破壊的なものであり、そこで生じた月はとくに幅広い影響を及ぼしてきた。しかしその結果——揮発性物質が多くある惑星のまわりを、たった一つの衛星である巨大な月が回っている——は決して、化学法則や物理法則による必然的な現象ではない。大昔の地球とテイアの相互関係の細部が少し変わっただけで、月の形成の物語はまったく違ったものになったかもしれない。衝突物の狙いがもっと正確で、地球と正面から衝突していたら、テイアのもっと多くの部分が地球の一部となっていただろう。そうなるとテイアと地球が混ざり合って、月のない一つの大きな世界になっていた可能性もある。あるいはテイアが地球に衝突しなければ、その軌道は大きく変わり、金星に向かって内側へ、あるいは外側に向かって火星のほうへ飛んでいくか、あるいは地球の近隣から永久に出て行ってしまったかもしれない。テイアがもっと斜めから衝突していたら、残骸の散らばり方によっては、複数の小さな衛星がつくられて、地球の夜空を飾っていたかもしれない。

私たちが住む動きの激しい宇宙の領域では、偶然が重要な役割を演じている。太陽系の歴史は衝突とニアミスの繰り返しだ。恐竜を絶滅させた小惑星の狙いがはずれていれば、ティラノサウルスとその子孫はその後、何千万年も進化を続けたかもしれない。大きな脳を持った鳥が、知性を持つ〝空飛ぶ道具製作者〟になっていたかもしれない。中生代と呼ばれる時代が長くなり、そこでは小さな哺乳類の数はそれほど増えていなかったかもしれない。あちらこちらが少し変わるだけで、地球は今と違う道を進んでいただろう。

しかし宇宙には避けようのない決定論的な面もある。大量の陽子と電子の生成、それに見合う数の水素とヘリウムの生成は、ビッグバンの瞬間から私たちの宇宙に組み込まれていた。恒星は莫大な量の水素とヘリウムが生成されたことから生まれた、必然的な結果である。核融合反応と超新星によって他の元素が合成されたのも、やはり水素が豊富な恒星がつくられたことで運命が決まったのだ。そしてあらゆるタイプの興味深い惑星（地球や火星や木星に似たものや、最近になって見つかっている何十ものタイプの星）ができたのも、それらの化学元素ができたときから決まっていたようなものだ。

それでテイアと地球の衝突のあとの時代が、冷却と自己組織化の混乱した時代になった。その生まれたばかりの世界はどのようなものだったのだろうか？　地質学的には地球の誕生からの五億年は冥王代と呼ばれている。それは悲惨な状況が広がっていただろうという認識に基づく。さまざまなデータを集めて推測すると、冥王代の地球の光景としてこんな壮大な図が浮かんでくる。激しく噴き出す火山、真っ赤に流れ出る溶岩の川、絶え間のない小惑星の爆撃、そして彗星がひっきりなしに地表を粉砕する。それでも明白な証拠が決定的に不足しているので、地球の最初の五億年について細かく知るのはたいへんな苦労である。

地球の起源については、太陽系という豊富な記録がある。太陽と重力によってそこに縛り付けられているおびただしい数の物体。何千、何万という隕石が、微惑星の時代のとくに詳細な情報を提供してくれる。月の起源についての細かい情報は、月から持ち帰られた石や土に見つかっている。しかし生まれたころの地球がどのようなところだったかを示すものは何も残っていない。岩石の破片も鉱物の粒子さえもだ。

ただ頭に留めておくべきは、そのような証拠が、数十億年前の大衝突のとき地表から飛び出した隕石としてまだ存在し、地球に戻ってくるか、近くの月に到達している可能性があるということだ。そのような試料はおそらくたっぷりと存在し、中にはずっと変化していないものもあるはずだ。実際、初期の地球の遺物をさがすということが、月探査の科学的な理由の一つとしてあげられている。月の表面の精密な地質学調査を行えば、漂流の旅をした冥王代の石を見つけて、これまで知る由のなかった地球の過去の真実が明らかになるという幸運に恵まれるかもしれない。

　地球で最初に固まった地表のかけらが見つかればすばらしいが、今の私たちは完全に手も足も出ない状況というわけではない。地球は何度も何度も変化したが、化学法則と物理法則は変わっていない。四五億年前もその化学と物理の法則によって、今と同じようにものごとが動いていたはずだが、月の誕生以外には、大衝突のような事件も、質量が大きかったり距離が近かったりするような影響力の大きな惑星の存在といった問題も、なかったというだけなのだ。

元素のビッグ6

　地球の初期の進化は、相互に絡み合った二つの化学的事実の結果だった。一つは宇宙化学（元素のできかた）、もう一つが岩石化学（岩石のできかた）である。まず現れたのが宇宙化学であり、恒星とすべての重元素――周期表の水素とヘリウム（原子番号1番と2番）より先の元素――の生成だった。この宇宙では、いくつかの化学元素が優勢を占めるよう運命づけられた。とくに岩の多い地球型惑星では、酸素、ケイ素、アルミニウム、マグネシウム、カルシウム、そして鉄が、他の重元素すべてより大きな影響力を持ち、これら六つの元素で地球の質量の九八パーセントを占める。地球の衛星である月、水星、金星、火星でも同様だ。

　これら〝ビッグ6〟の元素は、特有の化学反応を経験してきた。大衝突のあとそれぞれが独自の形で、地球がなるべき姿になるのを手助けしている。その鍵は化学的結合だ。原子には安定した電子配列の状態というのがあり、そのために必要な電子の数としてよく知られているのが、二個、一〇個、一八個という魔法の数だ。原子には、もともと持っている電子の数を増やしたり減らしたりして、この安定した状態になろうとする性質がある。しかしそのためには、電子を手放す原子と、それを受け入れる原子が存在しなければならない。

酸素は地球で電子を受容する主たる存在だ。どの酸素原子にも、核に正の電荷を帯びた陽子が八個ある。そこに負の電荷を帯びた電子が八個あれば電荷的にバランスが取れる。しかし酸素は常にさらに二つの電子を求めて、魔法の数である一〇にしようとする。この性質のために、酸素は自然界でも屈指の、反応しやすく腐食性の高い気体となっている。実は厄介な物質なのだ。

たいていの人は何より酸素が大気に不可欠なものだと思っているだろう(大気の約二一パーセントを占め、私たちの生命をつないでいる)。しかしそうなったのは、地球史上、比較的、最近のことなのだ。少なくとも地球の最初の二〇億年、大気にはまったく酸素がなかった。そして現在でも地球の酸素の九九・九九九九パーセントは、岩石や鉱物の中に閉じ込められている。起伏の多い荘厳な山や、吹きさらしの露頭を歩いているとき、足の下にある原子の大半は酸素だ。砂浜に寝そべっているとき、あなたの体重のほぼ三分の二を支えているのも、やはり酸素なのだ。

酸素が電子受容体という重要な化学的役割を果たすためには、電子を与えたり共有したりする原子も必要だ。最も多くの電子を与えているのはケイ素で、地球の地殻とマントルに含まれる原子のほぼ四つに一つを占める。ケイ素の核には正電荷を持つ陽子が一四個ある。とりあえずそこに負電荷を持つ電子が一四個あってバランスが取れている。しかしケイ素はふつう、四個の電子を手放して電子一〇個の状態をつくり、正電荷を持つケイ素イオンになる。岩石の多い地殻やマントルの中では、これら四個の電子が二個の酸素原子に取り込まれ、負電荷を持つイオンとなる。その結果、ほぼすべての岩石にケイ素と酸素の強い結びつきが見られる。とくに知られているのがケイ素原子一個に酸素原子二個の組み合わせである石英（SiO_2）だ。硬くて半透明な石英の粒子は長生きで、海岸線に沿って堆積している。砂浜では他を引き離して最もよく見られる鉱物だ。おそらく誰もが、シャープにカットされた透明なケイ素の結晶試料が〝パワークリスタル〟と称して売られているのを見たことがあるだろう。宝石のようなその石を手に持っているとき、握っているものの三分の二が酸素なのだ。

ケイ素・酸素結合が含まれる結晶はまとめてケイ酸塩と呼ばれる。地球で最もありふれた鉱物で、一三〇〇以上の違った種類が知られている（そして毎月のように新たなものが加わっている）。それらは原子構造も性質もさまざまだが、それはケイ素・酸素結合が多様だからだ。激しい天候にも耐えられる石英や長石、宝石のような緑のカンラン石や赤いザクロ石（それぞれ半貴石で八月と一月の誕生石）に見られる塊状配列、また悪名高いアスベストのいくつかに見られる針のような鎖状ケイ酸塩の構造、かつて窓ガラスの安い代用物として使われていた雲母のような薄い板状のものなどがある。

ケイ素ほど多くは存在しないが、カルシウム、マグネシウム、アルミニウムといった元素も、地殻やマントル中のありふれたケイ酸塩岩の構造上、大きな役割を果たしている。豊富に存在する親戚のケイ素と同じく、陽イオンとして単独で酸素と結合して、酸化カルシウム（生石灰）や希少な酸化マグネシウム、そして（微量の希少なクロム、チタンが酸化アルミニウムに組み込まれると）貴石であるルビーやサファイアとなる。

ビッグ6の六番目の元素である鉄は、他の鉱物よりはるかに多能だ。他の五つ（酸素、ケイ素、アルミニウム、マグネシウム、カルシウム）には、顕著な化学的性質が一つある。酸素はほぼ常に二個の電子の受容体として働き、ケイ素は四個の電子を与える。アルミニウムは三個の電子を与え、マグネシウムとカルシウムは二個の電子を与える。しかし鉄（原子番号26）は三つの大きな化学的役割を持つ。

鉄の多能性を際立たせているのが、地球の層構造だ。酸素が圧倒的に多く含まれる地殻とマントルでは鉄の原子は一〇個に一個だが、金属が多く含まれる核では、鉄の比率が九〇パーセントを超える。このはっきりとした違いは、鉄元素が持つ電子が二六個と、一番近い魔法の数字、一八個からかけ離れていて、とくに優れた電子提供者であることから生じる。鉄が八個の電子を与えることはできない（一個の原子でそれだけの数を受け入れられるものはないだろう）ために、そのときそこにあった受容体となる原子で間に合わせなければならないのだ。

鉄がマグネシウムのように二個の電子を与えて、+2のイオン（二価鉄）になることもある。二価鉄は他の多くの鉱物や化学物質に比べて独特な緑色、あるいは青色をしている。ペリドット（鉄を含むカンラン石）や、血液でも酸素が足りていないときは青みがかった緑になるが、それらは二価鉄が含まれているしるしだ。このような状態のとき、鉄は酸素と一対一の割合で結合している。そしてマグネシウムと鉄の原子は大きさがほとんど同じなので、地殻やマントルに多く含まれる鉱物の中で、よく自由に交代している。カンラン石、ガーネット、輝石、雲母など、地球に豊富に存在する鉱物の異形体には、一〇〇パーセントがマグネシウムの無色のものから、一〇〇パーセント二価鉄の黒っぽいものまで、ほぼどんな比率のものでもある。

しかし鉄は二価の状態に限られているわけではない。三個の電子を手放し、+3イオン（三価鉄）になることもある。三価鉄はそれを含む物質を特徴的なレンガのような赤色にする。赤錆、赤色土、赤レンガ、そして酸素を多く含む赤い血の鮮やかな色合いは、三価鉄のなせるわざだ。やはり三価の状態になるアルミニウムと同じく、三価鉄は酸素と二対三の割合で結合してFe_2O_3（赤鉄鉱《ヘマタイト》というありふれた鉱物）をつくる。ヘマタイトという名は血（ヘマト）のように赤いことから来ている。マグネシウムがよく二価鉄の代替となるように、アルミニウムは三価鉄と置き換わることが多い。ガーネット、角閃石、雲母は、想像できる限りさまざまなアルミニウムと鉄の比率を示す。鉄の多い異形体は、緑ではなく赤に見える。

つまり+2と+3の状態を行ったり来たりする、たいへん便利な能力によって、二価鉄と三価鉄は、ビッグ6の他の元素と同じような作用をもたらす（これについては、生命が初めて現れたころにもう一度とりあげる)。けれども鉄にはもう一つ、地球上で果たしている重要な役割がある。それはわりと簡単に金属をつくれるということだ。

ここまでで紹介したすべてのタイプの化学結合で、電子の交換によってイオンが生じている。ケイ素、アルミニウム、マグネシウム、カルシウム、そして鉄は電子を与え、酸素はそれを奪う。その結果起きる結びつきをイオン結合という。しかし金属はまったく違う結合方法をとっている。金属では個々の原子が一個以上の電子を手放して正の電荷を持つ。切り離された電子は、金属全体で共有される自由電子となる。これを金属結合という。

この共有行動の結果、さまざまなことが起こる。一つには、共有されたすべての電子が自由に動き回れるので、金属は電気の伝導体となる(電気は統制された電子の流れに他ならない)。対照的に、酸素とマグネシウムあるいはケイ素とイオン結合された物質では、すべての電子が所定の位置に閉じ込められていて、電気の流れは起こらない。金属結合のもう一つの特徴が、曲げたりねじったりできるということだ。もろい岩石や鉱物の性質とは、似ても似つかない。

鋭い読者のみなさんは、このようにして金属をつくっているのが、鉄だけではないことに気づいているだろう。アルミニウムは缶、ホイル、家庭用配線など日用品に使われているし、マグネシウム合金は高性能のレーシングカーや、おもちゃなどの材料として欠かせないものになっている。そして半金属のケイ素は、あらゆる電子機器の中心的存在である。しかし金属のアルミニウム、マグネシウム、ケイ素は、化学工業界における現代の驚異なのだ。これらの頑固な元素を酸素から引きはがすには、膨大なエネルギーを必要とするうえに、金属の状態が自然につくられることはない。鉄はそこまで酸素頼みではなく、化学結合の相手を変えやすい。ケイ素、アルミニウム、マグネシウム、カルシウムなどと違って、他の電子受容体とすぐに結びつく。とくに知られているのが硫黄である。硫化鉄は輝く黄鉄鉱で、「愚か者の金（フールスゴールド）」と呼ばれることもある。他の元素と違って、鉄はたちまちのうちに高密度の金属を形成して、惑星の中心に沈殿し核をつくる。

融解した地球

ビッグ6の元素はどれも爆発した恒星や地球型惑星の進化から必然的に生じたもので、地球にとくに豊富に存在する岩石をつくっている主たる成分でもある。それらの独特な化学的性質によって、この惑星は私たちが現在、住んでいるこの世界へと向かう、戻れない道を進み始めたのだ。しかし岩石がつくられる前に、地球は冷えていたはずだ。

もう一度、月が形成される原因となった大衝突のあとの、荒々しい年月を想像してみてほしい。数日間、あるいは数週間、何が地球になって何が月になるのか、まだ仕分けされている最中だった。テイアが衝突した直後は、地球も月も、表面は固まっていなかった。まとまりつつあった伴侶たる二つの球体のどちらも、表面をマグマの海が取り巻いていた。真っ赤に輝いてうねり、そこに融解して輝く何千℃という高温のケイ酸塩の雨が降り注いだ。

大気がテイアの残骸を払いのけると、激しく燃える溶鉱炉から噴き出すような熱が、地球から冷たい真空の宇宙へ放出され、地球の外殻はいやおうなく冷やされた。そうなっても、宇宙で起こる事象のせいで、地球の表面の融解状態はもうしばらく続いた。一つには大きな小惑星の衝突がまだ続いていたことだ。衝突するごとに熱エネルギーが増加し、衝突した部分が過熱状態になって、硬い地殻をつくろうとするあらゆる試みをじゃましていた。近くの月からの潮汐力が、地球の液体状態を保つのにひと役買っていた。赤道付近では五時間ごとにマグマが大きく盛り上がり、薄い板状に固まろうとしているのをすべて粉砕する。地球に豊富に蓄えられていた放射性元素（短命のアルミニウムやタングステンの発熱性同位体と、長命なウラン、トリウム、カリウムの放射性同位体の両方）によって、さらに加熱され続けていた。そして若く成長中の大気に、火山から噴き出した二酸化炭素と水の豊富な蒸気が加わり、〝超温室〟状態が引き起こされて、そのような効果が増幅されたかもしれない。

どのくらいの期間かはわからないが（何百年でも何十万年でも地質学的にはほんの一瞬のことだ）、地球は融解した状態が続いた。しかしやがて必然的に冷却されて固まっていった。熱力学第二法則によれば、新たに大量のエネルギー投入がなければ、物体は冷えていかなくてはならない。そして物体の温度が高いほど、冷えるスピードが速くなる。

この熱の移動を容易にするのが、三つのよく知られたメカニズムだ。第一が伝導。熱い物質が冷たい物質に触れると、熱いほうから冷たいほうに熱エネルギーが移動する。このプロセスは、日差しを浴びた道路を素足で歩いて足をやけどしたときや、ガスレンジの火に手が触れて水ぶくれができてしまったときなど、痛いほどよくわかるが、原子が絶えず細かく動いているために起こる。熱い物質の原子はより荒々しく動いている。原子がもっとゆっくり動いている冷たい物質が熱い物質に触れると、原子同士の衝突で激しい動きの一部が移動する。あなたが触れた物質がとても熱ければ、あなたの皮膚の分子を破壊し、細胞を殺し、やけどを引き起こす。ただし伝導は熱を部分的に、一つの物体から隣接する物体へと移動させるには悪くないが、惑星規模で熱を移動するにはよい方法ではない。細かく動いている原子からの熱を隣に移動するのに、とてつもなく長い時間がかかる。

熱い原子の集まりが熱エネルギーをまとめて動かす対流のほうが、惑星を冷やす方法としては効率的だ。対流は水を沸騰させるときに必ず経験している。鍋に水を入れて火をつけて待つ。このプロセスは最初ゆっくりで、熱い鍋が水に触れると、熱は伝導で移動する。小刻みな動きで、鍋の金属原子が水の分子を揺り動かす。しかしやがて別のメカニズムが取って代わる。鍋の底の温まった水の量が増え、上にのしかかっている冷たい層を通って上昇し、熱をまとめて表面へと移動させる。それと同時に、冷たくて密度の高い表面の水が熱い底へと沈む。この熱交換のスピードがどんどん速くなり、水の柱が上がったり沈んだりして、やがて沸騰する。熱い水が上に、冷たい水が下に循環する対流によって、大量の水が、すばやく効果的に動いて熱を液体全体へと広げる。

地球という大きな規模でも、対流はあちこちで見られる。夏に沖から吹いてくる涼しい風、赤道から北極へと流れる壮大な海流、激しい稲妻を発生させる上昇気流、熱せられた地下水が地表からほとばしる温泉や間欠泉。そして地球内部でも、冷たくて密度の高いマグマと表面近くの岩石が沈み、奥底にあった熱く密度の低いマグマが表面に上ってくる。地球の歴史を通じて、対流こそがこの惑星の冷却を進めてきた最大の要因だった。

そして熱伝達の第三のメカニズムが放射だ。熱い物体はなんであれ赤外線放射という形で、温度が低いまわりの環境へと熱を放射している。赤外線は真空中を秒速三〇万キロメートルという速さで移動する。この形のエネルギーは、太陽の下で日光浴をしているときなどでおなじみだが、目に見える光の波長と同じような性質を持っている（熱放射のほうがやや波長が長い）。最もわかりやすい熱放射赤外線エネルギー源といえば太陽だろう。地球は真空の宇宙を太陽から約八・三分もかけて飛んできた赤外線放射を浴びているのだ。電気暖房器具、暖炉の心地よい暖かさ、昔の温水放熱器もなじみ深い例だ。温度の高い物体はすべて、温度の低い周囲に向かって熱を放射している。人の体も例外ではない。混雑した講堂が不快なほど暑くなるのもそのためだ。一人一人が一〇〇ワットの電球のように熱を放射している。これは赤外線を放射している人間や動物が闇の中で明るく光って見える暗視ゴーグルを使えば簡単に証明できる。

伝導、対流、放射、いずれの方法であっても熱を伝えるスピードは、熱い物質と冷たい物質の温度差で左右される。伝導は速く、対流は勢いがあり、放射は温度差が大きいほど激しくなる。地球は暖かい惑星だ。寒い宇宙の中で太陽のまわりを回りながら、地球は宇宙空間に向かってたえず熱を放射している。しかしテイア衝突後の灼熱の地球は、現在とは比較にならないほどのスピードで、余分なエネルギーを宇宙へ勢いよく噴出させていた。暗黒の宇宙の中で文字通り輝いていたのだ。

最初の岩石類

地球から桁外れの熱が宇宙へ放出されて失われると、必然的に岩石性の地殻が形成された。どこか、おそらく潮汐力の影響が少ないどちらかの極付近で表面の温度が下がり、初めて結晶がつくられた。しかし冷却と結晶化は決して単純な出来事ではなかった。物質の多くには、冷却されて液体から固体に変わる明確な温度、すなわち凝固点がある。水は〇℃、水銀はマイナス三八・八三℃、エタノール（ふつうの飲料用アルコール）はマイナス一一四・五℃で固まる。しかしマグマは違う。決まった凝固点がないのが、マグマの変わったところだ。

まずテイア衝突の直後、猛火の四五億年前から始めよう。そのころ地球と月は、五五〇〇℃のケイ酸塩の蒸気でともに満たされていた。その地獄のように熱いガスが急速に冷えて、やがて凝縮して滴となり、新たにできた二つの天体にマグマを雨のように降らせた。その温度はいやおうなく二五〇〇℃、二〇〇〇℃、一五〇〇℃と下がっていった。このとき初めて結晶が形成された。

このような地球で初めてできた岩石の物語は、実験岩石学者が扱う領域だ。彼らは岩を焼いたり圧縮したりする新しい技術を開発して、地球の奥深い内部の状況を再現する。しかし岩石の起源を探るには、技術的に二つの困難がある。一つは、何千℃という想像を絶する高温をコントロールしなくてはならないこと。家にあるオーブンやかまどとは比べ物にならない熱さだ。そのために研究者たちは白金線を細かく巻いたコイルをつくり、そこに電流を通して超高温を実現している。さらに難しいのが、その温度を保ちつつ標本に大気の何百、何千倍もの高圧をかけなければならないことだ。この厄介な作業のために、研究者は大きな水撃ポンプと巨大な万力のような圧縮機を用いる。

私の研究の本拠地であるカーネギー地球物理学研究所は、一〇〇年以上前からこうした壮大な地球の真実を探究するための中枢であり続けている。実験岩石学のパイオニアの一人で、玄武岩の起源研究の第一人者であるハットン・S・ヨーダー・ジュニアが時ならず亡くなる前に、短い間だったが私は彼と並んで研究する機会を得た。堂々として、ダイナミックで、熱意にあふれ、思いやりのあるヨーダーは、この分野では文字通りの大御所だった。第二次世界大戦時に海軍士官だった彼は、巨大な金属製機械設備をよく知っていた。一九五〇年代に地球物理学研究所に加わり、海軍が放出した銃身や装甲板を使って高圧実験室をつくった。それは彼の半世紀に及ぶキャリアだけでなく、私たちが依って立つ学問的基盤の理解の骨組みをつくりあげることになる。

ヨーダーの装置で一番重要なのは「高圧反応容器」だった。直径三〇センチメートル、長さ五〇センチメートル、そして直径二・五センチメートルの穴が開いた大きなスチール製シリンダーだ。

ボンベの一方の端は、一万二〇〇〇気圧（地表から四〇キロメートルの深さの圧力と同じ）という驚異的なガス圧を生じさせる、一連のガスポンプ、圧縮機、増強装置につながれている。その閉じ込められたエネルギーはダイナマイト一本分の爆発力と同等で、万一、装置に不具合が起こったら大惨事を引き起こす可能性があった。ボンベのもう一方の端には、三〇センチメートルの長さの岩石試料を挿入するカプセル、直径一五センチメートルの大きな六角形のナットがついている。そのナットを長さ九〇センチメートル、重さ九キログラムのレンチで締めて、装置を密閉する。

ハットン・ヨーダーの装置の利点は、粉末状の岩石や鉱物の試料を小さな金のチューブに入れ、それをシリンダー型の加熱器に収め、そのアセンブリ全体をボンベの加圧室の中に固定できることだ。圧力を上げ、電熱器のスイッチを入れれば、あとはボンベがすべてやってくれた。一回の試行で最高六本の金のチューブを用いることができた。一回の試行の所要時間は数分から数日にわたる。ヨーダーのすばらしい発明は、地殻と上部マントルの中で、岩石がどのように進化したのか研究するのに理想的だった。

ハットン・ヨーダーと同僚たちが発見したのは、主要な六つの元素が豊富な輝く溶解物は、一五〇〇℃以下まで温度が下がると、たいてい苦土カンラン石（マグネシウムのケイ酸鉱物）の結晶をつくり始めるということだ。はるか昔の冷却期間に、地球と月の両方で、美しい緑色の小さな結晶が、ごく小さな種としてマグマの中で成長し始め、それがＢＢ弾の大きさとなり、豆、ブドウの大きさに膨らんでいった。しかしカンラン石はだいたい、まわりの液体より密度が高いため、結晶ができると沈み始め、結晶が大きくなるにつれて、沈むスピードもどんどん速くなる。堆積して大きな塊になるときにはほぼ純粋な結晶となり、ダナイトと呼ばれるとても美しい岩石を形成する。現在、この岩石は地球では相対的に希少で、造山活動で地面の隆起や浸食が起こり、地球の奥深くで形成された密度が高く特徴的なカンラン石の集積があらわになるといった、特別な状況でしか地表に現れない。

カンラン石の結晶の沈殿が続くと、地球と月の内部で冷えているマグマが少しずつ変化する。残った熱い溶解物の成分が変わり、マグネシウムがどんどん減っていくのに合わせて、カルシウムとアルミニウムが濃くなっていった。月ではマグマの海が冷え続け、第二の鉱物がつくられ始めた。カンラン石の他に、灰長石というカルシウムとケイ酸アルミニウムでできた長石が結晶して薄い色の塊となった。カンラン石と違って、灰長石はまわりの液体より密度が低いため浮いていることが多い。月では大量の灰長石がマグマの海の表面に浮かび上がり、どろどろの表面に高さ六〜七キロメートルも盛り上がった山脈を形成した。白っぽい灰色の塊は今でも光を受けて銀色に光る月面の六五パーセントを占めていて、月の高地と呼ばれている。マグマの海から直接隆起した月の高地は、月で最も古い岩石でできている。アポロが持ち帰った試料によって、これら独特の斜長岩（灰長石を多く含んだ結晶質の岩石）ができた時期は、三九億年前から大衝突の直後の四五億年前までに及ぶことが明らかになった。

マグマの海の水分が多く、深く、そのため内部の温度と圧力が高かった地球では、やや違う展開になった。初期の地球でもおそらく少量の灰長石が表面近くの圧力が低いところで形成されたが、どちらかといえば量は少なかった。むしろマグネシウムが豊富な輝石（最も一般的な鎖状ケイ酸塩鉱物）が大量に生じ、厚い結晶の中でカンラン石と混ざり合っていた。そのため地球の最古の岩石は主にカンラン石と灰長石が混ざった、ペリドタイト（カンラン岩）と呼ばれる黒っぽい緑色の硬い岩がほとんどだった。さまざまなタイプのペリドタイトが、地球の表面から八〇キロメートル以内のあらゆるところで結晶し始めた。それは四五億年以上前から始まり、何億年も続いているのだろう。

初めは豊富に存在していたペリドタイトも、今は地表であまり見られない。考えられるのは、ほんの短い間、板状のペリドタイトが冷えて固まり、地球の最初の硬い地表をつくったというシナリオだ。しかし冷えたペリドタイトは先代のダナイトと同じく、周囲のマグマよりもはるかに密度が高い。そのためペリドタイトの表面の層が割れ、ゆがみ、マントルの底に再び沈んでマグマと交代し、それが冷えてさらにペリドタイトができた。何億年という時間を経てマントル自体もゆっくりと固まり、地表下八〇キロメートルで動いていた、ペリドタイトのベルトコンベアーに載ったようなものだ。マントル中で密度が高い固体のペリドタイトの比率が高まり、やがてマントルの上部は大半がカンラン石と輝石の硬い岩となった。

地球の核の真相

地殻から八〇～三〇〇キロメートルのマントルのさらに奥深くでも、冷却と結晶のプロセスは同じような形で進んだはずだ。ただし時間はもっとかかっただろう。細かいプロセスはまだはっきりとはわかっていない。未解決な問題を解き明かすには、次世代の高圧、高温装置が必要だろう。しかし結晶が地表の近くでの浮き沈みによって溶解物から分離されたことが、重要な役割を果たしたと思われる。

その隠れた奥深い部分について私たちが知っていることのほとんどは、地震学の研究によるものだ。地震学では地球の深層部に通した音波を調べる。地球では常にベルのように音が鳴っている。砕ける波、鳴り響く雷、そして大小の地震といったものすべてが、地球を揺さぶり、地震波を伝える。そして切り立った山に挟まれた渓谷と同じで、音波が表面にぶつかると反響する。地震波の研究によって、地球の内部は複雑な層状になっていることが明らかになった。

ごく基本的な構造レベルでは、地球は三層になっている。薄く密度の低い表面の地殻、密度の高い真ん中の厚い層であるマントル、中心部はさらに厚く高密度な金属性の核（コア）。これら三つの層の中は、さらに層状になっている。たとえばマントルには三つの層がある。上部マントル、遷移層、下部マントルだ。ペリドタイトがほとんどの上部マントルは、おそらく深さ四一〇キロメートル程度まで到達している。その深さだと、圧力でカンラン石の原子が押しつぶされて、ワーズレイアイトと呼ばれるさらに濃密なケイ酸塩結晶をつくる。それがマントル遷移層の主な鉱物だ。下部マントルでは圧力が非常に高いため（表面圧力の数十万倍）、ケイ素・酸素結合が、ペロブスカイトと呼ばれるより密で効率的な原子配列をとる。

地震学の研究では、鉱物学的に異なるマントル層それぞれの範囲と性質を調べている。一つの層から次の層への移行は、概して規則的ではっきりしている。切り替わる深さは場所によって二〇から三五キロメートルとわずかに差があるが（たとえば大陸の下と海など）、それぞれの境界は比較的なめらかで、大きなずれはないようだ。対照的に核とマントルの境界はとくに複雑な部分で、下部マントルから上部マントルへの明快な変遷とは違っていることが示されている。おそらく核とマントルの境界では強い反響が起きている。ケイ酸塩のマントルと金属の核の密度は極端に違っているため、空気と水くらいはっきりとした物理的な境界が生まれ、地震波を反響させる。その境界は一〇〇年以上前に地震学者が発見した地球内部の隠れた特徴の一つだった。

まったくむらがなく規則的な境界では、集中的ではっきりした地震反射が生まれる。地震計で記録すると特徴的な波形として表れる。しかし核とマントルの境界で反射した地震信号は、たいてい不明瞭だったり不規則だったり途切れたりしている。その部分にはもう一つ、不揃いの塊や塵の山などを含む別の構造がある。命名のセンスがあまりなさそうな地球物理学者は、この混沌とした領域をD″（ディーダブルプライム）層と呼んでいる（褐色矮星、赤色巨星、暗黒エネルギー、ブラックホールなど、想像力あふれる用語を生んだ宇宙物理学者のほうが、科学界の命名ゲームでは一歩先を行っている)。

深いところにあるこのD″層は複雑な特徴を持っているが、それは均質な鉄でできている核と、酸素が豊富で多彩な鉱物でできているマントルとの明確な差異から生じている。マントルの鉱物はすべて、コルクが水に浮くように、密度の高い核の上に浮いている。原始のマグマの海では、ケイ酸塩の一部は沈み、一部は浮いた。その結果、初期の結晶化した固体はマントルの一番下まで沈み、金属の核の上にいかだのように浮いていた。核とマントルの間に、不揃いで密度が高く、地震波の速度が急増する不均一な領域が高さ五〇〇キロメートルの〝山脈〟をなしていると仮定している地震学者もいる。そこで地震信号がめちゃくちゃにされてしまうのだ。

驚いたことに、核とマントルの境界にはもう一つ、とりわけ密度の高い液状のケイ酸塩の層があると考えられている。そこにはおそらくアルミニウムやカルシウムの他に、地球の外側の層では見られない、造岩鉱物の結晶に入り込みにくい、いわゆる〝不適合元素〟が大量に含まれている。確定は容易ではないが、地震学者は核とマントル境界のすぐ上にあるD″層の一番下に、〝地震波超低速度層〟の存在を指摘している。そこでは地震波の伝播スピードが、近接した層より一〇パーセントも低下する。地震波の速度が落ちるのは、液体の存在を示していることが多い。それほど深いところに液体がたまっていると考えれば、失われた元素という小さな問題もうまく説明できる。不適合元素はすべて手の届かないD″層に集められ、そこでがらくたの鉱物がひしめく、得体の知れない

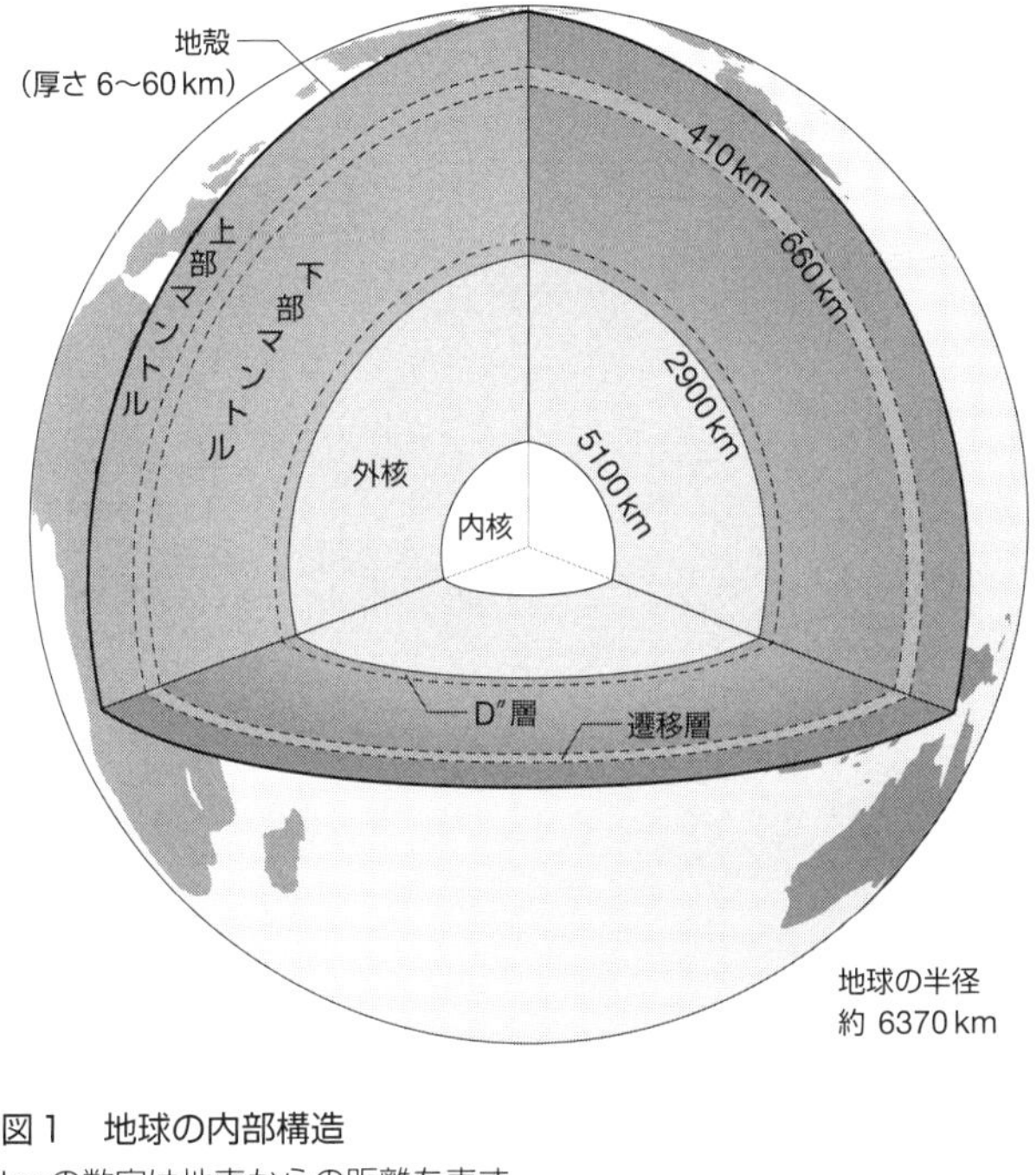

図1　地球の内部構造
kmの数字は地表からの距離を表す。

異質な層に永遠に引きこもらされている。

そして核自体はどうだろうか？　地球がまだとても若いころ、鉄が豊富で密度が高い核は直径三〇〇〇キロメートル以上あり、形が完成していて、おそらく全体がどろどろした状態だった（現在では内核は成長しつつある固体の鉄結晶のボールのようなもので、直径は二五四〇キロメートルとずいぶん違っている）。はっきりした核とマントルの境界線の温度は、五五〇〇℃を超えていたかもしれず、圧力は現在の大気圧の一〇〇万倍を超えていた。

核が熱いのは最初からで、それから今日までずっと、液状の金属が渦を巻くダイナミックな場所であり続けている。この液体の流れから生まれた重要な結果が、初期世代の地球の磁場、巨大な電磁石のような磁気圏である。磁場は帯電した粒子の進路を曲げてしまうため、地球の磁気圏は強烈な太陽風と宇宙線を防ぐ目に見えない一種の盾となる。それは生命が誕生し、存続するためには、どうしても必要な防壁だった。

核はまた重要な熱エネルギー源であり、マントル対流が起こるのを助けている。現在でもハワイやイエローストーンのような火山活動が起きているホットスポットでは、熱いマグマの柱が、核とマントルの境界から表面へ、ほぼ三〇〇〇キロメートルも上がってくる。地表でその柱が現れる位置が決まっているのは、深いところの形態に左右されているためかもしれない。D″層の高さ五〇〇キロメートルの山脈は、熱い核の上で、保温毛布のような働きをしているのかもしれない。だからホットスポットは、隠れた壮大な山脈の間の、熱を放出している渓谷から生じたと考えられる。

玄武岩

基本的に、鉱物の進化の物語は、その岩石に起こるべくして起こった過去の出来事によって決まる。鉱物が形成されるどの段階も、前段階からの流れで必然的に起きたことだ。地球に初めてペリドタイトの地殻が生じたのは重要な出来事だが、原始のマグマの海に生じた未熟な段階であり、ほんの束の間のことだった。やがてそれが冷えて硬くなると、密度が高すぎて地表近くには留まれなくなり、再び地球の深みへと沈んだ。地球の表面をおおうのに求められたのは、もっと密度の低い別の岩石だった。それが玄武岩である。

すべての地球型惑星の表面近くの岩石には、黒い玄武岩が最も多い。小惑星衝突の傷跡が残る水星の外側はほとんどが玄武岩だ。温度が高く山の多い金星、乾燥した赤い星の火星も同様だ。黒い斑点のように見える月の海は、黒い玄武岩の溶岩が固まったもので、白っぽい斜長岩の高地と鮮やかな対照をなしている。そして地球に目を移すと、すべての海の底を含め、地表の七〇パーセントが玄武岩だ。

玄武岩にはさまざまな特徴を持つものがあるが、二種類のケイ酸塩鉱物が主な成分であるのはすべてに共通している。一つは斜長石。これはアルミニウムを含み、地球型惑星と月において最も重要、かつ地球の地殻に最も多い鉱物である。私がＭＩＴで師事したデイヴィッド・ウォンズ教授がかつてこんなアドバイスをくれた——「素性がわからない石を見せられて、何の鉱物か訊かれたら、『斜長石』と答えておけば、九〇パーセントは正解だ」。二つ目は輝石である。ありふれた鎖状ケイ酸塩鉱物で、ペリドタイト（カンラン岩）にも見られる。輝石は一般的な鉱物としては珍しく、ビッグ6の元素すべて（さらにそこまで一般的でない元素も）を含む場合がある。

玄武岩の主成分である斜長石と輝石の成り立ちを理解するには、溶けたり固結したりする岩石の奇妙な習慣を考える必要がある。四五億年前、地球のマグマの海が冷えると、まずカンラン石が形成され、そして少量の灰長石、そして大量の輝石ができた。その結果生じたケイ酸マグネシウムの岩がペリドタイトで、上部マントルの大半を占めていた。ペリドタイトの塊が形成されて沈むと、再び熱せられて一部がまた溶けた。

日常的な経験から、固体はある一定の温度で液体に変化することがわかる。氷は〇℃、家庭用ろうそくは約五〇℃、鉛は三二七℃で溶ける。しかし岩石の融解はそれほど単純ではない。ある温度で完全に溶ける岩石はほとんどないはずだ。ペリドタイトを一〇〇〇℃に加熱すれば、一部が溶け始めるだろう（そのペリドタイトに揮発性の水と二酸化炭素が多く含まれていればもっと早い）。ごくわずかな最初の一滴は、ペリドタイトの塊とはまったく違っている。まず溶け始めた部分にはカルシウムとアルミニウムが多く、鉄とケイ素もやや多いが、マグネシウムははるかに少ない。そして元のペリドタイトよりも密度はずっと低い。そのためマントル中のペリドタイトの五パーセントが融解しただけで大量のマグマが生成され、それが鉱物の結晶粒界に沿って移動し、裂け目や窪みにたまり、表面に向かって上昇する。そのマグマがやがて玄武岩となる。数十億年もの地球の歴史上、ペリドタイトの部分的な融解で、何億立方キロメートルもの玄武岩質マグマが生じた。

玄武岩質マグマが惑星の表面に現れるには、二つの補完的な方法がある。華々しいのは火山の噴火によるもので、ハワイやアイスランドなどで起こるように真っ赤なマグマが噴き出して川となって流れる。あのような劇的な噴火は、水をはじめとする揮発性物質が引き起こす。揮発性物質は二キロメートルもの地下では高い圧力がかかり、液状ケイ酸塩にずっと閉じ込められているが、地表近くでは爆発性のガスに変わる。爆発をともなう火山活動では、灰や毒性ガスを成層圏に放出し、車と同じくらいの大きさの〝火山弾〟を打ち込んで、周囲の土地を押しつぶすことがある。

こうして玄武岩が溶岩や灰として噴き出し、層が重なっていくうちに、数キロメートルに及ぶ高い山と何千平方キロメートルもの土地が黒い岩でおおわれる。このタイプの玄武岩質マグマと灰は、ガラス質が豊富で粒子が非常に細かいため、冷えるスピードが速く結晶化が起こる間もない。その結果できたのが、溶岩が固まった、とりたてて特徴のない黒い地殻だった。他の特徴的なカンラン石玄武岩は、ペリドタイトが比較的浅いところ（地下三〇キロメートル以内）で部分的に溶けたときにしか生じないが、融解・凝固の第一段階に地下で形成された光沢のあるカンラン石結晶をいくらか含み、この緑色の結晶が黒色の岩石に彩りを添えている。

噴火には大きな爆発力を必要とするため、玄武岩質マグマのかなりの割合は地下に押し込められたまま、地表に出るのを待つ。そこでゆっくりと冷えて、数センチメートルほどの、拍子木状の長石や輝石の結晶を含む輝緑岩やハンレイ岩をつくる。ときどきマグマが、地下の岩塊の垂直に近い割れ目に入り込み、なめらかな表面の岩脈をつくる。その母岩が軟らかく、数百万年後に浸食されると、ぼろぼろの遺跡発掘現場のように見える、長くまっすぐな輝緑岩の壁となることがある。一方、マグマが堆積岩の水平の層の間に入り込むと、薄い毛布のようなシルを形成する。ニューヨーク市北部のハドソン川の西岸にある有名なパリセードクリフは玄武岩質のシルの一つで、ニュージャージー州北部からニューヨーク州南部にかけて、わずかに西に向かって低くなっているが、平らな高地（最高級の宅地でもある）をつくっている。また溶岩が不規則な形のマグマだまりで冷えるときもあり、地下何キロメートルもの深さのところに、何キロメートルもの長さの岩塊ができることもある。しかし最終的な構造がどのようなものになるにしろ、輝緑岩とハンレイ岩は玄武岩にとてもよく似ている。

必然的に玄武岩の地殻ができたことによって、地球に初めて硬い表面ができた。それ以前、マグマとペリドタイトしか表面になかったときは、特徴ある地形と言えば、そこそこの高さの隆起だけだった。融解したペリドタイトには山を支えるほどの力がなかった。しかし硬いわりに密度が低い玄武岩なら話は違ってくる。平均的な玄武岩の密度は、ペリドタイトより一〇パーセント以上低い。つまり二〇キロメートルの厚さの玄武岩は、マグマの海では二キロメートルを超える高さで浮いているということだ。急速に成長した火山円錐丘はもっと高くなり、海面より三キロメートル以上突き出す場合もあった。その結果、地球のでこぼこした表面に、独自の特徴が現れ始めたのだ。

苛酷な環境

　宇宙から見ると（たとえば生まれたばかりの月の安全な場所から）、玄武岩におおわれた地球の表面は黒く、ところどころに弧状の赤い裂け目と、マグマを噴き出している巨大な火山がある明るい部分が見える。汚れた白い灰を含むジェット気流で、揮発性物質がとくに多い火山円錐丘とその周辺の風景がかすんでいる。

　あなたが四四億年以上前へ戻り、できたばかりの冥王代の地球の表面にいると考えてみてほしい。その荒涼とした異質の光景に、長くは耐えられないだろう。隕石が絶えず地表に降ってきて薄くてもろい表面にひびを入れ、砕けた岩石やマグマの塊を平原にシャワーのように浴びせる。数えきれないほどの火山円錐丘が隆起し、少しずつ何千メートルという高さまで大きくなる。蒸気や他の揮発性物質の爆発的な放出によって噴き出した膨大な量のマグマは、いずれ冷えて海や大気となる。生命を維持するための酸素はまったくない。この苛酷な若い地球では、硫黄化合物の不快な臭いで鼻が曲がりそうになり、噴き出す蒸気で皮膚をやけどし、有害な熱いガスで目を傷めてしまう。そんな苛酷な世界では、断末魔の苦しみさえも長くは続かない。

　遠ざかっていく月はずっと、この地殻を形成するのに中心的な役割を果たしていた。地球全体に及ぶ岩とマグマの潮流は、テイア消滅からの一〇〇年間ほど、激しくはなかったにせよ繰り返し表面を傷つけ、ゆがませ、穴をあけた。そこから熱く赤い溶岩がにじみ出し、硬い表面がつくられるのを妨ぐ。月が驚くほど近かったために、常軌を逸した自転スピード（五時間で一回転）が続き、現在とは比べものにならないほど激しい、大嵐や巨大トルネードが起こっていた。

しかし地表下では、生命の星へと向かう有無を言わさぬ進化が始まっていた。混ざり合いどろどろだった内部が、特徴の違う成分の塊へと分離し始めた。大陸や海底の殻となる物質、大気と海、植物と動物。加熱と冷却と結晶化、ペリドタイトの浮き沈みと蓄積による結晶の分離、部分的な融解。こうしたプロセスが四五億年前のまだ幼年期の地球を形成し、それが現在まで持続しているのだ。

地球の内部にたまった膨大な量の熱は、この章の中心をなすテーマだが、地球形成の際に、変化を起こす主要な役割を果たしていた。今日、この深層部の熱い領域を目で見られるのは断続的に噴火する火山と噴き出すマグマ、融解して川となって流れる岩石だ。噴き出す間欠泉と硫黄泉も、表面下に隠れた凄惨な領域のようすをさりげなく伝えている。地球の四五億六七〇〇万年の歴史を通して、熱がとてつもない高温の中心から、なめらかではない地殻へ、そして寒い宇宙へと向かい、地表はそれを引き受けている。渦を巻くマントル対流に揺さぶられ、月の重力に絶え間なく引かれるうちに、地殻は曲がり、歪み、割れ、ねじれた。大陸は常に地球を移動していて、今でも続いているプレートのダンスにより引き裂かれ、衝突し、こすれ合っている。毎日、地球の内部の熱が私たちの足元の岩を再加工し、私たちが飲んでいる水を循環利用し、私たちが呼吸している空気を変化させている。

熱のために地球はしばらくの間、暗黒の世界へと向かい、薄い玄武岩の層におおわれる運命をたどっていた。しかしこのような時期が長く続くことはなかった。新たに火山から生まれた鮮やかな青い層が、地球をぐるりと取り巻こうとしていたのだ。

第4章

青い地球

海洋の形成

地球の年齢

1億〜2億年

幼年期の地球（最初の約五億年）は謎に包まれている。岩石と鉱物は私たちの住むこの惑星で起きた主な出来事に関する具体的な証拠をもたらしてくれるが、冥王代と呼ばれるとくに古い時代の岩石や鉱物はほとんど残っていない。そのため地球の最初の冷却と、その後、暗い地表にどのように水が生じたかは、実験、シミュレーション、計算によって推測するしかない。それでも常に不確実な部分は残る。

それは悪いことではない。研究室で過ごす毎日が新鮮で刺激的なのは、「自分たちが何を知らないかを知っている」ことの豊かさと、毎日、真実に近づくための小さな手がかりを発見する可能性があるからだ。さらに興味をそそるのが、自然界の「知らなかったことすら知らなかった」面を発見できるかもしれないという期待だ。その発見によって、謎はさらに広がる。たとえば単に「これらの化学的、物理的性質はどのようなものか」という疑問ではなく「鉱物はどのように進化したのか」という新たな問いかけが、技術の躍進につながるのだ。

知らないことをよく整理しておくことは大切だ。月が大きな衝突によって形成されたことは、あらゆる証拠によって示されている。しかしその衝突がいつ起こったか、はっきりとはわからないし、テイアが最後にどのような軌道を通ったのかもわからない。桁違いの衝突のあと、輝くケイ酸塩が地球のマグマの海に降り注いだのは想像できるが、それがどのくらいの期間続いたか、またそれほど超高温の世界がどのくらいのスピードで冷却したかについては明快な答えが出ておらず、これから何十年も論争の的であり続けるだろう。新たに形成された月がどのくらい近くにあったのか、どのくらいのスピードで地球から離れているのかといった情報も、初期の地球の原動力や進化を理解するためには不可欠だが、やはりよくわかっていない。海がいつできたのか、どのような外見だったのかを知る人もいない。しかし海がつくられたのは確かである。次の説明はとくにはっきりとした証拠に基づいていて、今のところ最も説得力を持つ説である。

黒い地球もずっと黒いままではなかった。地球全体に起こっていた火山活動で、窒素、二酸化炭素、有害な硫黄化合物、水蒸気などが、一日あたり数十万トンも大気に放出されていた。これら揮発性の元素や化合物（以前の星雲のさまざまな氷を形成していたのとまったく同じ分子であり、今のあなたが呼吸し、あなたの体の複雑な組織をつくっているのとまったく同じ原子）が、急速に発達する地球で多くの役割を果たした。熱い水と混ざることで岩石マグマはその融解温度を下げ、超高温の液体となって表面に上昇した。表面近くではそのどろどろしたマグマの中に溶けていたガスが液体から気体へと変わり、激しく膨張して大規模な火山爆発を引き起こした。それはちょうど炭酸水が入った缶を振ったあと、ふたを開けると液体が噴き出してくるのと同じだ。水が豊富に含まれるその液体には、濃縮された希元素（ベリリウム、ジルコニウム、銀、塩素、ホウ素、ウラン、リチウム、セレン、金、その他）が溶け込んでいて、それがやがて地球のあちこちで、大規模な鉱床となる。まだ秩序が生まれる前の地表では、轟音をあげる河川や打ち付ける波によって岩石が浸食され、地球で最初の砂浜がつくられ、沿岸部に楔形《くさびがた》の堆積物の層ができてどんどん厚くなった。つまり地球の硬い表面をつくりあげたのは、主に水の作用なのだ。

海洋や大気を重視するのは、人間中心の見方の表れだ。地球全体から見れば、それらはごくわずかな部分を占めるにすぎない。現在、海洋は地球の全質量の〇・〇二パーセント、大気はたった一〇〇万分の一だ。しかし地球が現在のような比類なき世界になる過程で、海洋と大気がその量には不釣り合いなほど大きな影響力を発揮してきた。それは今でも変わらない。

地球の気体の成分中の主役は、窒素、炭素、硫黄、水素、酸素の五つである。これらはすべて大きな恒星で大量に生成され、超新星爆発の際に広く拡散され、四五億六〇〇〇万年以上前に凝集して、炭素を多く含む原始的なコンドライトとなった。

コンドライトの成分は、さまざまな面で現在の地球とよく似ている。第3章でとりあげたビッグ

6の元素（酸素、ケイ素、アルミニウム、マグネシウム、カルシウム、鉄）の比率は非常によく似ている。その他のそれほど一般的でない多くの元素についても同様である。しかし大昔にできたこれらの魅惑的な物体を大まかに調べただけでも、地球にもともと存在していた揮発性物質の大半が、今では存在しないことが明らかになっている。最も原始的なコンドライトには、平均三パーセント以上の炭素が含まれているが、現在の地球に存在すると確認されている炭素埋蔵量は〇・一パーセント未満だ。同様にコンドライトの水分量は、現在の地球の平均よりはるかに多い。おそらく一〇〇倍以上だろう。それほど大きな組成の違いには、混沌として荒々しい過去が示されている。地球の揮発性物質の大半は、宇宙空間に拡散してしまったか、私たちの力では抽出できないくらい奥深くに埋もれているに違いない。

荒涼とした灼熱の惑星から、生命をはぐくむ青い惑星への変化を理解する鍵は、揮発性物質の移動の過程にある。しかし地球の最初の五億年から不変の状態で残っている揮発性物質はない。ほぼすべての窒素、炭素、硫黄、水は何千回となくリサイクルされ、何度も何度も同じ原子が使われている。コンドライトは推測するための出発点となる量的な手がかりを提供してくれる。地球ができて一〇億年ごろの岩石や鉱物の標本と、月や太陽系の他の物体からのデータを合わせれば、さらに細かい推測が可能になる。そして地球誕生から一億年の間のマントルと地殻の発達や、それよりはるか以前の恒星の形成を理解する場合と同じように、推測の鍵となるのは、これらの元素の決して変わらない特性である。この場合は、揮発性の窒素、炭素、硫黄、水の物理的、化学的な性質だ。

これら四つの成分のうち最も扱いやすいのは窒素だ。化学的に不活性な気体で、鉱物にはほとんど含まれず、岩石の形成についてはほぼ何の役割も果たさず、大気の中で凝集する性質がある。窒素循環が地球の外側の層に大きな影響を及ぼすようになるのは、生命体が生まれて以降のことだ。炭素と硫黄も大きな存在感を示すようになったのは、地球が誕生してから一〇億年から二〇億年のころだ。そのころから生命と酸素を豊富に含む大気によって、地球の表面の領域が変化した。しかし第四の成分である水は最初から、地球の歴史物語の中心にあった。

水の来歴

水が地質学的に多くの役割を果たしているのは、その独特な化学的特性のためだ。水素の原子番号が1、酸素は8であることを思い出してほしい。どちらも電子の数は、魔法の数である二個、あるいは一〇個ではない。電子を受け入れる酸素原子は、電子を一〇個にするために、さらに二個の電子を求め、共有する電子を一個しか持たない水素原子は、もう一個欲しがる。するとどのような分子ができるか。水素二個に対して酸素一個、つまりH_2Oだ。コンパクトにまとまったこの分子は、真ん中の大きな酸素原子に二個の水素がくっついたV字形をしている。ミッキーマウスの顔に似ていなくもない。二個の水素原子から電子を借りている酸素原子はわずかに負の電荷を帯びていて、水素原子はわずかに正の電荷を帯びている。その結果できるのが、ミッキーの耳にあたる部分が正の電荷、顔にあたる部分が負の電荷を持つ、極性分子と呼ばれるものだ。

水の特徴の多くは、このような分子の極性で説明できる。極性を持つ水がとても強い溶解力を持つのは、正と負の電荷を帯びた端が他の分子を強力に引き寄せるからだ。そのため、食塩、砂糖をはじめ数多くの物質が水に入れるとすぐに溶ける。石が溶けるにはもっと長い時間がかかるが、何百万年という時間がたったころには、海にはほぼすべての化学元素が豊富に含まれていた。他の化学物質を溶かして輸送するという類まれな力を持つ水は、生命体の起源と進化を伝える理想的な媒体でもある。地球上のすべての生命、そしておそらく宇宙の中のすべての生命が水に依存しているのだ。

水の分子は極性のために互いに強く結びついている。分子の正電荷を持つ側が、他の分子の負電荷を持つ側を引き寄せる。その結果、氷は著しく強い分子固体となる（アイススケートをしているとき転んだ痛さは忘れられないだろう）。内部の分子間の結びつきが異常に強いために、表面張力も非常に大きくなる。この性質のために小さな昆虫は、文字通り水の上を歩くことができる。表面張力は毛細管現象を起こす要因でもある。そのおかげで維管束植物の茎を通って水が上昇し、木が地上から何十メートルも伸びることができるのだ。丸い雨粒は水の分子が相互に引き合う力でまとまっている。ここにもまた表面張力と、地球の並はずれて速い水循環を維持するために不可欠なものが示されている。メタンや二酸化炭素などの非極性の揮発物質の分子では、丸い滴はつくれない。それらはただ超微細な霧となって大気中に広く浮くだけなので、それらの気体が大半を占める惑星では、〝雨〟は見られないだろう。

水のもう一つの重要な性質も、分子間の強力な結びつきによって生じる。それは氷より水の密度のほうが一〇パーセントほど高いことだ。固体は液体の中で沈む。既知のほとんどの化合物にそれは当てはまるし、直感的に理にかなっている。液体の分子はランダムに散らばっているが、固体の中では分子は規則的にぎっしり並んでいるからだ。箱をきちんと並べて積み重ねた（完璧に配列された固体結晶）ほうが、でたらめに積んでいく（好き勝手に動き回る液体の分子）より場所を取らない。しかし水の場合、氷の結晶よりも液体の状態のほうが、分子が効率的に詰まっているのだ。その結果、飲み物にいれるアイスキューブであれ、凍った川や湖の上の層であれ、巨大な氷山であれ、氷は水に浮くということになる。この珍しい性質がなければ、水は下から上へと凍っていくので、水面に厚い氷が張ることはない。そのような世界は水中生物にとっては生きるのが難しいし、水循環はほぼ止まってしまうだろう。

水のもう一つの特徴は、純粋ではないということだ。どれほど注意深く濾過《ろか》、あるいは蒸留しても、水の分子すべてがH_2Oになることは決してない。一部の分子が必ず、正電荷の水素イオン（H^+イオン。正電荷を持つ一個の陽子で、電子は付いていない）と、負電荷を持つ水酸基（OH^-イオン）に分かれる。水素イオンはすぐに他の水分子にくっつき、H_3O^+（ヒドロニウムイオン）をつくる。一般的な室温の水には、同数のヒドロニウムイオンと水酸基が含まれていて、この濃度をpH7と言う。化学用語では〝水素イオン濃度〟と呼び、pH7（中性）では溶液一リットルあたり10^{-7}

モルの水素イオン（ヒドロニウムイオン）が含まれていることを指す（モルは原子や分子の数を表すときの単位）。

できて間もない地球の海がどのようなものだったか推測するのに、最初に注目するのはそのpHと塩分だ。水は多くの異物をすぐに溶かしてしまう。正電荷を持つナトリウムイオン（Na^+）、カルシウムイオン（Ca^{2+}）もあれば、負電荷を持つ塩素イオン（Cl^-）や炭酸塩イオン（CO_3^{2-}）もある。経験則からすると、まとまった量の水溶液の電荷はゼロのはずだ。つまり正電荷と負電荷が同数あってバランスが取れている。室温の水では、10^{-7}モルのヒドロニウムイオンと、10^{-7}モルの水酸基で、完璧にバランスが取れている。しかし酸では、数の多いヒドロニウムイオンとバランスを取るために、負電荷を持つ何かが必要となる（たとえば塩酸の塩素）。塩基では水酸基とバランスを取るための正電荷を持つ何か（水酸化ナトリウムのナトリウムなど）が必要だ。

酸と塩基の強さはpHで数値化できる。pHの数値が小さいほど水酸基よりヒドロニウムイオンが多い酸性の溶液ということだ。弱酸性のpH６の溶液（未処理の水道水の一般的な数値）には、pH７の中性の溶液の一〇倍以上のヒドロニウムイオンが含まれている。より酸性の強い液体としてはコーヒー（pH５。ヒドロニウムイオンは一〇〇倍）、酢（pH３。ヒドロニウムイオンは一万倍）、レモン果汁（pH２。ヒドロニウムイオンは一〇万倍）などがある。逆に塩基はヒドロニウムイオンより水酸基のほうが多い液体で、pH値は７より大きい。一般的なものとしては重曹（pH８・５）、酸化マグネシウム（一般的な制酸剤でpH10）、そして家庭用アンモニアクリーナー（pH12）などがある。

あまねく存在する水

水は宇宙にとくに豊富に存在する化学物質の一つである。さがせばさがすほど見つかり、他の惑星や衛星、彗星にも存在するという事実は、地球になぜ水が豊富に存在するのか、そして水に依存する生命体が宇宙に存在するのかを考える手がかりとなる。今では彗星や小惑星のいくつかに、かなりの量の氷が存在していることがわかった。冥王星とその衛星のカロンから土星の輝く氷のリングまで、太陽系には数多くの凍った世界があるという証拠も示されている。巨大ガス惑星はすべて、基本的に水素とヘリウムでできているが、その濃密な大気中に相当な量の水蒸気が含まれている。木星の大きな衛星エウロパとカリストには、表面をおおう深い海の上に、数キロメートルの厚さの氷の層があると考えられている。

もっと近くにある地球型惑星は、一見、乾いているように見える。水星は太陽に近いため、表面近くの水分は蒸発して、最も熱いと同時に最も乾燥した惑星となった。隣の金星には地球と同じくらいの量の水があったかもしれないが、今では表面近くに水はまったく存在していない。その濃厚で超高温の二酸化炭素の大気が物語っているのは、暴走温室効果によって気温が上昇したことと、惑星が形成されたときに地表にあった水分すべてが失われたことである。

極をおおっている氷床が六八七日間の季節のサイクルに合わせて広がったり後退したりしている

火星では、話がまったく違う。天文学者は昔から、この赤い惑星には水と生命が存在しているのではないかと考えていた。一八七〇年代、火星の軌道が地球に大接近したとき、イタリア人のジョバンニ・スキアパレッリという天文学者が火星の表面に黒い線状の模様を観察し、それを水によって自然にできた溝かもしれないと考え、イタリア語でカナリと記録した。それが英語に翻訳されたとき、人工的な構造物を思わせるキャナル（運河）と誤って訳されたために、かつて火星には知的な生命体がいたというイメージが独り歩きするようになった。

火星人の存在を主張した学者で最も有名なのは、ハーバード大学で天文学を学んだパーシバル・ローウェルである。彼は一八九〇年代にスキアパレッリの発見に夢中になった。私財を投じてアリゾナ州フラッグスタッフに私的な観測所を建て、火星の研究に没頭した。最新の二四インチの望遠鏡をアリゾナの澄んだ空の下に設置し、氷でおおわれていると考えられる極から干上がった赤道まで延びる、広大なキャナルのネットワークを解明できると考えた。ローウェルはその著作で、水がなくなって消滅した火星人が命がけでつくった最後の傑作についての説を展開し、評判となった。

ローウェルの生き生きとした想像は、SF小説ブーム（一八九八年にH・G・ウェルズが書いた『宇宙戦争』なども含む）に拍車をかけたが、火星に水がある、さらには生物がいることを、科学界は認めなかった。それから一〇〇年以上、次々と大きな望遠鏡が導入され、それに加えて一九六五年、マリナー4号が火星への接近に成功したことを皮切りに、探査機が次々と打ち上げられた。にもかかわらず、火星にかなりの量の水が存在したという、はっきりとした証拠は見つからなかった。一九七〇年代後半になってようやく、バイキング号が火星に着陸し、スペクトル測定によって北極圏での氷の存在がはっきり記録された。しかし広範囲に大量の水が存在していたことが明らかになったのは、二〇〇〇年以降、人工衛星に積み込まれた最新鋭の観測機器や、火星探査機フェニックスやスピリット、オポチュニティなどの火星探査車に備えられた掘削器具による調査が進められてからだ。

今日、火星の水の大部分は地表下の永久凍土として、そしておそらくもっと深く温度の高い領域に地下水として存在している。乾燥した一番外側の層から隠れたところに、大規模な水源が残されている可能性はある。二〇〇二年に高度な中性子スペクトロメーターを載せた火星探査機マーズ・オデッセイによる調査が行われ、地下にそのような大量の水があるという手がかりが示された。火星の地表に降り注ぐ宇宙線は、水素の豊富な水源から中性子を放出させる。スペクトロメーターは、火星の地表の赤道から高緯度の地域までに及ぶ広い範囲で、外に飛び出してくる中性子を探知できるようにつくられている。しかしその結果、多くの謎が解けると同時に、同じくらい多くの疑問が生じた。水が正確にはどのような形態（液体なのか氷なのか、鉱物の中に閉じ込められているのか）だったのか、決定できなかったのだ。

二〇〇七年、NASAのマーズ・リコネッサンス・オービターが地中探知レーダーを使用して、地下の水の高解像度写真を撮影した。この先駆的な測定機が、南半球の中央付近に氷河サイズの氷の塊を検出した。また最近、欧州宇宙機関のマーズ・エクスプレス・オービターが同様のレーダーシステムを使い、火星全体の広い範囲に大きな氷があることを発見した。南極に近い地域には、深さ四五〇メートルを超える、氷の豊富な領域があることがわかった。たしかに火星には、惑星全体に広がる深さ数十メートルの海に匹敵する大量の氷があるのかもしれない。つまり地球の海に近いものが、かつて火星に存在していたかもしれないのだ。

水の存在を示す証拠は、特徴的な岩石や鉱物にも見られる。NASAの探査機フェニックスと、探査車スピリットとオポチュニティは、水と岩石の相互作用によってつくられた鉱物を数多く発見した。火星の表面では、水を多く含む粘土鉱物がよく見られる。また干上がった湖や海に特有の蒸発残留岩を構成する鉱物もよく見られる。海底の堆積層で形成されることが多い、非晶質な含水ケイ酸塩であるオパールと同様だ。

惑星科学者が新しい方法でこの赤い惑星を調べれば調べるほど、火星のでこぼこした表面をかつて水が流れていたという証拠が見つかる。高解像度写真には、大昔の川の流域、巨礫《きょれき》が散在する峡谷、涙形の島、穴、網状に交差した水路跡が写っている。そのような地形が、かつて浅い湖か海があったと思われる堆積層を横断している。火星の北半球をぐるりと囲む浜辺のような台地を見ると、北半球にある海が火星の地表の三分の一以上をおおっていたと考えられる。もしそうなら、今より温度が低かった火星は、地球より何百万年も前に、生命が存在する青い惑星だったのかもしれない。

そして月の存在。これこそが地球における水の歴史を理解するための鍵なのだ。月は骨のようにからからに乾いているというのが一般通念だ（実のところ、骨は砂漠の太陽にさらされても、相当な量の水分を含んでいるので、月は骨よりはるかに乾いている）。それを裏付ける証拠もいくつかある。地球に設置した望遠鏡からは、水の存在を示す特徴がまったく見られない。アポロの六ヵ所の着陸地点すべてから持ち帰られた月の石に、水の痕跡がまったくない（少なくとも一九七〇年当時の基準では）。そして月面で発見された四〇億年前の鉄が錆びていなかったという事実を見ても、腐食性の水がほんのわずかでも存在したとは考えられない。

しかし一般通念のおもしろいところは、誰もが本当だと思っていることに対して、いつか誰かが異議を唱え、ときどき本当に興味深いものが見つかることだ。一九九四年に行われた人工衛星クレメンタインの接近通過ミッションで、レーダーによる測定結果で氷の存在が示されたが、惑星科学者の多くは納得しなかった。その四年後、ルナ・プロスペクターが中性子スペクトロメーターで、かなりの量の水素原子の集まりを検出し、氷か水分を含む鉱物が極近くにある可能性を示した。それでも専門家の多くは、観測したものは太陽風によって太陽からもたらされた水素イオンである可能性を指摘していた。そして二〇〇九年一〇月、NASAのロケット、アトラスの上部が、クレーターの一つに衝突し（月の南極付近のカベウス・クレーター）、衝突で舞い上がった煙に水の形跡があるかどうか細かく調べた。たしかにその塵には、少量だが生命を生じさせるに足る物質が含まれていた。月の水とその起源について、新たに注目を集めるにはじゅうぶんだ。同じ一〇月に立て続けに『サイエンス』に掲載された三本の記事は、月に水が存在するというはっきりした証拠が見つかったと断定した。

ここで登場するのがカーネギー研究所のエリック・ハウリと同僚たちだ。ハウリのチームはイオンマイクロプローブ（アポロが持ち帰った標本を研究した第一世代の科学者の時代にはなかった、非常に感度のよい装置）を使用して、一九七六年に私が地質学者として初めての仕事として調べたのと同種の多彩なガラスの粒を再び調べた。他の科学者が一〇年前に水の痕跡をさがしていたが、当時の検出能力は、数十ナノメートル（一ナノメートルは一〇〇万分の一ミリメートル）を計測できるイオンマイクロプローブの比ではなかった。ハウリらはさまざまなガラス粒を磨き、丸い横断面をイオンマイクロプローブで観察できるようにした。粒の外縁はとても乾いていて、水分はほんの数ｐｐｍしか含まれていなかった。しかし最大級のものの中心部には一〇〇ｐｐｍの水が含まれていた。数十億年以上を経て、もともと含まれていた水分はほとんど蒸発したが、奥に残っていた水分量から計算したところ、月のマグマに含まれていた水分量は七五〇ｐｐｍにものぼった。これは地球の火山岩と比べると、かなり多いと言える。また地表の火山活動を促すにもじゅうぶんすぎる量で、それで数十億年前に噴火が起こり、マグマが散乱したとも考えられる。

かつて月の火山活動の原動力となるほどの水があったのなら、凍った月の内部のどこかに、大量の水が今でも閉じ込められているはずだ。そして月はテイアが衝突したとき粉々になって飛び散った惑星と地球の原始マントルからできたとすれば、私たちの地球の奥深くにも膨大な量の水が存在しているのかもしれない。

目に見える水循環

火星や月でどれほど多くの水が見つかったとしても（どうやらかなりの量がありそうだが）、地球が太陽系で唯一無二の水の惑星であることは変わらない。地球の水の話（どのくらいの量があるか、どのような形態か、どこにあるのか、どのように動くのか）は、かなり込み入っている。一九九〇年代まで、地球最大の貯水場は海洋であり、地球の利用可能な水の九六パーセントが海にあると考えられていた。二番目に多いのは氷床と氷河だが、それらが占める割合は約三パーセント（氷河期のピークでもせいぜい五〜六パーセント）にすぎず、大差がついている。地下水（明確な帯水層と、もっと広く分散したものを合わせた、地表下の水すべて）が一パーセント、湖、川、池、大気をすべて合わせても、地球の地表近くの水量の一〇〇分の一パーセントにも満たない。

これらの水はすべて常に動いていて、ある貯水場から別の貯水場へと、数日から数百万年の期間をかけて移動する。絶えず変化を続ける私たちの惑星の、最もわかりやすい変化の源が、生命を支えるこのダイナミックな水循環なのだ。

一個の水分子がどのように移動するか考えてみよう。酸素原子一個と水素原子二個からなる水の分子は、数十億年前から存在していた。その分子の旅は、まず壮大な太平洋から始まる。地球の地表近くの水の大半は、ほとんどの時間をそこで過ごす。大きな寒流であるカリフォルニア海流が、その分子をアラスカ付近からカリフォルニアの海岸に沿って南のバハ・カリフォルニアへ、そして赤道へと押し流す。周囲の水が温まって海面が上昇すると、分子も表面近くに上がってきて、北太平洋を時計回りに回り始める。まず北赤道海流に乗って西へ、そして日本に向かってカーブすると、そこからは北太平洋海流となり東の北米大陸へ。分子は再びカリフォルニアの近くへ戻ってくる。たまたま海面に出ていて日差しを浴び、蒸発して大気となると、そこで雲ができ始める。

厚くなっていく雨雲を、偏西風が東へと運び、南西部の砂漠を横切り、陸地が隆起したロッキー山脈へと向かう。雲がより高く気温の低いところまで上昇すると、雨が降り始める。水の分子はやがて雨粒として地上に落ちてくる。それはごく小さな流れから小川へ、さらに大きな川へ、曲がりくねった流れに乗り、水嵩《みずかさ》の増した川から土手にあふれる。水の分子の動きは速く、ここまで来るのにそれほど時間はかからない。太平洋を回るのに一年か二年、雲になって雨となって落ちてくるまでに一日か二日、起伏に富んだ土地を流れるのに約一週間。しかし地中深くまでしみこんで、隠れた広大な帯水層と混ざってしまうと、分子は何千年もの間、地下の世界でうごめくことになるかもしれない。

現在では人間が大昔の自然のリズムを変えている。降雨量の少ない南西部では、作物を育てるために大量の水を地中からくみ上げている。持続不可能なスピードで水を採掘するため、帯水層が干上がりかかっているのだ。水の分子もその流れに逆らえず、再び地表へと戻ってきて、テキサスのトウモロコシ畑に散布され、あっという間に蒸発して雲のない空へと還り、また東へ向かう旅を続ける。

このサイクルには終わりがない。分子の一部が一時的にヒドロニウムイオンと水酸基に分かれることがあるが、やがて別の原子をパートナーにして、新しい水分子となる。厚い南極の氷となり、そこに何百万年も閉じ込められる分子もある。さらに化学反応を起こして土壌の粘土鉱物の一部になる分子もある。

生命体もまた、水循環に不可欠な部分となっている。植物は水分子と二酸化炭素を取り込み、日光によって促進される光合成というプロセスでそれらを合わせて、根、茎、葉、果実を生み出す。そしてこれらの栄養豊富な植物組織が動物に食べられて、呼吸代謝によって壊される。呼吸するたびに吐きだされる廃棄物は、新たに組み合わされた二酸化炭素と水である。

深層水の循環

一九八〇年代半ば、地球科学者は水について、真剣に地球規模で考えるようになった。地表近くの水循環がすべてではないはずだ。何十キロメートル、何百キロメートルも深いところでできたマグマには爆発的な火山活動を起こすのにじゅうぶんな水分が含まれていたという事実から、この地球の奥深くで結晶化したケイ酸塩鉱物が、どうにかして水を閉じ込めていたと考えられる。地球がいつどのようにして、現在のような海洋に浸った惑星になったのかを教えてくれる、奥深くに隠れた水の循環があるはずだ。

深層水への実験的アプローチでは、とくに一般的な鉱物（カンラン石、輝石、ザクロ石、そして地下の奥深くにある密度の高いそれらの異形体）が、マントルの状態で少量の水を取り込める可能性に注目している。〝名目上は水分ゼロ〟である鉱物中の水の研究は、一九九〇年代の高圧鉱物学の焦点となり、驚くべき結果を生んだ。高圧高温の状態では、鉱物は比較的簡単に多くの水素原子（鉱物学上は水と同等）を取り込むことがわかったのだ（水素原子が鉱物の中の酸素と結びつくからだ）。薄い地殻の低圧低温の環境では（火山爆発の際、いくらか水が放出される）、鉱物は常に乾いているが、地中深くのマントルでは水分を多く含むことがある。

実験の考え方は、原理的には簡単である。カンラン石や輝石のサンプルに圧力をかけながら加熱し、水分がどこへ行くかを見ていればいい。しかし実際にやろうとすると、そう簡単ではない。地球の地下の深いところにあるマントルの状態を再現するために、サンプルに大気の何十万倍もの圧力（一平方センチメートルあたり何百トンにもあたる）をかけると同時に、二〇〇〇℃以上まで加熱する必要がある。この想像を超える状態を実現するために、科学者は二つの相互補足的なアプローチを採用している。

一方は、一部屋を占領するほどの巨大で、小さなサンプルに何トンという圧力をかけられる金属プレスを使う。半世紀前にハットン・ヨーダーが使っていた圧力ボンベを精巧にしたようなものだ。よく使用される実験用装置は、ロシアのマトリョーシカ人形のように、四段の入れ子構造になっている。各段の中に次の段が入っていて、小さくなるほど大きな圧力がかかる。最初は大きな二枚の金属板が上と下から、何千トンにも達する圧力をかける。その金属板が万力のように第二の段を挟む。その段は連結した曲線状の六つのスチール製の台座（三つが上、残りの三つが下）から成り、それがさらに第三段、炭化タングステンの台座八つをまとめた立方体に、すべての面から均一に圧力をかける。サンプルの粉状の鉱物と水は、四つ目の段の内部にきっちり収めておく。それは反応物が横から飛び出さないよう、金かプラチナで裏打ちされていることが多い。圧力をかけるだけでなく、さらにサンプルホルダー内部の奥に付いている電気加熱器で高温に熱する。このとき温度を熱電対《サーモカップル》という特殊な装置で継続的に測定しなければならない。

地球深層部をシミュレートするために、もう一つよく用いられる方法が、ダイヤモンドアンビルセルという、先端を平たくしたダイヤモンド二個を押し付けて大きな圧力を生み出す装置だ。まず伝統的な婚約指輪のようにブリリアントカットされた〇・五カラットのダイヤモンドを用意し、下のとがった側を平たくなるように磨いて、表面が直径一・三ミリメートルの円になるようにする。この部分が台座の面となる。そして正確に位置を合わせた万力にダイヤモンドをセットし、その間に小さな穴の開いた薄い金属板を挟む。穴を反対側のダイヤモンドの台座の中心に合わせ、水と粉状の鉱物を載せて押しつぶす。それほど大きな力でなくても、台座が小さいために、力が集中してとてつもない圧力がかかる。最高記録は三〇〇万気圧、地球の内核にかかる圧力に相当する。この装置の長所は、ダイヤモンドが透明なので圧力をかけている鉱物が見えるということだ。いくつもの分析的な分光技術を生かすことが可能で、強力なレーザーで簡単に、サンプルをマントルに近い状況まで加熱できる。レーザーも透明なダイヤモンドの台座を通過する。

目指す圧力と温度に達してそれが維持され、熱電対が壊れず、サンプルが漏れ出さず、すべてがうまくいったら、次は厄介な分析作業が始まる。水分を含む鉱物の中でも粘土や雲母などは、簡単に測定できるが、数ｐｐｍしか水分を含まないサンプルを、どのように測定すればいいのだろうか？　イオンマイクロプローブは一つの選択肢だ。その感度のよさと空間分解能のおかげで、エリック・ハウリは月から持ち帰られたガラス粒に、わずかな量の水の痕跡を発見した。酸素と水素の独特の結合を識別できる赤外分光法も、便利なツールである。水素と酸素が新たに結合すると、赤外線放射と結晶の作用のしかたが変わる。この変化によって鉱物構造の中に水がどう入っていくかがわかる。しかし慎重な同僚たち（そして出し抜かれるのを嫌う心配性のライバルたち）が、常に実験の不備や、分析器の感度が悪かったりした可能性を言い立てるだろう。たった一つの流体包有物（鉱物中の水が入っているポケットで、顕微鏡で見えないくらい小さい）が、そうした感度のよい器具を用いて測定を行うとき、誤った信号を発することがある。

新しい科学的研究は何でもそうだが、これらの実験も定着するまでにしばらくかかった。しかし多くの科学者が調べれば調べるほど、深層水を取り込めそうな鉱物の名が、いくつもあがるようになった。下部地殻のカンラン石と輝石はかなり乾いていて、一〇〇分の一パーセントの水しか含まれていない。しかしマントルと同じように圧力を一〇万気圧、温度を約一一〇〇℃まで上げると、カンラン石はワーズレイアイトに変わり、三パーセントというとてつもない量の水を取り込むことができる。この条件に相当するのは、地下四一〇キロメートルから六六〇キロメートルのマントル遷移層だ。ここは地球で最も水分の多い場所の一つで、海の水すべての九倍もの水を含んでいる可能性がある。下部マントル中の鉱物はそれほど多くの水分を取り込めないが、とにかく量が多いので、海洋の一六倍の量の水がここにあると推定されている。水分を多く含む鉱物が他にもある可能性や、地球の核が鉄で、おそらく多くの水素を取り込んでいることを考えると、地球の深層部には海の八〇倍以上の水が貯蔵されているかもしれない。

最初の海

原始地球に存在していた揮発性物質の量は、控え目に見積もっても現在の一〇〇倍はくだらないと言われている。地球の揮発性物質の量の変化をシミュレートする際の大きな課題は、どのくらいの量が失われたか、そしてどのように失われたのかを解明することだ。

確信を持って言えることもいくつかある。巨大火山からおびただしい量の水蒸気が大気中に噴き出したのと同時に、はじめから大量の揮発性物質が深層部より放出された。原始地球の出現から最初の数百万年間、その最初の大気は現代の地球の大気の何倍も濃かった可能性がある。水は液体の状態で地表を流れ、岩石を冷やし、数千万年の間に広大な浅い海を形成したかもしれない。

やがてあの大衝突がすべてを破壊した。地表に出ていた分子のほぼすべてが宇宙へと飛散し、巨大なリセットボタンを押したのと同じ状況になった。窒素、水をはじめとする揮発性物質が、その一回の事件でどのくらい失われたか明言はできないが、とにかく莫大な量が失われたと考えられる。その後の五億年で、直径一六〇キロメートルほどの岩塊による、小規模の衝突が何十回となく起こった。さらに五億年間は想像を超えるほどの混乱が続き、衝突のたびに海洋のかなりの部分が蒸発し、揮発性物質も消滅した。

それでも大衝突後の数百万年の間に、水蒸気は再び原始大気の主成分となり、地球全体に嵐をもたらす黒い雲、うなる風、耳をつんざくような雷、止むことのない豪雨を生み出す要因となった。風雨にさらされた玄武岩の地殻が冷えて固まり、低地に水がゆっくりとたまって海を形成した。土地を浸食しつつあった海は世界全体にサウナをつくった。地表水が割れ目やひびからしみこんで熱い岩石と接触し、激しく噴き上げる間欠泉やとどろく水蒸気、超高温の水として地表に戻ってくる。そのような激しい水と岩石の相互作用が地殻の冷却を早め、より深い池、湖、そして海の形成へとつながった。

地球の海がいつごろできたのか正確にはわからないが、地球最古の結晶に興味深い証拠があった。西オーストラリアの乾燥した牧羊地域に、ジャック・ヒルズとして知られる三〇億年前の堆積層がある。この層をつくっている砂状の鉱物や石の断片は、もっと古い時代にあった岩石層が浸食されてできたものだろう。この砂粒の中に、ごくわずかな（せいぜい一〇〇万分の一程度）ジルコンが含まれている。ジルコンとはケイ酸ジルコニウム（$ZrSiO_4$）で、自然に存在する物質の中でも屈指の硬度を持つ。

一般的に個々のジルコン粒子は、文章のピリオド記号より小さい。最初は火成岩の副成分鉱物として形成された。ごくわずかなジルコニウム元素しか含んでいない融解物から、玄武岩が凝固するところを想像してみてほしい。化学元素のほとんどは輝石、カンラン石、長石の結晶構造に容易に入り込む。しかしジルコニウムは、そうしたありふれた鉱物に入り込めない。そのため自分と同じ種類の物質をさがし、独立した微小なジルコン結晶をつくる。

ジルコン結晶は見逃されやすいが、いくつかの要素が同時に働いて、初期の地球についてのヒントを与えてくれる独特の存在となっている。まずジルコンはほぼ永遠に存在できる（少なくとも地球ができてからずっと存在している）。一個のジルコン結晶が一つの岩石（おそらく最初に結晶化した火成岩）から浸食作用で削り取られ、次に堆積した砂岩の一部となる。そのようにして何度も削り取られては他の岩石の一部になることを、何十億年も繰り返す。一個のジルコンの粒が一〇回以上リサイクルされて、違う岩石になることもある。

第二にジルコン結晶は時間の計測に使える。ジルコンはウラン元素を簡単に取り込み、その原子の一パーセント以上を占めることもある。半減期が四五億年の放射性のウランは、自然が生んだ究極のストップウォッチだ。ジルコン結晶が形成されると、中のウラン原子が一定の速さで崩壊し始め、それぞれ最終的には安定した鉛原子に変わる。減少する親原子のウランと、崩壊して増える娘核種である鉛の割合で、そのジルコン結晶の年齢を正確に測定できる。

そして最後に、ジルコン中の原子の三分の二は酸素なので、それが形成されたときの温度を知る手がかりとなる。月の形成に関する一連の証拠は、酸素の安定同位体の独特の割合だったことを思い出してほしい。地球と月の酸素16と酸素18の割合はまったく同じで、それはつまり太陽からほぼ同じ距離で形成されたということだ。それと同様の理由で、ジルコン結晶内の酸素16と酸素18の比率は、それができた温度を示している。重い酸素18を多く含むサンプルは低い温度で形成された。火成岩については、この温度からジルコンができたマグマの水分量を推定できる。水分が多いと結晶ができたときの温度は低かったと考えられるからだ。さらに地表近くの水では、重い酸素の同位体が増える傾向がある。そのため酸素18がとくに多いジルコンの結晶は、地表水と接触することが多かったと考えられる。

このようにして、地球の初期にできたジルコン結晶は、何回もの浸食と堆積を生き延びており、そこに形成された年代や温度、できた環境の水分量などの細かい情報が保存されている。そうした情報すべてが、顕微鏡で見えないほど小さな結晶から読み取れるのだ。

結論としては、オーストラリアで採集されたジルコン結晶の多くは、四〇億年以上前にできたものので、とくに古い粒はなんと四四億年前につくられていた。その最古のジルコン結晶では（実際には、現存する地球の固体断片で知られている最古のもの）、重い酸素同位体比が驚くほど高かった。一部の科学者は、四四億年前（地球ができてまだ一億五〇〇〇万年しかたっていないころ）には、地表は比較的涼しくて水があった、つまり海があったと結論している。

そこまで確信を持っていない専門家もいる。彼らはジルコン結晶が信じられないほど複雑になる場合があると指摘している。四四億年前にできた粒にも、ジャック・ヒルズで採集された少し若い粒のほぼすべてにも、とても古い結晶核がある。しかし個々の結晶を詳細にマッピングしたところ、古い層の上に新しいジルコンの層ができていることが明らかになった。一個の粒で中心から端まで年齢に一〇億年もの幅があり、それに合わせて酸素同位体比がさまざまに変わることも珍しくない。もし古い結晶核が、新しい結晶成長の過程でその酸素同位体比をリセットされたら、大昔の地球の表面の本当の性質が隠されてしまった可能性もある。

ジルコン形成過程の最終結果がどうあれ、大衝突からたった一億年ほどで、地球は深さ数キロメートルの海が取り巻く、鮮やかな青い世界になっていた。宇宙からは群青色の球体に見えただろう。ところどころに白い雲が渦を巻いているが、全体は息をのむような青だ（海がなぜあの色に見えるかは簡単な物理学で説明できる。地表に降り注いでいる日光には、虹の色すべて――赤、黄、緑、青――が含まれているが、水はスペクトルの赤い側をよく吸収するため、私たちの目は、ほとんど反射して散乱する青い波長の光を感知する）。

では陸地はどうなのだろう？　現在では大陸が地表のほぼ三分の一を占めているが、地球の黎明《れいめい》期、冥王代には大陸はまだできていなかった。原始の青い海のところどころに、水蒸気を噴き出す火山島があるだけだった。円錐形の盛り上がりと砕石の多い黒い浜が、地球の極から赤道まで不規則に点在し、水ばかりの単調な景色の唯一のアクセントになっていた。

ごく初期の地球全体をおおっていた海は、どのようなものだったのだろう？　熱かったのだろうか？　地下のマグマの海の温度が現在も下がり続けていることを考えると、おそらく最初は熱かったと思われる。淡水だったのか、塩分が含まれていたのか。水が塩からいのは、現在の海の最もわかりやすい特徴だが、地球の最初の海は淡水で化学物質もほとんど溶けておらず、少しずつ塩分が含まれるようになって現在に至るというのが妥当に思えるかもしれない。ところが最近、熱かった海で、急激に塩分濃度が現在より高くなったことを示唆する証拠が見つかった。塩化ナトリウム（いわゆる食塩）は熱湯にすぐ溶ける。こんにち、地球の塩の約半分は、内陸の岩塩ドームや、海水が干上がった地域に近い蒸発鉱床に閉じ込められている。これらの塩の大半は地下深くの厚い層に隠れているが、地球が生まれてから五億年は、塩を隠すような大陸はなかった。その結果、当時の海の塩分濃度は、現在の二倍も高かったかもしれない。さらに温かい海水に溶けていた他の元素（主に玄武岩の主成分である鉄、マグネシウム、カルシウム）も今より高い濃度で存在していただろう。

科学者のもう一つの疑問は、冥王代の海が酸性だったか、塩基性だったかということだ。海のpHと塩分濃度を左右する最も重大な因子は、大気中の二酸化炭素だ。当時の大気中の二酸化炭素濃度は、現在の何千倍も高かったと推測されている（現在のレベルは四〇〇ｐｐｍに達していないが、年々その数値に近づいていて、超える日もそう遠くないと思われる）。冥王代の大気に二酸化炭素が多く含まれていたということは、水中の二酸化炭素も多かったということで、pHと塩分濃度と重大な因果関係があったはずだ。二酸化炭素は雨水と結合して炭酸（H_2CO_3）を形成する。海中でこの炭酸塩の一部が解離して水素イオンとなり、それがヒドロニウムイオン（酸のH_3O^+）と炭酸水素イオン（HCO_3^-）をつくる。最終的に水素イオン（H^+）が加わると海はより酸性となり、おそらくpH5・5くらいにまでなるだろう。このように酸性が強くなって、玄武岩や他の岩石の風化が加速し、すでに塩分の高い海に、さらに溶ける成分が増えていった。

暗い太陽のパラドクス

地球最初の海についてはいくつもの詳細な仮説があり、相互に矛盾するものもある。そこにもう一つ、考えなければならない大きな問題がある。高度化を続ける天体観測技術や天体物理学の計算によると、太陽のような恒星は寿命を迎えるときまで、ゆっくりだが確実に輝きの強度を増していく。その推測では、四四億年前の若い太陽は、現在より二五パーセントから三〇パーセントも暗かったという。さらにそれから短くとも一五億年間は暗いままだった。もし現在、太陽が突然、当時と同じくらい暗くなったら、地球はあっという間に冷凍庫のような状態になり、海は極から赤道まで凍り、地球上の生物の大半は死んでしまうだろう。そのような激変する気候の中では、とくに生命力の強い地下奥深くに棲む微生物や、火山に近い熱水帯に棲む生物だけが生き残ることができる。

生まれてまもない地球がそれほど寒かったとすれば、すぐに凍ってしまっていたはずだ。しかし少なくとも四〇億年前には地表水が豊富に存在していた、地質学的な証拠がある。浅瀬や深層水で堆積したと思われる地形も珍しくない。その時代に生命体が生まれ、順調に成長していた。当時の海は、なぜ凍らなかったのだろう？

太陽の明るさが少ないことで起こる熱不足が、地球の熱で補われていた部分もあった。原始マグマが固まって地殻ができてからも、熱い溶岩や火山活動で地表は温められていた。そのような惑星の海は常に下から熱せられ、黒い地殻はゆっくりと厚くなり冷えていった。

暗い太陽のパラドクスを説明しようとする仮説は主に、大気中の二酸化炭素濃度が極端に高くなって引き起こされる、温室効果による過度の温暖化を指摘している。二酸化炭素濃度は現在の大気のおそらく一〇倍以上だった（二酸化酸素濃度が高いために海も酸性化し、塩分濃度も高くなったかもしれない）。

第二のシナリオは、初期の黒い地球、そして青い地球は、現在の地表よりもはるかに高い割合で、太陽エネルギーを吸収していたことに注目している。現在、海は陸地より多くの日光を吸収している。大昔の初期の海洋では鉄の濃度が高かったので、この傾向がさらに強かったと思われる。当時、日光の吸収率が高かったのは、おそらく光を散乱させる雲が少なかったからだろう。現在、雲を凝集させるのに大きな役割を果たしているのが、工場から出る煙の粒子や化学物質だ。しかし数十億年前には雲の形成を誘発する工場はなかった。

さらに別の仮説では、初期の地球の大気に強力な温室効果ガスであるメタンが大量に含まれていたとしている。そのために高度の高いところで紫外線による化学反応が起き、豊富な種類の（のちに生命体の基本になった可能性のある）有機分子の合成を促した。そのような有機分子は厚いスモッグのようなもやとなり、青い地球が土星の大きな衛星タイタンのような、独特なオレンジ色の世界になっていたかもしれない。どのような要因が組み合わされたのか、正確にはまだわかっていないが、地球がなぜ凍結しないですむ温度を保っていたのかについては、じゅうぶんな説明ができる。

私たちが自信を持って言えるのは、世界全体をおおう海ができて、地球の一番外側の層をつくりあげたということだ。陸地を形成し、多様性を増す鉱物世界の進化を進め、生物圏を生み出した。水は今でも私たちの生活のあらゆる面で、その驚異的な力を発揮している。水は鉱物資源の濃縮器であり、地表に変化を起こす主な要因であり、すべての生物を生かすものなのだ。

第5章

灰色の地球

最初の花崗岩の殻

地球の年齢

2億～5億年

現在の地球は明確なコントラストをなす世界である。陸地が三分の一、海洋が三分の二。青色と茶色と緑色が混ざり合い、白色の渦が巻いている。四四億年前の地球は今とまったく違っていた。乾いた陸地といえば、浅い海のところどころに突き出ている、黒い玄武岩でできた円錐形の火山だけだった。それらすべてが花崗岩《かこうがん》の出現とともに変わろうとしていた。花崗岩は大陸の礎石となった、ごつごつとした石だ。

地球の物語は果てしなく続く分化の歴史である。元素が分離したり凝結したりしながら新しい岩石や鉱物がつくられ、大陸と海洋、そして最終的に生命が誕生した。何度も何度もこの過程が繰り返されている。岩石性の内惑星（水星、金星、地球、火星）は、激しい太陽風が水素とヘリウムをより重いビッグ6の元素から引き離し、軽い気体の元素を外惑星（木星、土星、天王星、海王星など）の領域へと吹き飛ばしたときにできた。地球では密度の高い溶けた鉄が中心に沈み、金属の核がカンラン岩の豊富なマントルから分離した。カンラン岩の一部が溶けて、ケイ素、カルシウム、アルミニウムを多く含む玄武岩となり、それがカンラン岩から分離して黒く薄い地殻となった。玄武岩が地表に噴き出したとき、水をはじめとする揮発性物質がマグマから分離して最初の海と大気を形成した。熱によって状況が変わっていくごとに、元素が分離したり凝縮したりした。段階を経るごとに、地球にはさまざまな違う層が生まれた。

大陸の隆起もまた地球の分化における重大なステップだ。地球の外殻である玄武岩の層が冷えて固まると、下でうねるマントルの熱を閉じ込めるふたとなった。下から再び熱せられた玄武岩は、比較的、低い温度で溶け始めた。とくに水が存在しているところでは約六五〇℃で溶けた。温度が上昇すると溶ける玄武岩の割合も増える。最初は五パーセント、そして一〇パーセント、最大で二五パーセントまで溶ける。カンラン岩が溶けたときと同じで、結果としてできたマグマの成分は、もともとの玄武岩とはまったく違ったものとなる。何より目に付くのは、この新しい融解物にはケイ素がたいへん豊富に含まれ、ナトリウムとカリウムもかなり多いということだ。水もまた熱い液体の中で凝縮し、ベリリウム、リチウム、ウラン、ジルコニウム、タンタルをはじめ、多くの微量元素も同じ経過をたどった。ケイ素の豊富なこの新たなマグマは、元の玄武岩より密度がはるかに小さいため、必然的に地表近くへと押し上げられ、最初の花崗岩を形成した。

ほとんどの花崗岩は鉱物学的にはシンプルで、主に四種類の物質を含む。とくに多く含まれているのが、無色透明の石英（二酸化ケイ素）の結晶だ。花崗岩が浸食され、のちにその硬い粒子が集まって、地球最初の白い砂浜となる。花崗岩の灰色に近い白は、二種類の長石（ナトリウム、あるいはカリウムを豊富に含むもの）によって生じている。そして四つ目は、どの花崗岩にもちりばめられている、鉄を多く含む黒い鉱物だ。それは輝石のこともあれば、薄い板状の雲母の場合もあり、細長い角閃石のこともある。もし、磨かれた花崗岩のカウンターやバスルームの洗面台などを見る機会があれば、これら四つのシンプルな組み合わせをさがしてみてほしい。

希少な元素が含まれると、これら四つ以外の鉱物（たとえばジルコン）の小さな粒子が散らばった石になることが多い。第4章の内容で、オーストラリアのジャック・ヒルズで採集された宝石のような赤い微小なジルコン結晶が、四四億年前の海がどのようなところであったか解明する手がかりとなったことを思い出してほしい。比較的低い温度と水分の多い環境で形成されたと思われる、それと同じ結晶が花崗岩の始まりについて教えてくれるかもしれない。ジャック・ヒルズのジルコンに、温度が低く湿った環境でできたことを示す重い酸素同位体が含まれていただけでなく、四〇億年前にできた結晶の一部に、石英の結晶包有物が認められた。これは花崗岩が出現する前はめったに生成されなかった鉱物だ。そのような低温でできた石英入りのジルコンの結晶は、最古の花崗岩地殻の生き残りだと主張する専門家もいる。

花崗岩が誕生したとき、近隣の惑星の鉱物の進化から分岐した、地球独自の進化が初めて見られた。花崗岩が形成されるには惑星の表面に玄武岩が豊富に存在し、さらにそれを再び溶かす強烈な内部熱が必要だ。地球より小さい火星と金星、また地球の衛星である月も、表面には玄武岩の薄い層があるが、花崗岩をつくるには小さすぎる。必要なだけの内部熱が不足しているのだ。それらの世界にも少量の花崗岩は間違いなくできているはずだが、地球のように花崗岩の大陸が深く根付くことはなかった。

浮力

黒い玄武岩の地殻の密度は均一で水の約三倍だが、地球の内部熱で熱せられて軟らかく、地形をじゅうぶんに維持することはできなかった。平均より数キロメートル上に突き出していた火山がいくつかあって、ところどころで黒い島が海面上に隆起していた可能性はあるが、大陸ができる前は壮大な山脈もなければ、深い海盆もなかった。それを変えたのが、平均密度が玄武岩より低い（水の約二・七倍）花崗岩である。花崗岩は当然、玄武岩やカンラン岩の上に浮き、何重にも重なり、海に浮かぶ氷山のように、表面から何キロメートルもの高さに突き出す。

密度が水より一〇パーセント低い氷を例にするとわかりやすい。この密度の差によって、氷山の大きさの一〇パーセントが海面から突き出している。表面がでこぼこの高さ一〇〇メートルの氷山なら、だいたい一五メートル以上が海面上に出ている。そのために「氷山の一角」という表現が生まれたのだ。これと同じように、花崗岩も玄武岩より密度が一〇パーセント低いため、その上に浮く。一部が溶けた玄武岩の地殻に花崗岩が何層にも重なると、氷山のような突出した構造が形成され始める。一キロメートルの厚さの花崗岩の塊なら、玄武岩の地殻の平均から二〇〇メートルほど突き出した、小さな山ができたかもしれない。しかし時間がたつと、蓄積した花崗岩の地殻の厚さは数キロメートルにも達した。それに合わせて深く根付いた大陸が海面よりどんどん高くなり、いくつかの山脈が水面から数千メートルもの高さに達した。現在のアメリカ大陸西部に連なるロッキー山脈は花崗岩が深さ六〇キロメートルにまで達し、高さ四〇〇〇メートルを超える峰が数えきれないほどある。北米大陸のこの壮大な背骨は花崗岩の浮力の証明として高くそびえている。

一九七〇年代に私が初めてMITで地質学を履修したときには、浮力が地質学的な変化を進めることが教科書の定説だった。それは「地向斜説」と呼ばれていた。〝上下方向の地殻変動〟を起こす原動力は〝地殻均衡の働き〟なのだ。一九世紀からほとんど変わっていない地質学の教科書に掲載されていたきれいな木版画の絵には、高さの違ういくつかの長方形の木のブロックが水に浮いているところが描かれていた。高いブロックのほうが水から出ている部分が多い。それは山と似ている。私たちは海盆にどのようにして厚い堆積層ができたのか、その堆積物がどのように溶けて、より多くの花崗岩の塊ができたのかを学んだ。またその後、山が浮揚性のある花崗岩の基底部からどのように隆起したのかも学んだ。当時はそれですべて筋が通っていた。そしてそれは今でも、地球の最初の地殻が四〇億年以上前に形成されたことについての、有力な仮説である。

初期の地球の歴史上、おそらく最初の二億年の間には、浮揚性のある灰色の花崗岩がホットスポットの上で形成され始めていたはずだ。地下深くに蓄積していた玄武岩の一部は溶けていた。そのころには、地殻の上下運動と均衡が広範囲で見られただろう。そのようにしてぽつんとできた花崗岩の小さな大陸はまったくの不毛の地で、風がふきすさび、激しい波が打ち付けていた。浸食に残った石英の破片がゆっくりと蓄積されて、貧弱な砂浜ができる一方、長石類が風化して粘土質の薄い層となった。花崗岩でできた最初の島々はそれぞれ分離していて、それほど大きくはなく目立つものではなかった。やがて現れる大陸の規模を知る手がかりにはならなかった。

再びの衝突？

それでは初期の地球はどのようにして、火山が点在する玄武岩の世界から、広々とした灰色の花崗岩の大陸となったのだろうか？　孤立していた最初の花崗岩の島々が、どのようにして現在のような、地球全体に広がる陸地の塊になったのだろうか？　それについては地球科学者たちが次々と仮説を発表している。とくに説得力のあるアイデアの一つが、ある偶然が引き金となり、大陸形成の連鎖が引き起こされたというものだ。それは猛スピードで近づいてきた小惑星だ。

テイアの消滅と月の形成から一〇億年の間にも、大規模な衝突はときどき起こっていた。これについて議論の余地はない。専門家の推定によると、幅が最高で約一六〇キロメートルに及ぶ何十もの大きな小惑星――最初に惑星が形成されたときにできて宇宙を漂っていた残骸――が、地球形成期の一〇億年の間に衝突していた。四〇億年前、熱いマグマの上昇流（プルーム）が、若い海洋地殻の下まで上ってきたと想像してみてほしい。何百とは言わないまでも何十というプルームが地球の深層部から上ってきて、効率的な対流プロセスによって内部熱を移動させたに違いない。玄武岩質の溶岩を噴き出す大きな火山が、それぞれのプルームの上で噴火すると同時に、玄武岩の地殻が再び融解して、陸地を厚くする花崗岩の材料が生まれた。

そこで大惨事が起きる。直径五〇キロメートルの小惑星が火山群にぶつかり、半径五〇〇キロメートル以内にあった陸地の形跡をすべてなくしてしまった。この衝突によって巨大なボウル形のマグマの湖ができ、周囲に粘りのある溶岩や壊れた岩塊が降り注いだ。この宇宙からの砲撃により、マントルプルームの進路がふさがれ、表面へ向かう新しい道筋を見つけなければならなくなった。

この独創的なシナリオに従うと、衝突後のプルームは経路を変えて、玄武岩の基盤と、成長中の花崗岩の層を通じて、ミニ大陸を下から押し上げる。そのような熱を取り込む玄武岩のふたの下にプルームが到達すると、新たな熱源の出現で花崗岩が大量に生まれ、陸地がさらに大きく厚くなる。

この仮説は検証できないが、おそらく地球最初の大陸が形成された過程のどこかで起こっていたことだろう。一〇億年にわたる上下方向の地殻変動の効果が小惑星衝突によって強まり、かつてない数の、玄武岩と花崗岩が混ざり合った土台を持つ火山性の海洋島が生まれた。しだいに陸地が海から隆起した。四〇億年前には地球のあちこちに大きな島が生まれていたとはいえ、地表のささやかな割合しか占めていなかったと思われる。

しかしここでプレートの運動が起きて、地球表層部の変化に大きな弾みがついた。

移動する大陸

プレートテクトニクスが地球の主要な地質学的プロセスであるという発見は、実は地質学を超えて近代科学全体に大きな影響を及ぼすことになる。少なくとも四〇〇年に及ぶ観察から予想されていたとはいえ、大陸全体が地表を移動するというのは、最初は想像しにくい異端の説として扱われていた。一九六〇年代に世界中で新たな発見が続いてようやく注目され、広く受け入れられるようになった。しかし数多くの証拠が集まり始めると、地球科学の分野で科学史上最速とも言えるパラダイム・シフトが起きた。事実、私がＭＩＴに在籍していた一九七〇年代半ばには、すべての地質学の教科書を完全に書き換えなくてはならなくなり、以前は定番だった上下方向の地殻変動はほぼ削除された。

あとから考えれば、上下方向の地殻変動を否定する証拠の中には、見るからに明らかなものもあったはずだ。現在のロッキー山脈は高くそびえているが、標高八八四八メートルのエベレストや壮大なヒマラヤ山脈に比べれば見劣りがする。それと同じで、海の深さは平均三八〇〇メートルだが、地球で最も深い海溝は（南太平洋のマリアナ諸島沖にある）、一万一〇〇〇メートルという驚くべき深さだ。そのように極端な地形が、地殻均衡の世界で維持できるわけがない。上下方向の地殻変動だけですべてを説明することはできないのだ。

新世界（アメリカ大陸）の海岸線の正確な地図が初めてつくられたとき、横方向の地殻変動（地球の地質的変化における横の動きの役割）があったという微かな手がかりが見つかった。一六〇〇年代初頭には、アメリカ大陸の東海岸線と、ヨーロッパとアフリカの西海岸線の、驚くべき一致がわかるようになっていた。同じ曲線を描く形、同じへこみとふくらみ、大きく丸くえぐれたアフリカ大陸南西部の輪郭と、それに合わせたように東側がふくらんでいる南米大陸。大昔はその部分がジグソーパズルのようにぴたりとはまっていたことを思わせる。

大西洋を挟んだ大陸の海岸線の一致については、奇想天外な説明もいくつかあった。ハーバード大学の天文学者ウィリアム・ヘンリー・ピッカリングは、ジョージ・ダーウィンの月の分裂説（融解した塊が高速で自転している地球から宇宙へと飛び出した）を支持していて、月が太平洋から分離したのと同時に、地球の反対側にあった大西洋が大きく開いたと推測した。そこに神の手を見る人もいる。ノアの大洪水は数千年前に〝陸地を分けて〟広大な海をつくるべく起こされたもので、大西洋の海岸線はその結果だという考えだ。

体系的な地質調査が行われていればその問題を解決する助けになったかもしれないが、四〇〇年前は地質学という名前さえなかった時代で、体系的な調査など望むべくもなかった。一八世紀に初めて地質調査が行われるようになったのは、鉱業と農業が経済発展の原動力となっていたからで、それらは完全な国家事業だった。それでも政治的な境界線を超える地形の一致について、目が向けられることはほとんどなかった。そして一国の資源が別の国のものとつながっているという考えもなかった。地図に関してそのような国家第一の見方をしていた時代、広大な大西洋を挟む大陸の地形の研究が優先されることはなかった。

初めて大西洋を挟む大陸を細かく比較したのは、地質学とはあまり縁のなさそうな分野の研究者だったアルフレッド・ウェゲナーだった。彼は人生のほとんどを、北極の研究に費やした（五〇歳のとき、冬のグリーンランド氷床への伝説的な探査任務中に死んだ）。彼が仕事として打ち込んだのは主に気象現象の原因の究明だが、最も記憶され、のちの世に影響を与えた業績は〝大陸移動説〟に関わるものだった。これは横方向の地殻変動に関する提言であったが、先駆的すぎたため辛辣な評価を受けた。彼が自分の専門分野ではない地質学に関わるこのアイデアを思い付いたのは、第一次世界大戦中、ドイツ軍で予備中尉として服務していたときのことだ。ウェゲナーはベルギー侵攻のとき首を撃たれて前線からはずされ、回復を待つ間、研究に没頭できた。

ウェゲナーも多くの先人と同じように、大西洋を挟む大陸の形の一致に強い印象を受けたが、大半の科学者はそれを偶然の一致として無視していた。ウェゲナーはさらに視点を広げ、東アフリカ、南極大陸、インド、オーストラリアなどの地形にも同じような一致が見られることに気づいた。実は地球のすべての大陸は、もとは一つの大きな大陸だったのではないか。彼はその超大陸をパンゲアと名付けた（ギリシャ語で〝すべての陸地〟を意味する）。ウェゲナーとひと握りの賛同者が、新しいヨーロッパ、アフリカ、アメリカの地質調査報告からその証拠を引き出した。広大な大西洋の両側に見られる興味深い対比を明らかにした論文だ。大きな鉱山地区、ブラジルや南アフリカの大規模な金やダイヤモンド採掘場は、大陸をくっつけてみると一つの大きな鉱床のように見える。同じように、化石シダのグロッソプテリスと、絶滅した爬虫類メソサウルスを含む岩石層が、ほぼ正確な帯状に分布している。そのような細かい地質学的、古生物学的な対比が、単なる偶然であるわけがないと、彼は主張した。

ウェゲナーの大陸移動説が初めて出版物として世に出たのは一九一五年だった。ドイツ語版が続けて三版。版を重ねるごとに詳しくなり、一九二四年には英語に翻訳され『大陸と海洋の起源（The Origin of Continents and Oceans）』というタイトルで出版された。その後もさらに他の多くの版が出された。かつて大陸がつながっていたという説を支持する新しいデータが続々と見つかった。一九一七年に古生物学者のある研究グループが、特徴的な化石を含む地層が海をまたいで一致している例を一〇件以上あげている。彼らはこのデータから、大陸間をつなぐ陸地があったはずだと解釈している。南アフリカの地質学者、ジェームズ・デュ・トワは、ウェゲナーの説にとくに心酔していて、カーネギー研究所から助成を受けて南米東部を訪れ、さらに多くの大洋を横断する一致の例を記録した。まったく同じ鉱物、岩石、化石が見られるなど、目をみはるような例があった。

大陸が一つにまとまっていたことを示すデータが増えていったにもかかわらず、地球科学の世界は態度を変えなかった。大陸が移動するための納得ゆくメカニズムがないので、地質学者の多くはあからさまにウェゲナーの推論をばかにした。彼の説を批判する根拠となったのは、外部からの力がなければ何も起こらないとする、ニュートンの運動の第一法則だった。地球規模の大きな力が働いたという事実を証明できない限り、大陸移動説はアマチュアのたわごととしかみなされない。ケンブリッジ大学の物理学者ハロルド・ジェフリーズは、一九二三年にイギリスの見解を次のようにまとめた。「ウェゲナーが提言した物理的な原因論は、ばかばかしいほど的はずれだ」。アメリカの地質学者たちも納得していなかった。シカゴ大学地質学部のロリン・T・チェンバリンは、一九二六年のシンポジウムで大陸移動説を激しく非難した。「ウェゲナーの仮説は自由奔放すぎて、地球について手前勝手な理論を振りかざし、前提となる制約や、不都合な事実を無視している……ウェゲナーの仮説を信じるということは、ここ七〇年間で学んだすべてを捨て、最初からやり直さなければならないということだ」

しかしこのような状況でも、ウェゲナーの発見に興味を持った少数の地球科学者と、彼の支持者が大陸移動を説明するための新しいメカニズムを考案した。ある学派は地球が収縮しているという説を打ち出した。温度が下がったか、あるいは地下深くにあるガスが充満していた空間が崩壊したかが原因で、地表の一部が壊れたアーチのように少しずつ内側に落ち込んでいく。このモデルでは、昔は大陸がアメリカ大陸西海岸からアフリカ大陸とアジア大陸の東海岸まで拡張を続けていたことになる。そして現在の大西洋は、マントルへと落ち込んだ巨大なアーチ道とみなされていた。この地球収縮モデルは基礎的なユークリッド幾何学で論破された。単純なアーチ道なら壊れることはあるが、この考えを地球に当てはめてみると、大西洋くらいの大きさの大陸が壊れて下に落ちることはありえない。

また別の学派は、地球は大昔からずっと拡張し続けていて、風船のようにふくらんでいるという正反対の説を唱えた。大昔、地球には一つの大陸地殻しかなく、それが地球の膨張（地球深部で膨張する熱いガスが生じたという説もある）に合わせてひび割れて分離した。膨張する地球を記録したビデオテープがあるとして、それを逆回しすれば、すべての大陸が一つにまとまり、直径が現在の地球の五分の三くらいの球体をおおっている状態に行き着くだろう。他に広く受け入れられていたメカニズムがなかったため、この仮説は一部の地質学研究者たちの間で、一九二〇年代から一九六〇年代まで生き残ったが、やがて新しい有力な説が出現し、これに取って代わられた。

隠れた山

ここで第二次世界大戦後に飛んでみよう。驚異的な技術イノベーションと、科学の世界が楽観的展望に満ちていた時代だ。対潜水艦戦における二つの進歩が、一九五〇年代に機密扱いを解かれて海洋学者が使えるようになり、地球の動きについてのそれまでの考えを一変させる発見につながった。

音波を使って距離と方向を測定するソナーの技術は一世紀以上の歴史をもつ。ハリウッドの潜水艦映画を観たことがある人にはおなじみだろう。ピーンという音が鳴ると、しばらくして小さな反響音が聞こえる。音波が敵潜水艦の船体にぶつかって跳ね返ってくる音だ。張りつめた音楽が流れ、水中に爆雷が発射される。

これとまったく同じ技術を使って、海の深さや海底に隠れている地形を調べることができる。とくに深い海溝でも音波で測定できる。一八七〇年代の時点ですでに、イギリスの科学者が軍艦HMSチャレンジャー号に簡単な水深測量機を積んで測定を行い、大西洋中部の海底に壮大な山脈が存在していることを示唆している。当時の冒険好きの人々の間では、その結果を、海に沈んだとされる大陸アトランティスと結びつける声もあった。初歩的な音響測深技術が開発されたのは、一九一二年のタイタニック号の事故のあと、氷山を探知するためだった。その後、第一次大戦中にドイツ軍の潜水艦が海中を徘徊するようになると、この技術が急速に発達した。一九二〇年代には海底地図作成のために、ソナーが初めて組織的に用いられた。すると壮大な山脈が地球の海底に隠れているのがすぐに認められた。しかしこうした先駆的な海洋調査の地質学的な意味についてはほとんど注目されず、海洋学の研究も大恐慌や迫りくる第二次世界大戦の影響で、大幅に減らされた。

戦後、海洋学者は海底全体の地形をマッピングできるだけでなく、より深い岩石層で反射した音波を探知できる、新世代の高感度ソナー探知機という武器を手に入れた。大西洋の海底の全体的な特徴が簡単に確認できた。たとえば大陸棚は大西洋岸から離れるにしたがって、少しずつ深くなっていき、その距離は最長で何百キロメートルにも及ぶ。そのような大陸棚が終わる地点で、突然、傾斜が大きくなり、深さ三キロメートル、幅一六〇〇キロメートルの深海平原へと続く。乾いた陸地のどんな土地よりも平坦で広々としている。そして海洋は大きな山脈、大西洋中央海嶺で分断されている。

それらはすべて以前の発見と一致していたが、海底地殻の厚さは大きな驚きだった。海底地殻は沖に行くにしたがって少しずつ薄くなり、陸地ほど深くはないと地質学者は予想していた。ところが実際は少しずつ深さが変わるのではなく、厚い部分から薄い部分に、突然、移行していることがわかったのだ。大陸の下に何十キロメートルもの地殻岩石があるのと違って、海底地殻の厚さは約八～九キロメートルだ。そしてその大きな差は、大陸棚の端の急斜面で生じる。これほど狭い範囲で大陸と海洋が分かれるという事実は、地向斜説では説明できない。

何年もの間に、科学者たちは広大な海を何百回となく横断した。そのたびに同じ結論に到達した。三万キロメートルもの長さの山脈（地球最大）が海の波の下にあり、大西洋を二分している。さらに広範囲にわたる大陸の海岸線と同じカーブは、大西洋中央海嶺の尾根のラインと一致する。大陸の縁が、深海平原へつながる海底の急傾斜する部分とみなすなら、（変わりやすい砂浜の海岸線と違い）大陸の海岸線は不気味なほど一致している。まるで割れた陶器の皿が、ぴったりと合うかのようだ。これを単なる偶然として無視することはできなくなった。

科学者がさらに大西洋を横断して細部を比較したところ、新しいパターンが現れた。大西洋中央海嶺は、決してふつうの山脈ではなかった。陸地ではほとんどの山脈に、最も高い部分をつないだ稜線があるが、大西洋中央海嶺の場合、山脈のまさに中心線に、幅約三〇キロメートル、東西で隣接する頂上よりも二キロメートルも深い、広いくぼみがある。そのような地形はリフトバレーと呼ばれている。それだけでなく、尾根とそのリフトバレーは、北から南へ途切れのないなめらかなカーブを描いているわけではない。リフトバレーは、地殻が壊れたり動いていたりするところで一六〇キロメートル以上、西か東へずれていることが多く（横ずれ断層）、尾根全体がジグザグで破壊されているように見える。ここではいったい何が起こったのだろうか。

そのような示唆に富む発見も、戦後、次々とすばらしい科学的発見がなされる中で、埋もれてしまってもおかしくはなかった。ある意味、それらはデータが増えたにすぎなかった。しかし海底調査計画の指導的研究者は、非凡な宣伝の腕を持っていた。コロンビア大学ラモント地質学研究所の海洋地球物理学者ブルース・ヘイゼンとマリー・サープは、画期的で新しい地表の地図を考案した。大陸の隆起した部位に色をつけたのだ。隆起が高くなるにつれて、緑、黄色、茶色、そして最も高く冠雪した隆起は白。ヒマラヤ、アンデス、アルプスといった、壮大な山脈はひときわ目立つ。ヘイゼンとサープの芸術的な新しい工夫は、水面下の広大な山脈もまったく同じ手法で、すぐわかるようにしたことだ。ただし色はさまざまな青のグラデーションで示された。このテクニックのおかげで大西洋中央海嶺をはじめとする深海の地形の特徴が、世界的なスケールで非常に重要な

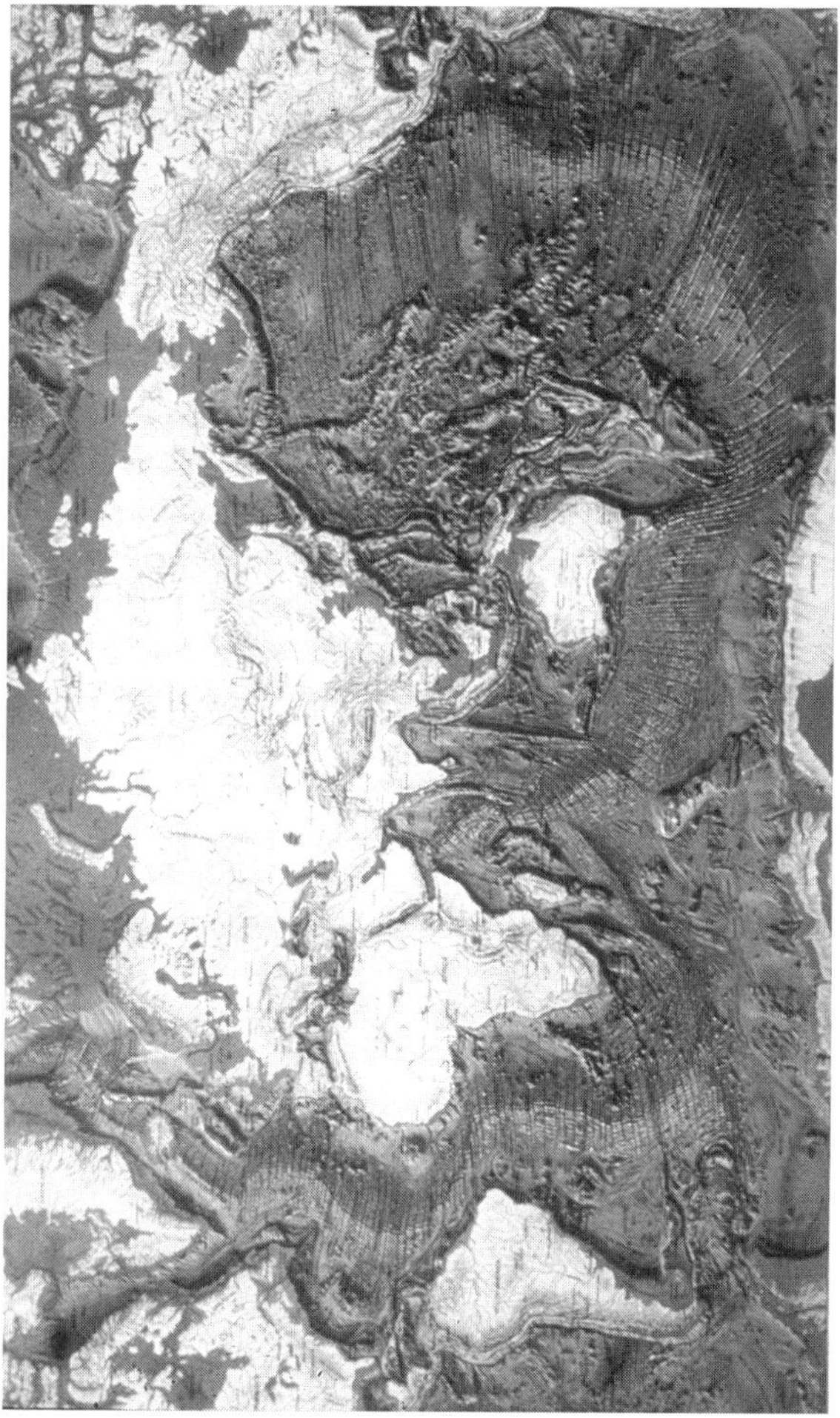

図2　ヘイゼンとサープによる地表地図（出典 NOAA）

意味を持つという印象をつくった。そしてその見事な地図の中心を大西洋に置くことで、海岸線と海嶺の形がまったく同じであり、見間違えようのないことを強調していた。一九六〇年代には、ヘイゼンとサープの地図は絶対的なものとしての地位を確立していた。なぜそれほど似ているのか、どんな理由があるにせよ、それらが生まれたときに何らかの結びつきがあったのは、誰の目にも明らかだった。

（ブルース・ヘイゼンの綴りはHeezenだが〝ヘイゼン〟と発音する。彼の経歴と、広く賞賛されている功績は、私のキャリアに特別な意味を持っていた。一九六六年秋、私がＭＩＴに着任したとき、私よりずっと年上の教員たちが、敬意に満ちた態度で私に握手を求めてきたので驚いたものだ。著名人の血筋というのは、たとえ名前の発音が同じで誤解されただけにしても、科学の世界では多少の得になるのだ。）

拡張する海

大西洋中央海嶺の発見、そして東太平洋やインド洋の海底にも同様の火山性の海嶺が発見されたことで、科学者は大陸が横に動いた可能性について、新たな興味を持って取り組み始めた。ウェゲナーの造語（〝コンチネンタル・ドリフト〟）は、大陸があてもなく漂流するという印象を与えるが、実際はもちろん、あてもなく動いていたわけではないはずだ。そこで地質学者は、地表の形が変わるほど大きな力が、どこかで働いているはずだと考えた。

　その後、新たな発見が続き、新しいデータがどんどん積み重ねられ、専門家は混乱した。一九五六年、ヘイゼンとラモント地質学研究所の上司である地震学者のモーリス・ユーイングは、大西洋中央海嶺の中心にあるリフトバレーの位置と、中規模な海底地震が地球全体に広がるときの、五万五〇〇〇キロメートルの長さに及ぶパターンを記録した。リフトバレーと地震はどこかで関連している。それが理由で海嶺が動き、形が変化するに違いない。

　海底の岩石の性質も、多くの地質学者を驚かせた。彼らは大西洋中央海嶺について、浸食抵抗性のある海洋石灰岩におおわれた、カナディアン・ロッキーのような典型的な山脈と予測していた。しかし海嶺にそってさらに海底の岩を採取して調査し、大西洋の数多くの島々を観察したところ、玄武岩、それも比較的若い玄武岩しか見つからなかった。軟らかく薄い堆積層を別にすると、海底地殻はほぼ火山性玄武岩でできていることがわかった。東から西へ四〇〇〇キロメートル以上に及ぶ海底に、玄武岩が敷石のように並んでいるのだ。

　それだけでなく、放射性元素の崩壊率に基づいて入念に時代を測定すると、ある単純なパターンが浮かび上がった。大西洋中央海嶺の真ん中のリフトバレーで採取した玄武岩は、できてまだ一〇〇万年未満の新しいものだった。そのリフトバレーから西や東に離れるほど、玄武岩の年代は古くなり、大陸縁辺では一億年以上になる。なぜ海洋の中心部の岩石は若く、周縁では古いのだろうか？　理論的な答えの一つは、大西洋中央海嶺は一連の火山であり、新しい玄武岩の地殻を噴き出しているということだ。しかし海盆の縁のはるかに古い岩石は、どこから来たのだろうか？

プレートテクトニクスの決定的証拠となる重要なデータは、磁気計と呼ばれる潜水艦探査技術で集められた。第二次世界大戦中の潜水艦は鉄を多く含む合金の塊だったので、磁気を帯びていた。磁気計が開発されたおかげで、潜水艦探査機が海上を飛んでいるとき、敵の潜水艦がそばに来ると、周辺の磁気異常を察知できるようになった。大戦のあと地球物理学者は、地場のわずかな変化も感じ取る新しいタイプの磁気計を開発した。彼らはその計器を研究用船舶のうしろにつなぎ、海底のすぐ上に設置できるようにした。

調査の目的は海底の玄武岩だった。そこには磁鉄鉱の微小な結晶が含まれ、弱い磁気信号を発している。地球の磁場は年ごとに少しずつ変わることが知られているが、それは永年変化と呼ばれる。玄武岩マグマが冷えるとこれらの結晶が、小さなコンパスの針のように地磁気の方向に固まる。海底玄武岩はこうして、その岩が固まったときの磁場そのままの姿で保存される（陸地では褶《しゅう》曲《きょく》や断層といった、長年の大陸の地殻の歪みによってパターンが乱れている）。発展中の古地磁気学は、玄武岩をはじめとする岩石に閉じ込められた、目に見えない磁力場を研究する分野だ。

一九五〇年代初頭から、海洋学者は海底近くに磁気計を設置して、海嶺を横切るように移動させて調査を行った。古磁気を測定することで、海底の永年変化のようすがもっとよくわかるのではないかと考えたのだ。ところがそこで発見したのは、驚くほど規則的で複雑な、奇妙な磁気パターンだった。大西洋と太平洋の中央にあるリフトバレーの玄武岩の磁気は、律儀に現在の磁北極を示していた。しかしリフトバレーから西あるいは東に数キロメートル離れると、磁気シグナルは一八〇度ひっくり返る。磁北極は現在の位置のほぼ正反対、磁南極があるべき位置で、逆もまた同様だった。さらに数キロメートルどちらかの方向に進むと、磁気の方向はまた一八〇度変わり、正しい位置になる。何十回も繰り返し、計器が横断したどの場所でも、岩石に固定された磁気の方向がひっくり返っているのが観察された。

さらに分析すると、三つの重大な事実が明らかになった。第一に磁気方向が逆転した岩石は、大西洋、太平洋どちらでも、海嶺に沿って北から南に延びる細長い帯状に分布している。中央のリフトバレーが横ずれ断層で途切れるところでは、その磁気帯も途切れる。第二にそれらの磁気の縞模様は、海嶺の軸を中心に左右対称になっている。西と東から中央に向かって移動すると、ふつうの磁気方向と反転した磁気の縞が、ところにより広かったり狭かったり、まったく同じように並んでいる。そして第三に、放射性年代測定法で世界中の海嶺の玄武岩の年代を調べたところ、それぞれの磁気の反転は、狭く限られた期間で、ほぼ同時に起こっていることがわかった。磁気の反転は一種の海底年表なのだ。

さらに続く二つの結論はショッキングなものだった。第一に、地球の磁場は激しく変化する。少なくとも過去一億五〇〇〇万年の間では、平均すると五〇万年ごとに反転している。この頻繁な変化の理由については、いくらか理解が進んでいる。私たちの地球は巨大な電磁石だ。磁場は液状の外核が対流してできる渦電流から生じる、といわれている。この対流を促すのが熱だ。内核との境界付近に存在する、密度が高く熱い液体が膨張して上昇すると同時に、温度の低くより密度の高い液体が上から沈んでくる。地球物理学者は高度なコンピュータモデルを使い、この対流が地球の自転によって、さらに複雑になって混乱したことを示している。その結果が五〇万年ごとに反転する磁場なのだ。また磁極がたいてい安定した軸上にあるのも、地球が自転しているからだ。しかし核が不安定な期間は、磁場が大きく変化して、一〇〇年以下の周期で反転する可能性がある。

第二の結論は、海の真ん中の海嶺では新しい玄武岩地殻が、毎年二〜三センチメートルのペースで生み出されている。古い玄武岩は西と東両方に、横に移動して海嶺から離れ、新しい溶岩がそれに取って代わる。海嶺系は新しい海底を生み出す、大きな双方向のベルトコンベアーなのだ。大西洋中央海嶺で生まれた新しい玄武岩は大西洋を拡張している。大西洋は毎年五センチメートルずつ大きくなっているのだ。およそ二万年で一キロメートル広がる計算だ。一億五〇〇〇万年前に大西洋は存在していなかった。それ以前のアメリカ大陸は、ウェゲナーが提言したように、ヨーロッパ大陸やアフリカ大陸とつながっていたのだ。

この注目すべき発見の報告でとくに有力だったのは、一九六一年に『ジオロジカル・ソサエティ・オブ・アメリカ・ブレティン』に発表されたものだ。イギリスの地球物理学者、ロナルド・メイソンと、アメリカのカリフォルニア州にあるスクリプス海洋研究所の電子工学専門家アーサー・ラフがほぼ一〇年間協力して、北米西海岸沖の海底の徹底的な磁気調査を行った。この文献の最大の目玉は、北米大陸の西方沖にあるファンデフカ海嶺の詳しい磁気地図だった。

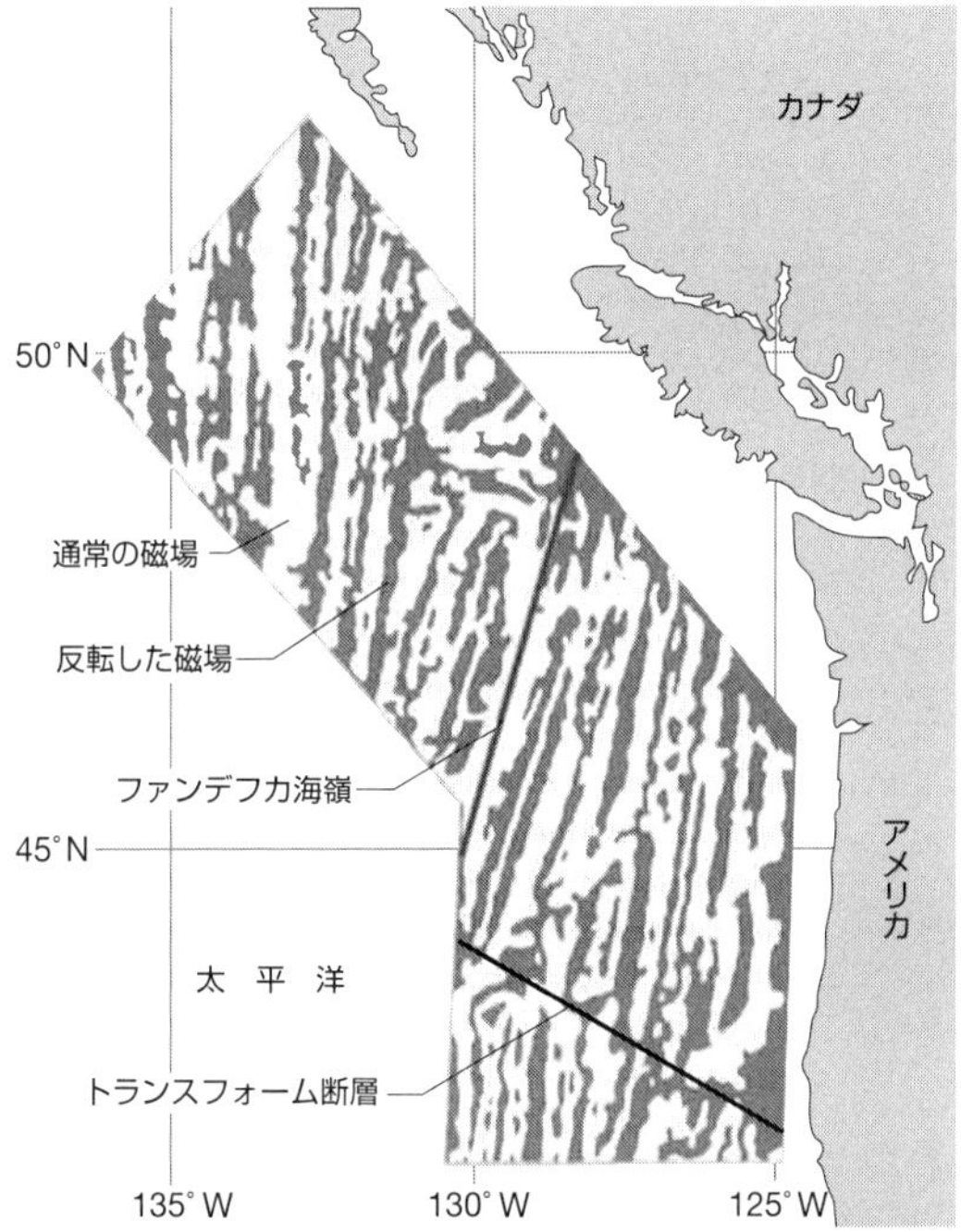

図3　北米西海岸沖ファンデフカ海嶺付近の海底磁気地図

メイソンとラフが作成した、飾り気のない白黒の地図（白と黒の帯はそれぞれ通常の磁場と反転した磁場を示す）は、北から南へ向かう何十本もの縞になっている。大きな海洋地殻ブロックの内部では規則正しく、中央のリフトバレーを中心に、それぞれが幅数百キロメートルの対称的な縞模様をつくっている。しかし隣のブロックとの間では、そのパターンが崩れ、横ずれ断層の線で途切れたり、キュビズムの画家が描く絵のようにゆがんでいたりする。そのような断層の一つ、メンドシーノ破砕帯について分析したところ、一一〇〇キロメートルもの横向きのずれが明らかになった。地球の殻を分裂させるような、とてつもない内部プロセスが働いているはずだ。

世界中の海嶺系で同様の証拠が次々と見つかり、地質学者、地球物理学者、海洋学者が、それまでにない統合的な視点で検討を始めた。海底の地形学、地震学、地球物理学と、岩石の年代の関連すべてが、同じ結論を示していた。海洋地殻は火山活動が活発な、世界中の海嶺系でつくられている。海底が拡張するスピードは、左右対称な磁気の縞模様と玄武岩に記録されている。

影響力のある論文が数多く発表され、地質学全体の考え方が大きく変わって、一九六〇年代半ばには、かつて異端とされた説が正しかったと、ほぼ誰もが信じるようになっていた。それは大陸が動いているという説だ。大西洋は一億年以上前から、年々拡張し続けている。

消滅しつつある地殻

プレートテクトニクス説による意識変革の前期は、迅速な発見、パラダイムの変化、そして同じくらい難解な新たな問題が現れた時期でもあった。その中でも、ある未解決の問題が群を抜いて注目を集めていた。大西洋、太平洋、インド洋で、海洋の真ん中にある四万八〇〇〇キロメートル以上の海嶺に沿って、二万年ごとに幅約一キロメートルもの新しい玄武岩地殻がどのようにつくられているのだろうか？　新しい地殻はすべて、どのようにして収まったのだろうか？　地球が大きくなっていたのでなければ古い地殻はどこかへ行かなければならなかったはずだ（一九五〇年代から一九六〇年代初期の短期間に、ブルース・ヘイゼンを含む少数の強硬派の地質学者グループが、暴論に近い地球拡張説を実際に唱えたことがあった）。

その答えを見つけたのは地震学者だった。冷戦の不穏な空気が漂っていた一九六〇年代、地震学の中心的テーマ（そして資金集めの根拠）は核兵器だった。一九六二年のキューバ危機のあと、アメリカとソビエトは核兵器の地下爆発実験を制限する、部分的核実験禁止条約に同意した。この条約が守られているかどうかの検証には、振動を感知する多数の（高価な）計測器を地中の奥深くに設置して、継続的に地震の発生状況を監視することが必要だ。その結果として世界標準地震計観測網（WWSSN）が生まれ、一二〇のステーションが、コロラド州ゴールデンの中央コンピュータ・プロセシング・センター（米国地質学調査所の支所の一つ）につながれた。このとき初めて、地球のどこで起こった小さな地震（大爆発も）でも、震源地の位置、深さ、マグニチュード、そして動きがピンポイントで特定できるようになったのだ。

これが地球科学に与えた恩恵は計り知れない。新しいツールを手に入れた地球科学者は、以前なら感知できなかった何千という地球の動きを感じ取り、以前は認識されなかった地球規模の地震のパターンを記録できるようになった。彼らは突然の地殻の動きはほぼすべて、地震活動が集中的に起こる細長い線、中央海嶺のような場所に沿って起こることを発見した。他の多くの地震も、大陸縁辺近くの連なった火山に近いところで起きる。たとえば有名な環太平洋火山帯がそうだ。フィリピン、日本、アラスカ、チリなど、危険地帯を含む環太平洋地域には共通のパターンがある。

震源が比較的浅い地震（深さ数キロメートル未満）は、陸地に近い沖合の深い海溝で起きる一方、震源が深くなればなるほど（一六〇キロメートルを超える場合もある）、沿岸から遠い内陸部で起こることは、昔から知られていた。とくに深い地震はたいてい、ワシントン州のセントヘレンズ山やレーニア山など、危険な爆発性火山帯の下で起きる。これらは海からかなり遠く内陸に入っている。

一九六〇年代後半には、WWSSNからの新しいデータによって、深い海溝と地震、そして火山との細かな関係が明らかになってきた。海溝から内地に向かうにつれて深くなる震源の明確なパターンが示しているのは、巨大な板状の海洋地殻が、沈み込み帯と呼ばれる場所に沿って、大陸の下のマントルに沈んでいることだ。古い玄武岩の地殻（マントルよりはるかに温度が低くて密度が高い）は文字通り、地球に飲み込まれてしまう。沈んでいる玄武岩が隣の地殻の下に潜り込んでゆがむと、深い海溝ができる。新しい地殻が数平方キロメートルできるごとに、同じ面積の古い地殻が沈み込み帯で消滅する。新しい地殻が古い地殻と完全に釣り合っているのだ。

理解が進んでくると、プレートテクトニクスにまつわる科学が、大きな注目を集めるようになった。海嶺や沈み込み帯は、何十という移動中のプレートの境界となっている。どれも（深いところにあるマントルと比べて）温度が低く、もろく（そのために地震で裂け目ができる）、厚みは数十キロメートルにすぎないが、幅は何百、何千キロメートルにも達する。これらの硬いプレートが熱くて軟らかいマントルの上を横にすべるように動いている。環太平洋火山帯は、一つの大きなプレートトを示している。南極とその周囲の海はまた別のプレートだ。北アメリカと南アメリカプレートは大西洋中央海嶺からはるか西のアメリカ太平洋岸まで、ユーラシアプレートは大西洋中央海嶺から東へ、東アジア太平洋岸まで延びている。アフリカプレートは西の大西洋中央海嶺から東はインド洋中央部まで広がり、動く地表について興味深い面を見せている。つまりアフリカ大陸には新しいリフトバレーができて、分裂を始めている。それを示す特徴が、連なるように存在する湖と活火山、さらに世界有数の長距離ランナーを生み出す高地だ。いずれアフリカは二つのプレートになり、その間に海ができて広がっていくだろう。

海嶺は新しいプレートの材料を生み出し、沈み込み帯が古いプレートを飲み込む。しかし地球は球体であるため、そのシナリオが複雑化する。球体でのプレートが大きくなったり沈み込んだりするとき、横ずれ断層線に沿ってプレート同士がこすれ合うことになり、メイソンとラフのファンデフカ海嶺の磁気地図に示されたトランスフォーム断層となる。カリフォルニアで数多くの地震を引

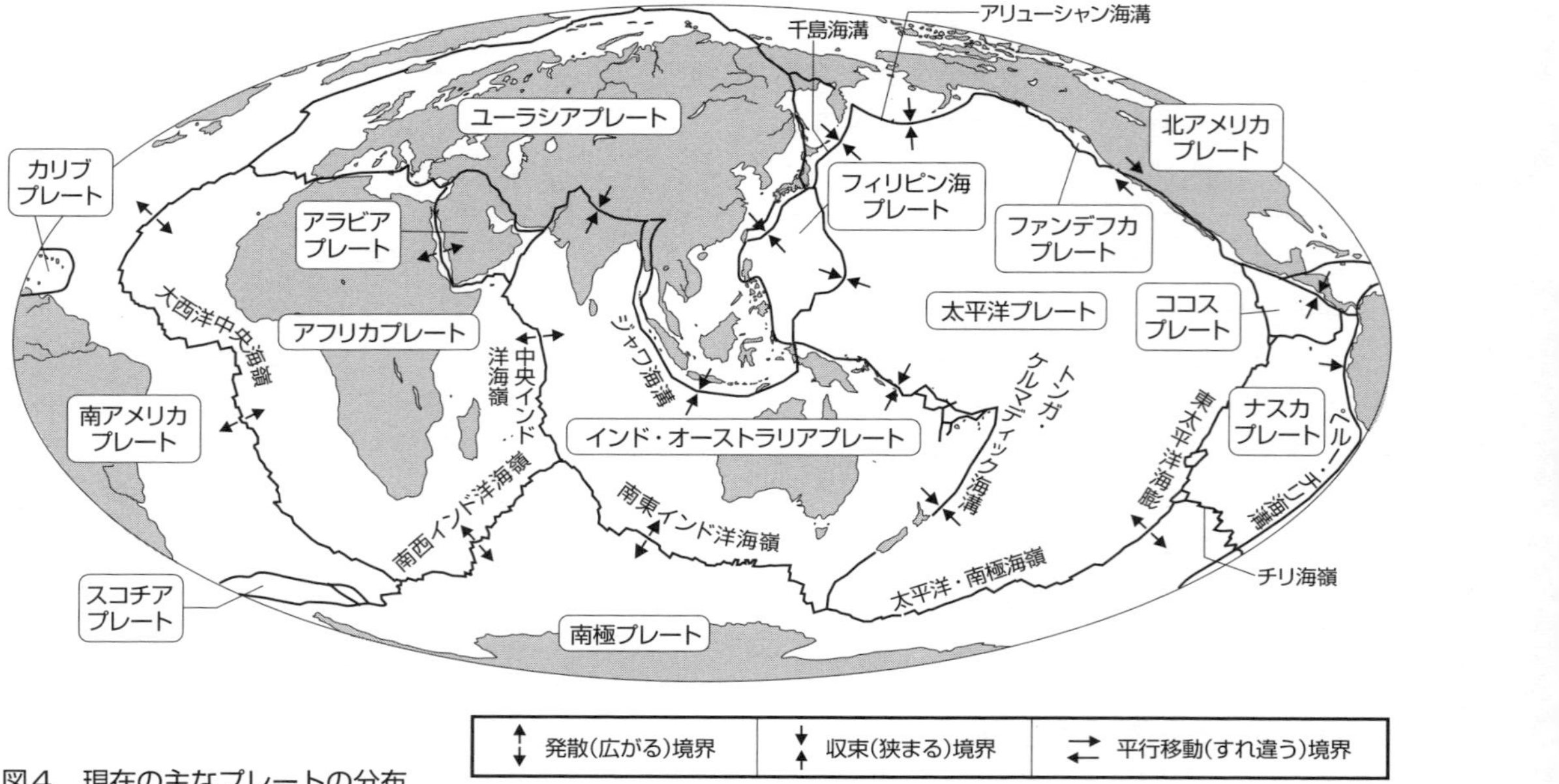

図4　現在の主なプレートの分布

き起こしている活発なサンアンドレアス断層も、そのような継ぎ目の一つだ。大きな北アメリカプレートは南アメリカプレートに向かって東南に動いているため、毎日、この断層に大きなストレスがかかっている。これらの容赦ない動きのせいで、ロサンゼルスとサンフランシスコの住人たちは、次の〝大地震〟へと近づいているのだ。

　プレートテクトニクスの位置関係についてはこのくらいにして、プレートを動かしている大きな力とは何かを考えてみよう。何億年もの間、大陸全体が動き、こすれ合い、衝突してきた原因は何なのだろうか？　その答えは地球の内部熱にある。地球は熱く、宇宙は寒い。熱力学の第二法則（宇宙全体を包括する中心概念）によれば、熱は常に熱い物体から冷たい物体へと移動する。熱はしだいに拡散して、なんとか均一になる方法を見つけようとするのだ。

　熱エネルギーの移動を容易にする、よく知られた三つのメカニズムを思い出してみよう。温度の高い物質はすべて、熱を赤外線放射という形で周囲に移す。またそこまで効率的ではないが、直接的な接触、つまり伝導、液体が熱いところと冷たいところの間で流れる対流という形でも移動する。しかし燃えるような核から冷たい地殻へ、どうすればうまく熱が移動するのだろうか？　岩石やマグマは赤外線放射を妨げ、時間がかかる伝導も効率はよくない。そのため鍵となるのは、軟らかくなったキャラメルのようなマントルの対流だ。

　地球の表面の岩石は硬くてもろいが、地球の奥深くの超高温の圧力鍋のようなマントルでは、岩石はバターのように軟らかくなる。何百万年もの年月、地球の深部からのストレスで岩石は変形し、漏れ、流れてきた。熱くて浮揚性のある岩石は少しずつ地表へと上昇し、温度が低く密度の高い岩石は深みへと沈む。幅が数千キロメートル、深さが数百キロメートルにも及ぶ大規模な対流セルが目に見えないところで地球のマントルをひっくり返していて、そこに壮大な循環が生まれる。このような惑星の組織入れ替えのペースはやはり壮大だ。対流セルが一回りするのに一億年以上かかっているかもしれない。

おそらく最初の一〇億年以上は、地球の均一な玄武岩地殻の下のマントル対流は、寄せ集めのものが渦を巻く混沌とした状態だったに違いない。あちらこちらで密度の低い花崗岩の熱い溶解物が、まとまりのないパルス（脈動）やプルーム（上昇流）として表面へと上昇し、そこで蓄積して、温度が低く密度が高い玄武岩を粉砕する。壊れてばらばらになった近くの破片は内部へと沈み、地球規模の熱の交換が起きる。

その後の五億年で、マントルの動きはでたらめなものではなくなった。それぞれが上昇するプルームと広がるマグマ、下に沈んでいく地殻のかけらを含む何十という小さな対流セルがまとまって、少数の大きな循環となった。どれも深さは何百キロメートル、幅は何千キロメートルにも及んだ。新しい玄武岩の地殻はその対流セルが、成長中の海底山脈に沿って上昇してきたところでつくられる。古くて冷たい玄武岩の殻は、急な角度でマントルの中——沈み込み帯——へ突っ込む。こうして地球はプレートテクトニクスという新たな変換プロセスに支配されていった。断面図で見ると動きが多い地球の外側の層は、それぞれが一回転するのに一億年以上かかる、横向きの渦巻きが

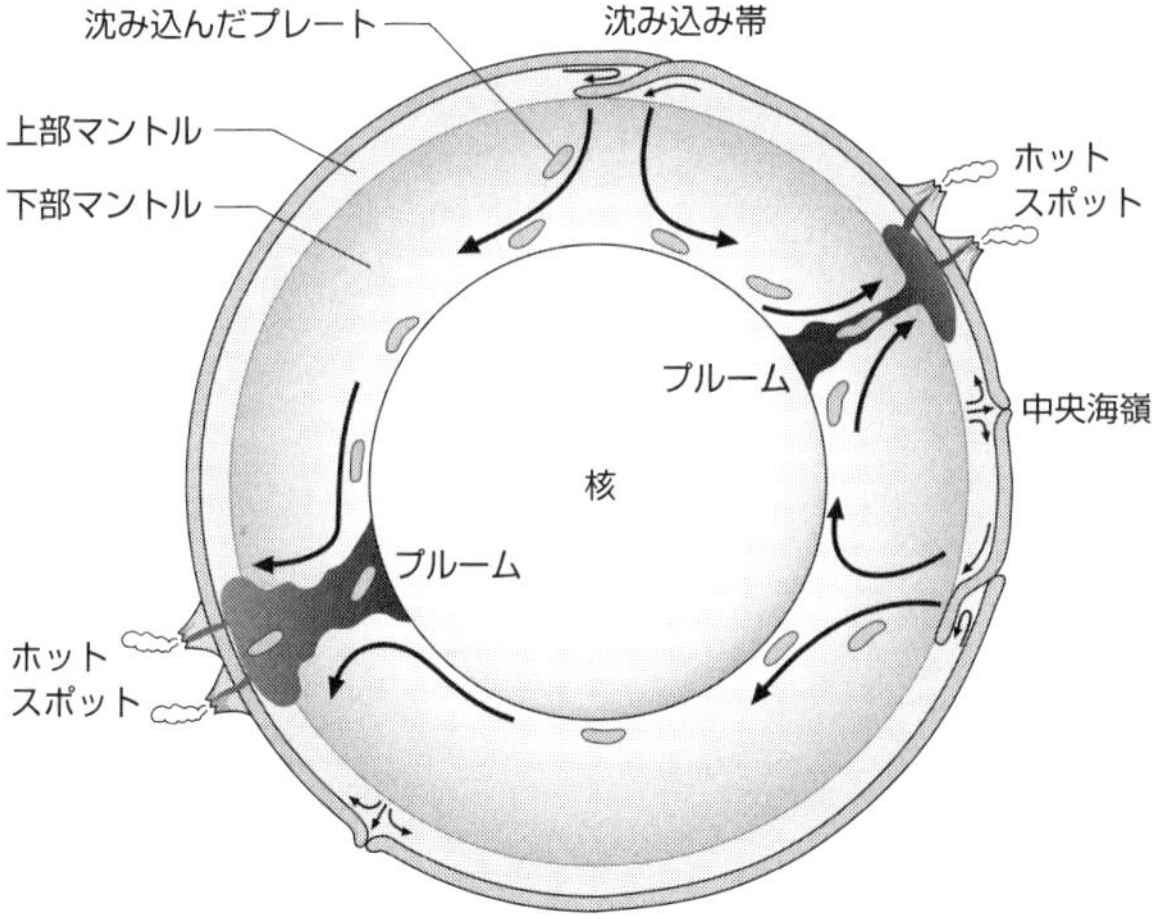

図５　マントル対流のメカニズム

集まっているように見えたかもしれない。

そして今と同じように、変化しつつあった地表には、はるか下で起こっている壮大なプロセスが反映している。玄武岩質火山の大きな海嶺が、上昇するマグマの対流層の上部で成長した。裂け目のような海溝は、大昔に沈み込んだ殻が、マントルに下向きに突っ込んだところにつくられ、曲がり、周辺の海底をゆがませた。沈み込みはまた、きわめて重要な花崗岩の生成も加速させた。冷たく水を含んだ玄武岩の地殻はさらに深く沈み、再び地球に飲み込まれて加熱され、融解し始めた。すべてではなく、おそらく二〇パーセントから三〇パーセントだったと思われる。この増加する花崗岩質マグマが表面に上ってきて、数百キロメートルに及ぶ灰色の火山列島を生んだ。こうして大陸が出現する準備は整った。

岩石のサイクル

花崗岩は浮かび、玄武岩は沈む。それが大陸誕生の鍵だった。花崗岩質マグマは源岩である玄武岩よりはるかに密度が低い。そのため新しくできた岩石はゆっくりと融解し、必然的に上昇して、表面近くの岩塊として固結したり、あるいは火口から噴き出して噴石や火山灰をまきちらす。数十億年の間に数えきれないほどの花崗岩の島が、この継続的なプロセスによってつくられた。

プレートの移動によって、花崗岩を基盤とした、連なるような諸島が生まれただけでなく、それらの島がまとまって大陸を形成した。その鍵は、花崗岩は沈まないという単純な事実にある。花崗岩は玄武岩の上に浮いているが、玄武岩は密度が高いためマントルの中に沈んでいく。しかし花崗岩は軽いコルクのように、いったん形成されたら表面に留まり、そのままの状態で保存される。沈み込みによってさらに島ができると、花崗岩の部分が不可逆的に増加する。

沈んでいく海洋地殻のプレートに、沈まない花崗岩の島が散在しているようすを想像してみてほしい。玄武岩は沈むが島は沈まない。島は地表に留まり、沈み込み帯の上に帯状に連なる島をつくる。何億年もの時間が過ぎ、さらに花崗岩の島が増えて面積が大きくなるとともに、沈んだスラブから溶けた花崗岩が新たに上昇してきて、大陸をさらに厚く大きくする。島がまとまって原始大陸を形成し、それらがさらにまとまって大陸を形成する。ちょうど太陽系のコンドライトが微惑星を形成して、それがやがて惑星になるのと似ている。

プレートテクトニクスの壮大なサイクルが、私たちの世界を変えている。地球の薄くて冷たくてもろい地表はひび割れ、煮立ったスープの上に浮く、あくのように動いている。火山性山脈からあふれ出る新しい玄武岩質の地殻は、地中深くの対流セルが上昇する位置を示している。沈み込み帯で飲み込まれる古い地殻は、対流セルが下降している領域を明らかにしてくれる。地表のひどい崩壊（強烈な地震、大きな火山噴火）も、深層部の地球規模の激しい動きに比べれば、偶発的に起きた小さな出来事にすぎない。

プレートテクトニクス理論は地球科学をも大きく変えた。それ以前の上下方向の地殻変動が定説だった暗黒時代、地質学は他のどんな分野とも関連がない、切り離された学問と考えられていた。この大変革の前には古生物学者が海洋学者と議論する必要はなかった。火山の研究は鉱床地質学とほとんど関係なかった。地球物理学者が生物の起源や進化に関心を持つことはなかった。ある国に存在する岩石が他の国に存在する岩石、ましてや遠く離れた海底の岩石と関連があるとは思われなかった。

プレートテクトニクス理論によって、地球に関わるすべてのことが統合された。今では希少な生物の化石の発掘場所を、広大な海洋を超えて比較できる。消滅した火山地帯を調べれば、はるか昔に固まって沈み込み帯に隠れた、貴重な鉱床をさがすこともできる。大陸移動についての地球物理学的研究は、植物と動物の進化への重大な影響を指摘する。プレートテクトニクス理論によって、地殻から核、ナノから地球全体のレベルまで、地球は統合された惑星系であり、空間と時間を超えて統一する単独の原則があることが明らかになった。

花崗岩の生成が、無秩序な垂直構造のプルームによって生じた島々の寄せ集めから、沈み込みによって生じた大陸の組織的な集まりへと移行するまでには時間がかかった。しかし地球の誕生から一五億年が過ぎるころには、対流しているマントル（厚さ二九〇〇キロメートルの領域で、地球の質量と熱エネルギーの大半を保持する）が、地球の表面を変えてしまっていて、もう後戻りはできなかった。黒い玄武岩と違って、無味乾燥な花崗岩の土地は白っぽい灰色に見えたが、これは石英と長石が混ざった典型的な色だ。もし時間をさかのぼって三〇億年前に戻れたら、そこにはどこか見おぼえのある風景が広がっているだろう。その原始大陸には植物がなく、周囲は起伏の多い丘や、切り立った渓谷だ。それは今の北極圏に見られる岩だらけの海岸に似ている。激しい風雨が続く時期に、ときどき晴れた青い空と白い雲が浮かぶ。海はカリウム、炭酸マグネシウムなどの鉱物が溶けて飽和状態となっている。ときどき炭酸マグネシウムが玄武岩の海底に堆積して結晶層をつくる。青くて冷たい海の縁に初めて現れた、灰色の花崗岩が浸食されてできた白い砂浜に寝そべることもできる。それは風化に強い石英の粒子がたまったものだ。しかし大気は窒素と二酸化炭素が多く、生きるのに不可欠な酸素がわずかしか含まれていないので、すぐに窒息してしまうだろう。

頑丈な花崗岩でつくられた陸地の塊である大陸の創造は、地球の壮大な進化の歴史物語の中では前座にすぎない。花崗岩の陸地（深部の熱と地表近くに散在する玄武岩の部分的融解によってつくられた）は、水中に沈んだ惑星のなめらかな皮膚で増殖するかさぶたのようなものだ。しだいに厚くなる花崗岩のいかだは密度の高い玄武岩の上に浮き、海面上に隆起して、偉大なる大陸の基盤をつくることができた——それはあくまで、固体地球についての人間中心の見方ではあるが。

第6章

生きている地球

生命の起源

地球の年齢

5億～10億年

生まれて五億年程度の幼年期の地球を見ても、その後どれほど急激な進化を遂げるか、予感させるものはほとんどない。たしかに当時の地球では活発な火山活動が行われていたが、太陽系の他の惑星や衛星のいくつかでも同様のことが見られた。地球は地表をぐるりと取り巻く海に恵まれたが、初期の火星にも海はあったし、木星の巨大衛星のエウロパやカリストは、深さ八〇キロメートルに及ぶ氷の海におおわれていたので、地球よりはるかに多い量の貴重な液体が存在していた。私たちの地球はプレートの移動によって大きく変わったが、当時は金星や、おそらく火星でも、対流によって引き起こされた独自の地殻変動が起こっていた。

化学組成でも、地球のみに見られる特徴はない。玄武岩と花崗岩はすべての岩石惑星の礎石である。その大半を占める成分が酸素、ケイ素、アルミニウム、マグネシウム、カルシウム、鉄だ。地球には炭素、窒素、硫黄が存在したが、太陽系の他の世界にも、これら生命にとっての必須元素があった。どのような尺度でも見ても、四〇億年前の地球はありふれた惑星だったようだ。

しかし地球はまもなく、存在が知られた世界の中では唯一無二の存在となる。実を言えば誕生から五億年たった時点でも、地球はすでに独特な世界だった。これほど広範囲に変化が及ぶ出来事をいくつも経験した惑星は他にないし、外観がこれほど全面的に、何度も変わった惑星も他にない。しかしそれらは規模の変化であって、質の変化ではなかった。惑星の変化を推し進めた（地球を特別なものにした）最も大きな力は、まだ現れていなかった。生命が存在するようになったのは地球だけだ。生物圏の誕生と進化こそが、地球が他の惑星や衛星と違うところなのだ。

生命とは何か

生きているとは、どういうことだろうか？　地球をそれ以外の宇宙と違うものにしているこの現象は、いったい何なのだろうか？　私たちはいくつかの性質に着目して生命を説明しようとする。複雑な構造に加え、移動、成長、適応、生殖する能力。あるいは細胞膜や、長いらせん状の遺伝分子であるＤＮＡなど、特徴的な細胞の性質をあげるかもしれない。しかしそうした特徴がいくつあったとしても、それらどれにも例外はある。地衣植物は動かないし、ラバは繁殖しない。

化学的組成は生命体を定義するための、より確実な根拠となる。生き物はすべて、体系的に組織された分子の集まりで、そこでは驚くほど複雑で調和の取れた化学反応が起こっている。どんな生命形態も細胞の集まりでできていて、それらは分子の集まりである細胞膜というバリアによって外部環境から切り離されている。この巧妙な化学的構造から、相互に依存する二つの自己保存方法（代謝と遺伝）が発達し、それらが一緒になって生物と無生物が区別できるようになった。

代謝はさまざまな化学反応の組み合わせで、すべての生命形態が周囲の原子とエネルギーを、細胞の材料へと変換する手段として用いている。小さな化学工場のように、細胞が分子の原材料と燃料を取り込み、苦労の末に手に入れたそれらの物質を使って、移動、修復、成長、そしてときには生殖を促進する。細胞は正あるいは負のフィードバックによって、そのような反応を見事に制御、統制している。制御できているところが山火事や、原子を生み出した恒星での核分裂連鎖反応とは違うところだ。

しかし代謝だけでは生命の定義としてじゅうぶんではない。細胞はＤＮＡ分子の形で情報を保持し、それを複写して、一つの世代から次の世代へと分子情報を引き継ぐことができる。さらに、その情報に突然変異が起こることもある。分子が複写されるときエラーが起きることも多く、それで遺伝的な多様性が増す。突然変異は化学的に新しいものを生み出す力なのだ。そこで生まれた新たなものが、細胞の集団が他のあまり効率的でない集団と競争したり、環境に変化が起きたときに生き残ったり、新しいニッチな環境への足掛かりを広げたりするのに役に立つ。

つまり生き物の特徴としては、代謝と遺伝の双方が必要なのだ。しかし驚いたことに、生命について、普遍的に受け入れられる単一の定義は、まだ誰にも決められていない。最も近いところにいるのは、生命の起源と他の世界における生物の存在可能性を調査している、NASAの宇宙生物学プログラムだろう。一九九四年にスクリプス研究所のジェラルド・ジョイスが議長を務めたNASAの会議では、次のような簡素な内容で合意を得た。「生命とはダーウィン進化が可能な、自立した化学的組織である」。

ジョイスは実験室で生命をつくる試み（合成生物学と呼ばれる先駆的な分野）の第一人者であり、最近、この定義に合ったものをつくりあげた。これは間違いなく画期的な進歩である。彼は試験管の中にさまざまな分子を何千個も入れ、それらを自己保存させ進化させる方法を考案した。試験管の中で、この込み入ったプロセスにより、実験の最初から存在していた異なる分子の割合が（正確なコピーによってではあったが）少しずつ変化した。このようなコピーを量産するだけの化学的システムは、たとえ時間がたつにつれて分子の割合が変わるにしても、コピー機と大差ないということにジョイスは気づいた。それとは対照的に、自然の生物システムは突然変異を起こす力があり、そのためまったく新しいものを生み出すのも可能になる。新たな環境領域へと踏み込む、予測不可能な環境変化の中を生き抜く、新しい作業を行う、他者に先んじて資源を獲得する。そこでジョイスは生命の定義に、新しいものに対応する性質をとり入れて、次のように修正した。「生命とは新しいものを組み込めて、かつダーウィン進化が可能な自立した化学的組織である」。このことでとくに注目に値するのは、生命の機微に気づいたジェラルド・ジョイスが、NASAの定義を修正するにとどめ、実験室で初めて生命をつくり出した科学者という、歴史的な(フランケンシュタイン的とも言えるが)栄誉を主張しなかったことだ。

原材料

生命のない惑星だった地球で、代謝と遺伝という相互に絡み合った性質が、どのようにして生まれたのだろうか。生命の起源に関わる仕事をしている私たちのような研究者の大半は、最初の細胞の出現は、不可避的な地球化学的プロセスだったと考えている。地球には絶対必要な原材料がすべてあった。海、大気、岩石、鉱物には、必須元素が豊富に含まれていた。炭素、酸素、水素、窒素、硫黄、リン。またエネルギーも豊富にあった。最も安定していたのは太陽熱放射と地球の内部熱だったが、稲妻、放射能、隕石の衝突といったエネルギーも一助となったかもしれない(したがって生命の起源については、少なくとも元素とエネルギー源と同じ数の理論がある)。

万人の意見が一致しているのは、主役を演じたのが元素の中でもとくに万能だった炭素に違いないということだ。炭素ほどぜいたくにつくられ、多様な機能を持つ元素は他にない。炭素原子は他の炭素原子をはじめ、別の無数の原子(よく知られているのが水素、酸素、窒素、硫黄)と、一度に最高四つ結合するという、類まれな性質を持つ。炭素は長い原子の鎖をはじめ、想像できる限りの他の形もつくることができる。そのためたんぱく質や炭水化物、脂質、DNA、RNAの土台を形成する。炭素を基本とした万能分子だけが、複製する能力と進化する能力という、生命を定義する二つの条件を満たしているようだ。

私たちが食べるひと口の食べ物、私たちが摂取する薬、私たちの体のあらゆる組織、他のあらゆる生物の体、どれも炭素が詰まっている。炭素系の化学物質はどこにでもある。絵の具、接着剤、染料、プラスチック。衣服の繊維、靴底、この本のページやインク、そして石炭や石油、天然ガス、ガソリンなどの燃料。さらに第11章でとりあげるが、炭素系燃料や他の化学物質への依存度の高まりは、地表近くの環境の厄介な変化に関わっている。現代ではそのような変化が、過去数百万年は見られなかったほどの速度で進んでいる。

しかし炭素だけでは、宇宙化学の領域から生物化学の領域へと、目覚ましい進歩を遂げることはなかっただろう。水、熱、稲妻、そして岩石の化学エネルギーなど、地球を変えられる力すべてが、生命発生のときに力を発揮したのだ。

ステップ1　レンガとモルタル（基礎材料）

生命のない世界から生き物の世界へと、いつ、どのようにして移行したのかは、いまだ誰にもわかっていない。しかし世界中の何十もの研究室による集中的な調査によって、基本的な原理が浮かび上がってきた。生命の発生はいくつもの段階を経て起こったはずだ。そしてそれぞれの段階ごとに化学的な複雑さが増していった。まず分子の基礎成分が生まれる必要があった。次にそれらの小さな分子を選抜し、凝縮し、生命の基本構造を組織しなければならない。膜、重合体をはじめとする細胞の機能部品だ。分子の集まりはどこかの時点で、それ自体のコピーをつくる一方、遺伝情報を次の世代に引き渡す方法を編み出さなければならない。そして自然選択による進化が起こり、生命が生まれた。

生命創造の最初にして最もよく理解されているステップは、糖、アミノ酸、脂質といった生命の基礎材料となる分子が大量に生産されたことだ。これらの不可欠な化学物質は万能元素である炭素系で、エネルギーが二酸化炭素や水といった単純な分子と相互作用するところなら、どこでも形成される。生命の原材料は、稲妻が大気を切り裂く場所、火山熱が深海を沸騰させる場所、地球が生まれる前の宇宙で、分子の雲が紫外線を浴びていた場所でも形成された。生体分子が空から降ってきたり、深みから上昇してきたりして、大昔の地球の海に、しだいに生命の材料が集中するようになった。

近代の生命起源の研究は一九五三年に始まった。そのときの実験は、いまだ生命発生についての最も有名なものだ。シカゴ大学の教授でノーベル賞受賞者でもある化学者のハロルド・ユーリーは大学院生のスタンリー・ミラーとともに、シンプルでエレガントな卓上ガラス器具をつくり、初期の地球のシミュレーションを行った。冥王代の海を模してゆっくりと湯をわかし、原始地球の大気と同種の気体を混ぜ、稲妻の代わりに電気で火花を起こした。数日後、密閉されていた無色の水は、有機分子が複雑に混ざり合ってピンク色に、そして茶色に変わった。透明だったガラスには、黒い有機物がべったりとついていた。

ミラーが通常の化学分析を行ったところ、そこにはアミノ酸をはじめとする生命の基礎となる物質が豊富に含まれていることがわかった。彼が一九五三年に『サイエンス』に発表したその結果は、世界中でセンセーショナルにとりあげられた。まもなく化学者たちは生命発生の研究に競って取り組むようになった。そしてミラー＝ユーリーの実験で用いられた大気の成分の組み合わせが疑問視される一方で、このテーマに関わるさまざまな実験が何千と行われた結果、初期の地球には生命に不可欠な分子がたっぷりと存在していたことは間違いないと考えられるようになった。一九五三年の火花の実験とその結果がすばらしかったため、この分野の研究者の多くが、生命発生の謎はほぼ解けたと考えていた。

最初の熱狂とその後の注目で、犠牲になったものもあるかもしれない。ミラーの優れた実験によって、生命発生の研究は有機化学者のものとなり、生命は原始スープ、おそらくは〝温かい小さな池〟で生じたというパラダイムが確立された（発表はされなかったが、チャールズ・ダーウィンがほぼ一〇〇年前に同じことを考えていた）。一九五〇年代の実験主義者は、複雑すぎる自然の地球化学的環境について、ほとんど考慮しなかった。自然環境は毎日の昼と夜、暑さと寒さ、湿気と乾燥などのサイクルで変化している。また彼らは自然勾配の範囲も考慮していなかった。たとえば火山性マグマが冷たい海水と接触したときの温度や、淡水が塩分を含む海へ流れ込んだときの塩分濃度の変化だ。そしてミラーの実験は、何十という主要元素や微量元素を含む化学的に多様な岩石や鉱物、そしてエネルギーを持ち、反応しやすい結晶表面についても、考えに組み入れていなかった。彼らは日光を浴びる地表で、すべての活動が起こっていると思っていた。

ミラーの影響力は大きく、生命発生の分野は三〇年以上、彼の信奉者が中心となっていた。出版物があふれ、新しい論文が発表され、栄誉や賞が授与され、政府の助成金が〝ミラー学派〟へ流れ込んだ。ところが一九八〇年代後半になると、深海の〝ブラックスモーカー生態系〟が発見されて、〝原始スープ〟の代わりになりそうな理論が生まれた。日差しを浴びる水面からは遠く離れた暗い深海では、鉱物成分が豊富に含まれた液体が熱い火山性地殻と接触して、海底に間欠泉のような排出口ができる。熱湯が冷たい海水と接触して、鉱物が常に沈殿するようになる。そこでは極小の粒子が黒い〝煙《スモーク》〟をつくるため、ブラックスモーカーと呼ばれるようになった。生命はそのような隠れた場所に多く存在し、地殻と海の接点の化学エネルギーによってさらに生み出されている。

生命発生の理論的枠組みをめぐる論争から科学社会学について多くのことが明らかになった。ミラー＝ユーリーの実験により一連の生体分子が生じた。それらは現実の生命体に驚くほど似ている。アミノ酸、炭水化物、脂質、（プリンやアデニンなどの）塩基の組み合わせは、バランスの取れた食事によく似ている。ハロルド・ユーリーは「もし神がこの方法をとらなかったら、みすみすいい話を逃していたところだ」と冗談めかして語った。しかしミラー理論の信奉者は、ただ稲妻によって生命の元ができる原始スープというアイデアを支持する以上のことをした。他のどんなアイデアもすべて、おおっぴらかつ徹底的に否定したのだ。

とはいえ、反対派をことごとく妨害していたラホーヤ閥（訳注・ラホーヤはミラーがその後教授を務めたカリフォルニア大学サンディエゴ校の所在地）の威光も、ブラックスモーカーに存在する生命の発見と、野心的かつ壮大な研究を行うNASAの強力な影響によって、弱まり始めた。極限環境（前世代の生物学者が目を向けなかった場所）に生命体が多く棲息していることは、しだいに知られるようになっていたが、海底噴出口にできるブラックスモーカー生態系の存在も、その説をさらに強調するものだった。現在の私たちは、鉱山廃棄物や火山地域の熱湯プールからの酸性の流水にも、微生物がたくさんいることを知っている。微生物は凍った南極の岩の内部でも生き、地表から何キロメートルも上方の成層圏を漂う塵にもしがみついている。地球の固体表面の何キロメートルも下にある広大な微生物生態系（ごくほそい割れ目や亀裂に棲み、鉱物のわずかな化学エネルギーで生きている）は、地球の生物量の半分を占めている。すべての樹木、ゾウ、アリ、人間を合わせたのと同じくらいだ。極限状況に強い生物がそれだけ多く存在し、かなりの割合の地球の生物が、小惑星や彗星の衝突から守られた深部で生きているのなら、なぜ生命はそのようなところで生じなかったのだろうか。

偉大な発見に結びつきそうなプロジェクトに資金提供をするNASAも、この可能性に飛びついた。生命がミラー＝ユーリーのシナリオに沿って、日光がふりそそぐ水のある地表でのみ生じたのなら、生命が存在すると考えられるのは（私たちが知る範囲では）地球と、おそらくは火星（誕生から五億年ほどの初期段階）だけだ。しかし生命が深くて暗い海底の火山帯で生じる可能性があるなら、他の天体の多くも調べるに値するだろう。現在の火星には深い熱水帯があるはずだ。生命が今でもそこに生き続けているかもしれない。木星の衛星の一部も生物をさがす調査を行う価値があるだろうし、有機物が豊富で水星と同じくらいの大きさのタイタン（土星の衛星）も同様だ。より大きな小惑星にも、生命を生み出せる深い熱水帯があるかもしれない。地球の深部で生命が生じたのなら、NASAの宇宙生物学研究（および資金提供）は、これから何十年も続くだろう。

私やカーネギー研究所の同僚たちは、どちらかといえば生命発生研究には遅れて参加した。私たちの研究室が初めてNASAから資金提供を受けて一九九六年に行った実験は、高温高圧のブラックスモーカーの環境での有機物合成を検証するために、特別に計画されたものだった。ミラーと同じように、私たちは単純な気体を混合して、エネルギーがある状況に置いた。そのときは熱と化学反応性を持つ鉱物の表面だった。ちょうど深海の火山帯で見られる状況だ。するとミラーの実験と同じくアミノ酸、脂質をはじめ、他の生命の基礎原料となる物質が生じた。その後、いくつもの研究室で同じ結果が得られ、生命に不可欠な一連の分子が確かに、浅い地殻の圧力釜のような状況で容易に合成できることが示された。炭素と窒素を含む火山ガスは、ありふれた岩石や海水とすぐに反応して、生命の基本材料ほぼすべてをつくることができる。

それだけでなく、この合成過程は酸化還元反応という、比較的穏やかな化学反応によって制御されている。鉄が錆びたり、砂糖がカラメル化したりするといったよく知られた現象も同じ作用で起きる。これらは生命体が代謝で用いているのと同種の化学反応で、稲妻の激しい電離効果や、紫外線放射とはまったく違っている。事実、激しい稲妻の電光は、小さな生体分子の生成を容易にするかもしれないが、それと同じくらい簡単に、それらの基本成分を壊して分子の断片にしてしまう。生命発生研究のゲームに参加している私たちから見ると、生物の前駆物質となる分子は、現在の細胞で起きているのと同じような、あまりエネルギーを必要としない化学反応でつくられたと考えるほうが、はるかに理解しやすいのだ。

スタンリー・ミラーとその弟子たちは、あらゆる手段を使って、私たちが出した結論をつぶし、研究プログラムを中止させようとした。批判的な意見を立て続けに発表し、火山性の噴出口ほどの高温では、有用な生体分子がすぐに破壊されてしまうと主張した。ミラーは一九九八年のインタビューで「噴出口仮説は本物の負け犬だ。私たちがなぜこんなことを議論しなければならないのかさえ、理解できない」と答えている。彼らの主張は、熱湯の中では生体分子が減ったという実験に基づいている。しかしそのような単純な実験では、原始地球の複雑さを再現することはできない。深海の極端な温度と成分の変化の勾配、乱流や熱水噴出の周期、鉱物成分が豊富に含まれている海水の複雑な化学組成、ある程度の厚さがあったために内部の生体分子を保存することとなった岩石(今ではその存在が知られている)、などの視点が抜け落ちていたからだ。生命発生研究はすでにミラー＝ユーリーのシナリオを超えているし、多くの専門家が今最も注目しているのは、地球の地下深く暗い領域だ。

前述したように、大昔、炭素を持つ分子とエネルギー源のある環境ならどこでも、ある程度のアミノ酸、糖類、脂質、他の生命の基礎となる分子が生産されていただろう。稲妻の電光や激しい放射線にさらされた大気も、生物発生理論の候補として残っている。ブラックスモーカーや、他の深くて熱い環境も同様だ。生体分子は小惑星衝突のとき、大気の高いところで日光を浴びた塵の粒子や、宇宙線にさらされた深宇宙の分子雲などでも形成される。毎年、有機物を豊富に含む何トンもの塵が、四五億年以上前と同じように宇宙から地表に降り注いでいる。今では生命の基礎材料が宇宙に散らばっていることがわかっているのだ。

ステップ2　選択

五〇年前、生物発生研究における最大の課題は、生命を生み出すための基礎材料の合成だった。二一世紀の初めには、その問題の大部分は解決していた。地球のまわりには生命に不可欠な材料をわずかに含む薄いスープのようなものが取り巻いているに違いないと、科学者は気づいたのだ。現在、専門家が注目しているのは、生命のかけらを選択し、凝縮し、それを組み立てて巨大分子、たとえば細胞を包む膜、化学反応を促進する酵素、次の世代に情報を渡す遺伝子群などがどうやってできたかだ。

そこでは二つの補足的なプロセスが、ある役割を演じていたようだ。一つは自己組織化で、長くなった分子の集まり（脂質）が自然に凝集して、最初の細胞を保護する膜をつくる。脂質は一二以上の炭素原子の細長い土台を持っているのが特徴だ。一定の条件下では、それらが自己組織化して、微小な中空の球をつくる。たくさんの細長い分子が縦に整列して、タンポポの綿毛のように球体を形成しているのだ。

カリフォルニアの生物化学者デイヴィッド・ディーマーは、生命発生研究に史上最も大きな影響を与えた論文の一つで、炭素が豊富なマーチソン隕石（地球誕生のはるか以前に深宇宙で形成された化学物質が集まったもの）から、これらの万能の有機分子をどのようにして抽出したかを解説している。それらの分子はすぐに集まって、内側と外側を持つ小さな細胞のような球体になったと述べている。それは水に油が落ちたときのようすと似ていなくもない。数年前、ディーマーと私は、熱くて圧力のかかったブラックスモーカー条件下で形成される、炭素が多く含まれる分子もそれと同じようにふるまうことを発見した。これらと他の実験で、膜に閉じ込められた小胞の存在は、生物が生まれる以前の世界における必然的な特徴であることが明らかになった。脂質の自己組織化が、生命発生の重要な役割を担っていたに違いない。

他の生命基礎材料はほとんど自己組織化しない。しかしそれらは凝集して、岩石や鉱物の表面に配列される。これは鋳型（テンプレート）効果と呼ばれる現象で、選択の第二のプロセスだ。私たちがこれまでカーネギー研究所で行ってきた実験で、生命に不可欠な基礎材料の分子は、ほぼすべての鉱物の表面に付着していることが明らかになった。アミノ酸、糖質、そしてDNA、RNAの成分は、玄武岩や花崗岩の成分である一般的な鉱物（長石、輝石、石英など）すべてに吸着している。さらに複数の分子が、結晶中の同じ場所で競合すると、分子は協力し合うことが多く、さらに吸着と組織化を進めるような表面構造を生み出すのかもしれない。私たちが出した結論は、生物が誕生する以前、海洋が鉱物と接触していたあらゆる場所で、凝縮された生命分子が形のない液体から生じた可能性が高いということだ。

ここで言っておかなくてはならないことがある。生命発生研究の世界では（ほかのテーマでもおそらくそうなのだが）、科学者は自分の専門を強調した理論モデルを好むということだ。有機化学者であるスタンリー・ミラーとその信奉者は、生命発生は基本的に有機化学分野の問題だと思っている。しかし地球科学者は、温度、圧力、岩石の化学組成などを考慮に入れた、より複雑なシナリオに目を向ける傾向がある。膜をつくる脂質の研究者は、〝脂質の世界〟を宣伝するし、DNAやRNAを専門とする生物学者は〝RNAの世界〟が勝つべきモデルと見なしている。ウイルス、代謝、粘土、生物圏の研究者にも、独特の考え方がある。それは誰もが同じだ。私たちはみんな、自分が一番よく知っていることに目を向け、そのレンズを通してものごとを見ているのだ。

私は鉱物学が専門なので、どのような説を好むか簡単に予想できるだろう。しかし他にも私と同じような結論に落ち着いた研究者はたくさんいる。事実、少なからぬ数の著名な生物学者も鉱物に関心を持っている。それは海洋と大気だけで生命発生を考えると、分子の選択と凝縮という効率的なメカニズムを説明するのに、大きな問題にぶつかるからだ。固体の鉱物には、分子を選択、凝縮、組織化するといった、他に類を見ない力がある。そのような力を持つ鉱物が、生命の発生に中心的な役割を果たしたに違いない。

右旋性と左旋性

生物化学は分子反応の循環やネットワークが絡み合っていて、とても込み入っている。その複雑に重なったプロセスがうまく働くためには、適切な大きさと形の分子が必要だ。分子の選択とは、個々の生物化学的な作業に最も適した分子を見つけることであり、その方法として最有力視されているのが、前述した鉱物表面における鋳型（テンプレート）効果による選択だ。

分子の選択でとくに大きな課題となるのが、生命体でよく見られる対掌性（キラリティ）だろう。生命体の分子の多くは、鏡像のような一対（右手と左手のような異性体）で存在する。対掌的な二つの物質は多くの点が等しい。化学組成、融点、沸点、色、密度、電気伝導性。しかしそのような右旋性と左旋性の分子は、形に違いがある。その性質は、左手用の手袋に右手を入れてしまったところを考えるとわかりやすい。生命体は信じられないほど選り好みが激しいことがわかっている。細胞はほぼ例外なく、左旋性のアミノ酸と右旋性の糖だけを用いている。

キラリティは大きな問題だ。興味深い例として、人工香料のリモネンの場合、環状の単純な分子のうち右旋性のものはオレンジの香りがするが、左旋性のものはレモンの香りがする。人間の鼻の受容体はキラリティに敏感なため、右旋性と左旋性のものでは、わずかに違う信号が脳に送られる。味蕾《みらい》はそれほど敏感ではないため、右旋性と左旋性の糖を区別できない。どちらも甘く感じるが、消化器系は右旋性のものしか処理できない。人工甘味料のタガトース（左旋性でカロリーがゼロ）は、この性質を利用している。サリドマイドの悲劇もここに根幹がある。右旋性のサリドマイドには妊娠中のつわりを軽減する働きがあったのだが、そこに必ず付随している左旋性のものが先天異常を引き起こしたのだ。現在ではＦＤＡ（アメリカ食品医薬品局）の厳格な規制によって、薬剤のキラリティは統一されている。それで命は救われるが、製造コストが上昇した分の消費者の負担は、年間二〇〇〇億ドルと推定されている。

生体分子を合成するほとんどの実験（ミラー＝ユーリーの実験と熱水実験も含む）で、ほぼ同数の右旋性と左旋性の分子が生じる。またほとんどの自然のプロセスでは、どちらの分子も同じように扱われている。生物以外の自然界では、右と左の区別はたいてい無視される。しかし生物の世界では、適切な形が求められる。左旋性のアミノ酸と右旋性の糖は不可欠だ。逆のタイプの分子ではうまくいかない。そこで私たちの研究チームは、生命体がどのようにしてそのタイプのアミノ酸や糖を選んでいるのかという問題に取り組んだ。

私たちの最近の実験で、どちらか片方の分子を選ぶとき、そして生命が発生するときに、対掌的な鉱物の表面が中心的な役割を果たしていた可能性を調べた。二〇〇〇年に私と同僚たちが発見したことは、今でこそ当たり前と考えられているが、当時は驚くべきことだった。それは自然界のあらゆるところで、対掌的な鉱物表面が見られるということだ。岩石や土壌に含まれるごく一般的な鉱物には、表面で原子が分子規模の〝取っ手〟(右もあれば左もある)を形成しているものが多い。自然界ではこうした右旋性と左旋性の鉱物表面は、統計的に等しい割合で生じるため、地球全体で見ればどちらかに偏っていることはないようだ。しかし個々の分子では、それらがどこに落ち着くかが問題になる。私たちの実験では、ある左旋性の分子が一連の結晶表面に凝集する一方で、それとは対掌的な右旋性の分子も容易に他の鉱物表面に凝集することが示された。分子がそのように分離して集中すると、それぞれの表面が分子の選択と組織化の実験場となる。

鉱物と分子を用いた自然の実験を一回行っただけで、生命体ができる可能性はほとんどないだろう。しかし何億回、何兆回と、有機分子がたっぷり含まれた液体に鉱物の表面がさらされ、何億年という年月をかけてその自然の実験が繰り返されたら、やがて考えられる限りすべての分子の組み合わせが、いつかどこかで試されるはずだ。それらの組み合わせのごく一部で、自己組織化しやすいもの、鉱物表面と強く結びついたもの、高温高圧の環境で安定していたものなどが生き延びて成長し、あるいは新しい性質を生み出したかもしれない。

無数の組み合わせの中から、どのような分子と鉱物の組み合わせが、生物に近い組織へと向かったのかはわからないが、分子の選択と組織化の原理は少しずつ見え始めている。生体分子はたくさん合成されていて、中にはどんどん大きな塊になるものもある。私たちの実験から、そこで電荷が大きな役割を果たしているのではないかと考えられるようになった。弱い正の電荷を帯びている分子もあれば、弱い負の電荷を帯びているものもある。さらに同じ分子で、正と負の電荷を帯びた端を持つものもある（水のように）。鉱物の表面も、正、あるいは負の電荷を帯びている。それらを一つにまとめると自然に組織化するが、正の電荷は常に負の電荷を引きつける。そのため生命誕生以前の地球では、水があって鉱物が豊富な場所ならほぼどこでも、さまざまな分子の集合が起こっていたと考えられる。

ステップ3　複製

たとえどれほど複雑な配列にしても、化学物質を並べただけでは生きているとは言えない。自分自身のコピーをつくれなければならないのだ。生命に特有の性質は「複製」である。一つの分子が二つになり、四つになり、加速度的に増えていく。生物発生の物語最大の謎が、分子の自己複製システムの出現であるのは変わらない。実験によって複製サイクルの一部は再現できるが、実験室で完全になぞるには至っていない。しかし組織化し凝集した分子は、どこかの時点で、他の分子を犠牲にして（つまり〝食物〟として）自己複製を始めた。

誕生から五億年ほどたった地球を想像してみよう。今からだいたい四〇億年前だ。そこには有機分子を含む液体があり、何兆もの反応しやすい鉱物表面があり、何億年もの時間があった。分子の置かれた環境では興味深いことはほとんどなかったし、有益な機能も働いていなかった。しかし鉱物表面に並んだ有機分子のごく一部が、増幅された機能を持つ何らかの構造を生み出した。おそらく表面への吸着力か、より多くの分子を引きつける手段、競合する分子群の破壊を引き起こす性質、あるいは自分自身をコピーする能力だったのかもしれない。そうした新しい性質は自然界で有利に働く。そして生命体が定着すると、地球のあらゆるところへ急激に広がった。

しかし一歩下がって考えてみよう。なぜ分子の集まりが自然に自分をコピーし始めたのだろう。その答えは変化（バリエーション）と選択という、進化の二つの柱にある。組織は二つの理由で進化する。第一に、膨大な数の違った形態が生じるのがバリエーションだ。第二に、そのような形態の中に、他より生き残る可能性の高いものがある。それが選択である。そのような、材料は揃っていても生命と呼ばれるまでには至っていない、何千、何万という違った分子が集まった〝前生物〟を想像してほしい。それらは炭素、水素、酸素、窒素からできていて、そこにいくらかの硫黄かリンが含まれている。前生物の合成（スタンリー・ミラー流）と自然の標本（たとえばデイヴィッド・ディーマーの隕石）は、これと同じ程度の分子のバリエーションが見られる。しかしすべての分子が同等につくられているわけではない。相対的に不安定で、分解されるものもある。そのようなものはすぐに競争から脱落する。またまとまっても役に立たないタールのような塊になり、どこかに流れていってしまったり、海底に沈んでしまったりするものもある。しかしとくに安定している分子もあり、それが同種の他の分子や鉱物の表面と結びついて、さらに安定した場合もあるだろう。そのような分子が生き残り、環境に適応しない分子は周囲の液体からなくなった。

分子の相互作用によって、前生物物質の混合液はさらに精製されていった。ある分子の集まりは鉱物の表面に付着して生存確率を高めた。触媒として働き、他の分子の化学結合を促して、特定の種を増やしたり、逆に化学結合を切り離して破壊したりする分子もあった。液体の中で分子の選別が急速に進んだが、そのような世界ではライバルを絶滅させたり、ただじっとしたりしているだけでは、最終的に生き残れるという保証は得られない。生き残るために必要だったのは、自分をコピーできる分子の集まりだった。

自己複製できる分子の疑似生命組織がどのようにしてできたかを説明するモデルが三つある。一番単純なモデル（それゆえ多くの人々が好む）は、いくつかの小さな分子のよく知られた回路に注目したものだ。その回路とは、どこでも見られるクエン酸回路だ。それは炭素を二個しか持たない酢酸から始まる。酢酸が二酸化炭素と反応してピルビン酸（炭素原子は三個）となる。それがさらに二酸化炭素と反応して、炭素四個を持つオキサロ酢酸をつくる。他の反応でどんどん大きな分子ができて、最後に炭素原子六個のクエン酸となる。クエン酸が自然に二つの小さな分子に分かれて酢酸（炭素二個）とオキサロ酢酸（炭素四個）になると、この回路が自己複製を始め、これらの酸も回路の一部となる。一つの回路で分子の数は二個となったり、四個となったりするのだ。それだけではなく、アミノ酸や糖をはじめとする、生命にとって不可欠な多くの基礎材料も、このクエン酸回路の核となる分子と反応して容易に合成される。ピルビン酸にアンモニアを加えるだけで、必須アミノ酸のアラニンができる。地球上の生きている細胞すべてにクエン酸回路が組み込まれているので、これは原初からある性質なのかもしれない。最初の生命体から受け継がれている化学的化石とも言うべきものなのだろう。この回路自体は生命ではないが、わずかな化学物質で効率よく分子の集団を複製する力を持っている。

それとは化学的複雑さの対極にあるのが、自己複製する自己触媒ネットワークだ。これは有名なサンタフェ研究所で先駆的な理論研究を行っていた、スチュアート・カウフマンが支持したモデルである。前生物の分子を含む液体には、さまざまなところで生じた何百、何千種類もの炭素を基本とする小さな分子が存在していた。現在、それらの化学物質の中には触媒として反応を起こし、新しい分子をつくったり、周辺の分子の崩壊を促したりするものがあることがわかっている。自己触媒ネットワークは分子の集まりでできていて（おそらく何千種類もの分子が協力して働いている）、自分たちを生産するスピードを上げつつ、ネットワーク外の他の分子をすべて破壊している。これは分子における「富める者はますます富む」現象と言える。クエン酸回路と同じで、そのような分子ネットワーク自体が生命とはみなされないが、自己複製を促しているのはたしかであり、無生物の化学組織よりはるかに複雑だ。

第三のモデルは、おそらく生物学の視点から生命発生を研究している学者に好まれる。自らをコピーできるＲＮＡの架空の分子に基づくモデルだ。なぜこのシナリオが関心を集めるのか理解するには、もう一歩うしろに下がり、生命にとってとくに重要な二つの機能について考える必要がある。代謝（ものをつくる）と遺伝（どのようにしてつくるかの情報を、次の世代に伝える）だ。今の細胞ははしごのようなDNA分子を使って、より多くのたんぱく質をつくるのに必要な情報を保管、コピーしているが、DNAをつくるには複雑に折りたたまれた、たんぱく質の分子を使っている。ではDNAかたんぱく質か、どちらが先だったのだろうか？　実はどちらのプロセスでも、三つ目の分子であるRNAが中心的な役割を果たしていることがわかった。

RNAは小さな分子（ヌクレオチド）が集まって長い一本のらせん構造をなす美しい重合体だ。糸に通したビーズや、文章の文字列に似ている。A、C、G、Uで示される、四種類の分子の〝文字〟は、暗号文のようにどんな順番にも並ぶ可能性がある。これらのRNAの文字には遺伝情報が保管されている（DNAのように）。同時にRNAは、複雑な形に折りたたまれて、重要な生物反応（たんぱく質のように）を触媒する力を持つこともある。事実、すべてのたんぱく質の合成が容易にできるのは、RNAが遺伝情報を運搬し、たんぱく質の形成を触媒するという、二つの性質を備えているからだ。つまり生命体のさまざまな分子の中でも、〝なんでもできる〟と考えられるのはRNAだけなのだ。

RNAのモデルは、何らかの（まだあまり理解されていない）化学的メカニズムが、膨大な数の違った種類のRNAの鎖か、それによく似た、多くの情報を含む分子を生み出したという前提に基づいている。それらさまざまな鎖は何もしない。ただそこにあり続けるか、少しずつ分解するだけだ。しかしいくつかの選ばれた鎖は、自らの益になる機能を持っている。折りたたまれて、より安定する、安全な鉱物の表面に付着する、ライバルを破壊するなど。分子を含む液体の中で起こっていた競争と同じだ。

ＲＮＡに関する仮説の大前提は、無数にあった鎖のうちの一つが自らをコピーする方法を覚え、自己複製分子となったということだ。この考えはこじつけではない。ＲＮＡは自分のコピーをつくれるＤＮＡとは違う。それだけでなく、ＲＮＡには突然変異がよく起きる。そのため最初の自己複製ＲＮＡ分子は、非効率的でいいかげんなものだったかもしれないが、まもなく少しずつ違った形のものと競争することになった。少し速くコピーする力を持っているもの、エネルギー消費が少なくてすむもの、あるいはやや違った環境にいたもの。そのような初期のＲＮＡが、やがて生命に必要なことすべてを手に入れた。それは新しいものを取り入れ、ダーウィン進化（この場合は分子の進化）を遂げられる、自立した化学組織だ。

その未熟だが実際に自己複製ができる分子（クエン酸回路であれ、自己触媒ネットワークであれ、自己複製ＲＮＡであれ）が誕生するまでには、長い時間がかかっただろう。しかし想像を超えるほどの分子の組み合わせが、約五億平方キロメートルに及ぶ地球の表面全体に存在する、何億、何兆もの鉱物表面で、何千万年もかけて試されていた。そしてある日、どこかで、その膨大な数の組み合わせの中から、自己複製して進化するものが出現した。それですべてが変わったのだ。

ボストンにあるハーバード・メディカル・スクールの生物学者、ジャック・ショスタックは分子の進化における選択の力を実験によって証明した。彼のチームは一〇〇兆の異なるRNA配列（それぞれ一〇〇個のA、C、G、Uがランダムに並んでいる）の分子を混ぜることから始めた。それぞれ違った形に折りたたまれた膨大な数のRNAの鎖は、そこである課題に直面する。たとえば他の独特の形をした分子と固く結びつく。ショスタックのチームは一〇〇兆の鎖を含む溶液と小さなガラス粒をビーカーに入れた。ガラスの表面には、独特な形のターゲットとする分子が塗ってある。それらのターゲットとなる分子は、RNAが大量に含まれる溶液の中で小さなフックのようにぶらさがっている。RNAの大半は反応しない。作用を起こす形ではないのだ。しかしごくわずかな数のRNAがターゲットに取りついて、固く結びついた。

そこからおもしろいことが起こった。ショスタックらは古い溶液を（一〇〇兆の何も起こせなかったRNAの鎖とともに）捨て、たまたまガラス粒の表面に付着した幸運な少数の鎖を戻した。その後、遺伝学の標準的なテクニックを使って、生物の前駆物質が経たプロセスをまね、一〇〇兆のRNAの鎖を用意する。ただしこんどは、どの鎖もどこかでコピーミス、つまり突然変異していてオリジナルとは異なっていた。ここまでのステップを繰り返すと、何かを起こすRNAが新たに生じるが、これら第二世代の異形体は、どれをとっても第一世代よりも付着しやすい。突然変異の孫分子の一部は、親に比べてはるかに優れている。この一連のプロセスを何度か繰り返すと、そこで生じたRNAの鎖がどんどん結合しやすくなり、やがて完全に作動するようになる。可能な限り大きな結合エネルギーでターゲットをつかまえる。

この実験の所要時間は数日ほどだ。一週間たたないうちに、ランダムなRNAの鎖が完全に結合した分子となる。しかしたとえ世界トップレベルの化学者を集めても、このように機能するRNAの鎖を一から設計するのは事実上不可能だという結論に至るだろう。現在、RNAの鎖がどのくらいの長さで折りたたまれ、他の複雑な形の分子にどのようにして付着しているのかを予測する方法はない。何らかの機能を持つものをつくるのに最も速く、最も確実なのは、インテリジェント・デザイン（訳注：知性ある何者かが生命を設計したという仮説）ではなく、分子が進化することだ（「神が生命をつくられたのなら、進化を利用する賢明さを持ち合わせていたのだ」と言われるのはそのためだ）。

生命の爆発的増加

生物が出現する以前は、さまざまな分子集団が現れては、ほんのちょっとした機能の差で淘汰され、消えていくということが繰り返されていた。しかし、そうして生き残った分子も、便利な機能および自分のコピーをつくれるRNAの鎖が持つ強みに比べれば見劣りがする。このような自己複製分子は、多少なりとも似たところのある子孫を生み出すことで、自らの種の存続を確実にしている。それだけでなく、分子の複製プロセスはどうしても雑になるので、RNAコピーの一部に突然変異が生じる。たいていの突然変異は害をもたらし、とくに大きな利点もないが、ときどき親よりも優れたものが生じて組織が進化することもある。まったくの偶然でコピーする際にエラーが起こり、もともとの自己複製分子から、高圧、高温、塩分といった極限状況に耐えられるものや、より速く複製ができたり、新しい食物源を見つけたり、適応力に劣った周囲の分子を破壊したりする子孫が生まれたに違いない。鉱物表面の安全な場所や、内部で包み込んでくれる膜という避難場所を見つけたＲＮＡの鎖は、さらに大きな強みを手に入れた。

最初の自己複製分子は競争相手もなく、地質学的に見れば一瞬で地球上の栄養豊富な地域に広がった。そう聞くと反射的に、地球が微小な物質に支配されると思うかもしれないが、たとえばこう考えてみよう。初期のあまり効率的でない自己複製分子が一回複製するのに一週間かかったとする（現在の微生物は、ものの数分で複製できる）。一週間が過ぎるごとに二本の鎖が四本に、さらに八本になる。そのペースだと一億個の自己複製分子の塊（かろうじて裸眼で見える大きさ）ができるのに、およそ半年かかる。さらに二〇週間たつと、ＲＮＡの塊は小さなスプーン一杯くらいの量になる。そのペースが変わらなければ、初めて出現した生命体が、大きめのバスタブを満たすほどの量に増えるのに、さらに二〇週間かかる。

しかし一週間で倍になる状況が続くと、まもなく際立った変化が起きる。さらに二〇週間が過ぎるころには、ＲＮＡをたっぷり含む、何キロメートルにも及ぶ水たまりが現れ、海岸、内陸の湖、深海の環境なども、おそらく同時期に生まれた。そして（ＲＮＡが一週間で倍増するとして）二年のうちには、地球には一〇〇万立方キロメートルもの生命体が存在していただろう。地中海全体が混み合うほどの量だ。

岩石の化学エネルギーを頼りに生きていた原始的な単細胞生物は、地球の地質学的な面（たとえば地表近くの岩石分布や鉱物の多様性）にはそれほど影響を与えられなかった。生物がいてもいなくても、四〇億年前の陸地は黒と灰色の場所のままで、地表の風化のスピードは遅く、初期の生命体はおそらく地球をおおう青い海を変えるようなことは、何もできなかったはずだ。

初期の微生物の痕跡がほとんど残っていないので、いつ生命が始まったのか、はっきりとはわからない。およそ三五億年前の浅い海のものと思われるとくに古い堆積岩のいくつかに、微生物の化石が含まれていることがある。幅一〇センチメートルに満たないものから、大きいと一メートルに達するほどのドーム状の石のようなストロマトライトは、浅いところで細胞の集まりが鉱物の層の上に薄く層状に沈殿してできる。微生物のマットが海岸線を幅広くおおい、固まり、潮の満ち干に合わせて砂に模様ができる。特徴的な細胞様の仕切りを持つ、炭素を多く含む球状の物体（微生物の体の化石かもしれない）も、何十億年もの時を経て生き残っている。激しく変化した三八億五〇〇〇万年前の岩石に含まれていた、炭素をはじめとする生物元素も興味をそそるが、地質学者たちが納得できるようなものではない。

では生命はいつ生じたのだろうか。生物が生きられる環境の惑星や衛星なら、早い時期に生命体が何度か発生していたと思う人であれば、およそ四四億年前（地球が生まれてから一億五〇〇〇万年）までには安定した生物圏が生じていたという意見に賛同するだろう。そのころにはすべての材料が揃っていた。海洋、空気、鉱物、そしてエネルギー。そしておそらく、小惑星や彗星の衝突のたびに、海底の下の頑丈な岩石の奥深く、高温の環境下に耐えることのできる丈夫な細胞だけが生き残ったことだろう。おそらく生命は、地球が思春期を抜けて落ち着くまでに、一度ではなく何度も生じたと考えられる。もしそうなら、三五億年前の化石には、生態系が発達した一〇億年間が記録されているということになる。

しかしもし生命の発生は困難なもので、宇宙でも稀にしか起こらなかったと考えるなら、およそ三五億年前に生じたというほうが納得しやすいかもしれない。生命が発生する確率はとても低く、何億立方メートルもの海洋地殻全体で、一〇億年にわたる鉱物分子の相互作用が必要だったはずだ。いわゆる始生代の数少ない貴重な化石が、生物圏の本当の始まりを示しているのではないか。

生きている地球

生命が生まれたのが四四億年前以前であれ、三八億年前以降であれ、生命が誕生しても古代地球の表面にはほとんど変化がなかった、という事実は変わらない。生まれたばかりの微生物は、すでに地球にあった化学的手法を学んだにすぎない。地球が生まれてまだ間もないころから、固体表面とその近辺で化学反応は起こっていた。その理由はつまるところ電子の分配にある。マントルは地殻に比べて一個あたりの原子が持つ電子の数が平均して多い。化学用語で言えば、マントルでは

〝還元〟され、地表では〝酸化〟するということだ。還元物質と酸化物質が出会うと（たとえば火山爆発の際に、還元されたマグマとマントルからのガスが、酸化した表面に飛び出したときなど）エネルギーを放出する化学反応が起こる。その過程で電子がマントルから地表へと移動する。

鉄が酸素と反応して生じる錆は、この反応のよく知られた例である。鉄には電子が詰まっている。電子の数が多いために、その一部は金属の中を動き回って電気を通す。そのため鉄は電子を与える側だ。一方、酸素は電子が足りないので、それを補うため二個の酸素原子が互いの電子を共有し、酸素分子となる。酸素は電子受容体としては理想的だ。そのため鉄が酸素分子に出会うと、すぐに電子の交換が起きる。その結果、新しい化合物と酸化鉄ができ、さらにわずかなエネルギーが生じる。

鉄の他に、やはり電子を多く持つ金属原子、ニッケル、マンガン、銅は、酸化しやすい。それは生命発生までのプロセスの中で合成された、単純な炭素ベースの分子の多くも同じだ。メタン（天然ガス）、プロパン、ブタンなどがその例である。酸素ガスは、初期の地球の大気中にはあまり存在していなかった。しかし硫酸塩（SO_4）、硝酸塩（NO_3）、炭酸塩（CO_3）、リン酸塩（PO_4）など、電子が不足している原子がそれを埋めていた。

生命が出現する前、酸化還元反応は比較的ゆっくりしたペースで進んでいた。しかし最初の微生物はより速く電子を交換するようになった。多くの場所（海岸線、地表近くに存在する水、海底の堆積物）で、生きた細胞がそのような反応を媒介するようになった。微生物の世界は岩石の反応速度を上げることで生きる糧を得て、その結果生じたエネルギーを使って成長、繁殖した。地球ではたしかに最初から酸化鉄がつくられていたが、微生物が発生したことで、その生成のスピードが速くなった。その間に生命が生じ、非常にゆっくりとではあるが、地球の表面の環境が変わった。微生物は冥王代と始生代の海に還元鉄という形で溶けていた豊富なエネルギーを活用していた。微生物は鉄を酸化させて赤鉄鉱をつくったのだ。その化学変化によって生態系全体を養うだけのエネルギーが放出された。オーストラリア、南米、その他の土地で見られる始生代の大規模な縞状鉄鉱層は、何千万年も続いた壮大な微生物の活動が残したものなのかもしれない。そしてそこから岩石圏と生物圏の驚異的な共進化が始まった。

自然選択による進化は、これらすべてのプロセスを今でも推し進めている。食糧源としての鉄をより効率的に使う。極限状況に耐える。新しい酸化還元反応を活用できる。そのような能力を身につければ、微生物にとって大きな利点であり、種の存続が確実なものになる。その結果、突然変異によって生じた微生物が、生物のいない環境より効率的にエネルギー生産反応を促す新しい触媒を生み出した。その結果としてあちらこちらに石灰岩の小さな土手や、酸化鉄の沈殿が現れ、地表近くの炭素、硫黄、窒素、リンが多く作られるようになった。とは言っても、これらのごく初期の生命体は、それ以前の生物のいない世界ですでに始まっていた（ただし反応のスピードは遅かった）化学反応以上のことはほとんどしていない。

光

生命発生の研究者のほとんどが、初期の生命体は岩石の化学エネルギーのみに頼っていたと考えている。たしかにそれは大量に存在していたが、生命体が生存できる場所にあるものは限られていた。ある時点で一部の微生物が、棲んでいる環境に固有の化学反応の媒介者としての役割を超えた。それらは放射される太陽熱を集めることを覚え、地表に棲む誰にとっても、どこでも安く大量に手に入るエネルギー源となった。

最も基本的な形の光合成は、日光を利用して二酸化炭素、窒素、水など、どこにでもある材料から生物分子をつくるという作業だ。化学的な原料が揃えば、生命に必要な基礎材料すべて（アミノ酸、糖、脂質、そしてＤＮＡやＲＮＡの成分）、大気と太陽放射からつくることができる。現代の緑藻類と違って、光合成を行った最初の微生物は酸素を生み出さなかった。それらについて知るための手段はあるだろうか？　そのような微生物には化石として残るような硬い部分がないし、漂流する藻類のマットが明らかに岩石の記録を変えることもない。しかし古代の光を好む微生物についての証拠を少しずつ引き出す方法があるかもしれない。光合成を行う細胞は、ある程度ホパンに頼っている。これは五個の連結した炭素の環（最近、スポーツニュースでよくとりあげるステロイドに密接に関わっている配置）を持つ特徴的な分子だ。微生物が死んで腐敗したあとでも、その存在を証明するホパンは、分子の残留物として粒子の細かい海の堆積物の中で、何十億年も生き残る。このようなホパンを岩の塊から取り出して分析するには、細心の化学処理が求められる。仮説を立てるときは、不純物の混入（昔のものと最近のものと両方）に最大限の注意を払わなくてはならない。古生物学会は、数十億年前の分子を発見したという報告に、直接的な懐疑の目を向けないまでも慎重な態度を示す。しかしそこに化学的な痕跡が見つかり、いまだよくわかっていない古代生物圏を垣間見るための最高の窓を提供してくれるかもしれないのだ（これについては第7章でさらに掘り下げる）。

地球が生まれて一〇億年がたつころには、生命体は地表に、小さいがしっかりした足場を築いていた。さらに一〇億年の間に、地球の微生物は酸化還元反応のスピードを上げ、次に光合成を通して、地表へゆっくりと近づいていく。私たちが知る限り、地球誕生から二〇億年がたっても、地表あるいはその近くで、生命体が存在したために鉱物に何かの影響が生じたという現象は見られなかった。細胞はただ、生命が生まれていなかった場合よりも多くの酸化鉄、石灰岩、硫酸塩、リン酸塩を生み出した。鉄の豊富な鉱物の層状堆積物が深い海にでき、海岸に近い浅瀬に、岩のような盛り上がりがつくられた。そのような現象は生命の始まりから地球や、太陽系の他の惑星や衛星でも起こっていた。

しかし地球とそこにいた原始微生物の個体群は、地球史上最もドラマチックな転換を迎えようとしていた。次の一五億年で、光合成を行う微生物が、新しい化学的な技術をおぼえる。それは反応しやすく腐食性の高い気体、酸素を吐きだすことだ。

第7章

赤い地球

光合成と大酸化イベント

地球の年齢

10億〜27億年

現在の地球から見ると、生命体が地球の地表近くの環境を永遠に変えてしまったのは明白だ。とくに目立つのは海洋と大気だが、岩石と鉱物も同じように変えられている。最初の生きた細胞の誕生から、そのような変化が始まるまで一〇億年以上かかったはずだ。その時期には新しい微生物の種が、どこかの沿岸部で茶色や紫色の藻のような物質をつくっていたかもしれない。赤道付近の海岸や生き物がいる浅い池には、ところどころ緑色の粘液が固まっていたかもしれない。このころには一部の細胞が太陽の放射エネルギーを利用する新しい方法を使い始めていたのだ。しかし陸地は相変わらず不毛だった。景色といえば岩ばかりで植物もなかったし、植物を食べる動物もいなかった。酸素も少なかったので、もしこの世界に人間が放り込まれたら、苦悶にあえぎながら死んでし

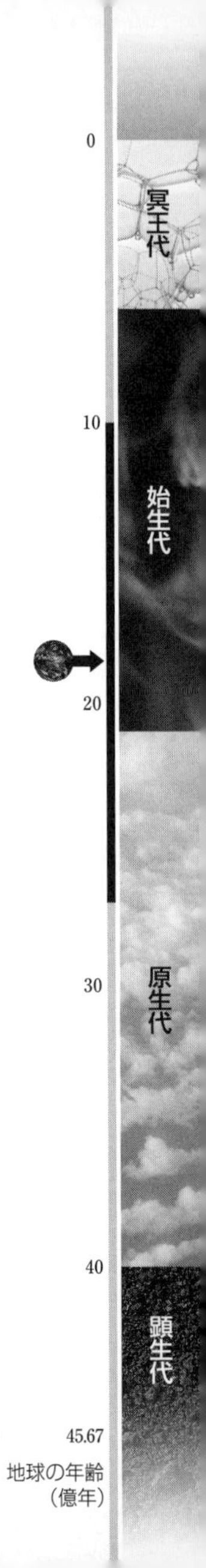

まっただろう。

地表が殺風景な灰色からレンガのような赤色に変わったのは、酸素を生成する光合成の結果、酸素を含む大気が出現したためである。ねばねばした緑藻類が進化して、いつ、どのようにして、この〝大酸化イベント〟と呼ばれる大転換の引き金を引いたのか、証明するのは難しい。できるだけ正確な予想をするには、岩石に記録されているわずかな変化を読み取ることだ。それによると、光合成の始まりは地球誕生から約二〇億年後、今からおよそ二五億年前であると示唆される。その後はものごとが比較的すばやく進んだ。二二億年ほど前には、大気中の酸素濃度がゼロから、現代のレベルの一パーセントまで上昇し、それが地球の表面を変え続けてきた。

地球で酸素がどのようにして生じたかについては、最近になってようやく注目が集まり始めたばかりだ。思いがけない新しい手がかりが見つかり、有望な証拠さがしに熱が入っている。この大昔の大気を研究する分野では、ここ五〇年の間に多くの対立する仮説、ときには正反対の理論が生まれた。しかし科学的手法によって、不適切なものや誤ったものは選り分けられてきた。まだ全体像が解明されたわけではないが、私たちは以前よりはるかに真実に近づいていて、そこから浮かび上がりつつある姿は、息をのむほどのものだ。

岩石の証言

大酸化イベントの証拠は、ある期間に生成された岩石や鉱物から得られた観察データによってもたらされている。その期間はだいたい三五億年前から二〇億年前だ。誕生して二五億年以上たっている岩石に含まれる鉱物は、だいたい酸素との反応（すなわち酸化）ですぐに壊れてしまう。つまりそれ以前は酸素がない環境だったことがうかがえる。黄鉄鉱と、閃ウラン鉱（最も一般的なウラン鉱物）の、風化していない丸い小石が大昔の河床で発見された——現在の酸素が豊富な環境では、これらの鉱物はあっという間に腐食して壊れてしまう。そのような古い砂の層には、はっきりした化学的証拠もある。セリウムのような元素が酸化されないまま成分として含まれている一方、現在の土壌と比べ鉄のような他の元素が不足しているのだ。こうした化学成分の偏りもまた、当時の大気に酸素がなかったことを示す証拠である。

対照的に、形成から二五億年未満の岩石には、はっきりとした酸素の痕跡が見られる。二五億年前から一八億年前に、縞状鉄鉱層と呼ばれる酸化鉄の大規模な堆積層が形成された。黒い層と錆のように赤い層が交互に堆積したこの独特の地層は、世界の鉄鉱石埋蔵量の九〇パーセントを占める。また酸化マンガンの厚い層も突如として現れた。それらは今でも主要なマンガン鉱床である。他の何百種類もの新しい鉱物（銅、ニッケル、ウランなどの酸化鉱）が、大酸化イベント後に形成された岩石に見られる。しかしそれだけ鉱物が増えても、大酸化イベントが本当に〝大事件〟だったとは認めない科学者もいた。「大気中の酸素はおそらくゆっくり着々と増加したはずだ。数少ない浸食された岩石の記録だけでは資料として不完全で、判断を誤らせる」と。

大酸化イベントの決定的証拠は思いがけないところで見つかった。一般的な元素である硫黄の同位体に関する、最近のデータである。一九九〇年代、同位体研究には不可欠の分析機器である、質量分析計の分解能と精度が飛躍的に向上した。新世代の質量分析計の出現で、顕微鏡でしか見えないほど小さな鉱物粒子や生きた細胞まで、より小さなものを、より高い精度で分析できるようになった。硫黄は生命に不可欠な元素の一つで、自然界に四つの同位体（硫黄32、33、34、36）があり、研究対象として興味をそそる。これらの同位体すべてが、硫黄の必要条件である一六個の陽子を持つが、中性子の数には一六個から二〇個と幅がある。

硫黄の同位体比は、通常、質量ベースで予測できる。原子はすべて小刻みに揺れているが、質量が小さい同位体のほうが、揺れが大きくなる。その結果、どんな化学反応においても、軽い同位体のほうが重いものより移動しやすい。岩石中であれ細胞中であれ、硫黄原子の集まりに化学反応が起きるときにはいつでも、同位体分別というこのプロセスが起こっている。硫黄の場合は一般的に、質量32の同位体のほうが、質量34や36の同位体より多く分別される。さらに分別係数は同位体の質量比に直接、関連している。硫黄36と32の分別係数は、ほぼ常に34と32の二倍である。これはニュートンの法則に従っている。力は質量と加速度の積に等しい。質量が小さければ加速度は大きくなるので、ある一定の力の下では、硫黄32は硫黄34より、34は36より動きが激しい。

二〇〇〇年代のはじめ、景色のよい海辺にあるカリフォルニア大学サンディエゴ校で研究を行っていた地球化学者のジェームズ・ファークワーは、二四億年以上前に形成された岩石に含まれる硫黄同位体比の、思いがけなく大きな違いに気づいた。もっと最近に形成された岩石や鉱物では、硫黄の同位体比は、ほぼ質量比だけで決まり、常に質量依存性を示す。しかしファークワーらは、形成されてから二四億年以上たった岩石の多くで、硫黄同位体の分別が著しく違っていることを発見した。ある標本では、〇・五パーセント前後（この場合はとても大きな数値だ）もの違いがあった。一分の隙もないニュートンの運動の法則からそれだけ大きく逸脱する、質量非依存性を示すのはなぜなのだろうか？

実験による証明を支えとする理論家たちがすぐに、量子力学的な解決案を示した。紫外線の影響下では、同位体の挙動がニュートンの法則からはずれることがある。質量数が奇数の同位体（硫黄33のような）だけが、紫外線放射（ＵＶ）の影響を受けることがあるとわかったのだ。二酸化硫黄や硫化水素の分子がたまたま硫黄33を取り込んで、その分子が紫外線と遭遇したら（高い高度の大気中などで）、すぐに反応するかもしれない。このとき硫黄33は〝質量非依存性の分別〟を経験していて、それが同位体比をゆがませてしまう。

しかし二四億年前の地球で、なぜそんな突然の変化が起こったのだろう？　その答えはＵＶを吸収するオゾンの性質にある。オゾンは三個の酸素原子からなる分子で、二〇年このかたニュースで多くとりあげられた。現在、大気上部のオゾン層が太陽からの有害な紫外線を防ぐ役割を果たしているが、過去二〇年以上にわたって行われた測定で、オゾン層が破壊されつつあることがわかった。その原因はクロロフルオロカーボン（ＣＦＣ）という人工の化学物質と反応したためである可能性が高い。クーラーなどに使われていた冷媒のフロンは、ＣＦＣの最もよく知られた例である。オゾン濃度が低くなった〝オゾンホール〟は発癌性のある紫外線を通し、その結果地表に届く紫外線量が増える。ＣＦＣ製造が世界的に禁止されたことでオゾン層が急速に回復しているのはよいニュースである。

気体酸素と日光を遮るオゾン層が出現する前には、大気の上層部にあった硫黄化合物は、たえず紫外線にさらされていた。そんな厳しい環境で、硫黄33を含む化合物で質量非依存性の分別が起きた。大酸化イベントののち、オゾン層が形成されて太陽からの紫外線をほとんど吸収したため、この同位体効果はなくなった。

世界中の研究室が、ファークワーの発見を証明し、さらに詳しく研究して、今では地球科学者の大半が、大酸化イベントが実際にあったと認めている。オゾン層以外に紫外線を遮るものが見つからない限り、硫黄同位体のデータから、大酸化イベントが約二四億年前に始まったということになる。

酸素をつくる

では酸素はどこから生じたのだろうか? そう、光合成だ。これは植物の優れた能力で、水、二酸化炭素、日光を利用して生体の組織をつくる一方で、副産物として酸素を生み出す。地球が生物の棲める場所になったのには、植物が中心的な役割を果たしたことを、私たちは当たり前のように受け入れているが、光合成の発見は科学界における大いなる進歩の一つだった。そして他の重大発見と同じように、この発見も少しずつなされたものだ。

最初は水の役割の発見だった。植物の成長の細かいメカニズムは、一七世紀にはよくわかっていなかった。植物の体はミネラルが豊富に含まれる土から生じ、植物が成長するときそれが消費されると考えられていた。一六四〇年代にフランドルの物理学者ヤン・バプティスタ・ファン・ヘルモント(一五七九〜一六四四)が、簡単な実験でこの仮説を検証した。以下は彼自身の言葉による記録である。

私は陶製の容器に、炉で乾かした二〇〇ポンド(九〇キログラム)の土を入れ、それを雨水で湿らせて、柳の幹を植えた。その重さは五ポンド(二・二三キログラム)だった。それから五年がたち、そこで育った木は一六九ポンド三オンス(七六・七キログラム)になった。その間、私は必要なときはいつでも雨水か蒸留水をやっていた……最後に中に入っていた土を乾かして重さを量ると二〇〇ポンド（九〇キログラム）に二オンス（五六・七グラム）足りないくらいだった。つまり約一六四ポンド（七四・三キログラム）の幹、枝、根は、水だけから生じたということだ。

ファン・ヘルモントの発見は大きな進歩だが、水はこのテーマのごく一部にすぎない（今の私たちはそれを知っている）。

一〇〇年後、イギリスの聖職者で博物学者のスティーヴン・ヘイルズが初めて、植物の成長は水だけでなく、空気の成分にも因っていることを提言した。その成分とは大気中にわずかに含まれる二酸化炭素である。現在では、土壌中の水と空気中の二酸化炭素の両方が、光合成を行う生命体の主成分であるとわかっている（大気中の二酸化炭素の存在に気づいたのはファン・ヘルモントだが、皮肉にもそれが植物の成長に中心的な役割を果たしているとは気づかなかった）。

そうはいっても日光の役割は謎のままで、詳しいことがわかるまでさらに三〇〇年かかった。その道を開いたのが核物理学だ。サイクロトロンという新世代の加速器の出現により、放射性同位体である炭素11の安定的な供給が初めて可能になった。炭素11は生体反応を調べるのに使われる。一九三〇年代後半、カリフォルニア大学バークリー校のサミュエル・ルーベンとマーティン・ケイメンが、植物を炭素11の〝標識〟がついた二酸化炭素中で生育させた。こうすることで、放射能を利用して植物の組織に入り込んだ二酸化炭素を追跡できるが、炭素11の半減期が約二〇分と短いために、作業は非常に難しかった。

一九四〇年、ルーベンとケイメンは、炭素14をつくりだす方法を発見した。これは半減期が五七三〇年と長く、標識用の同位体としては炭素11よりはるかに適している。その発見が生物物理学を根本から変え、植物がどのように水、二酸化炭素、日光を利用しているのかについての理解が急速に高まった。簡単に言ってしまうと、ルビスコという便利なたんぱく質――シアノバクテリアなどに見られ、三〇億年以上前から存在していたと考えられている――が、二酸化炭素と水を凝集させ、太陽エネルギーを吸収して、それらを組み立てて生物の材料をつくるのだ。光合成の反応では、藻類などの植物は六個の二酸化炭素分子と、六個の水分子を消費して、六個の酸素分子と、副産物として一個のブドウ糖分子をつくる。この反応は、(鉄が錆びるような)酸化還元反応の一例である。この場合、二酸化炭素の炭素原子が電子をもらって還元し、水や他の電子を与える原子が酸化する。光合成では、日光はエネルギーを増やして電子の移動をあと押しする。

化学反応をまとめると、二酸化炭素と水(あるいは電子を提供できる化学物質)で、糖と他の生物分子ができるということなので、簡単に思えるかもしれないが、光合成は非常に複雑で、今でもすべてが解明されたわけではない。一つには、微生物が日光や他の源からエネルギーを集めるのに、多くの異なった方法を見つけたことがあげられる。今日、酸素を生み出す藻類など植物のほとんどが、鮮やかな緑の色素クロロフィル(葉緑素)を使って、赤と紫の波長の光を吸収する。しかし地球の歴史を通して、さまざまな種類の細胞が、酸素をまったくつくらないタイプの光合成を行っている。光を吸収するクロロフィルに代わる色素が進化して、紅藻類、褐藻類、紅色細菌、きわだって美しい珪藻《けいそう》や地衣類を、さまざまな色で彩っている。とくに独創的な微生物は、光合成反応のエネルギーとして赤外線放射（人間の目には見えないが、素肌は熱エネルギーとして感じる）を利用している。

複雑な光合成の始まりを研究テーマにしているのが、セントルイスにあるワシントン大学で生物学科長と化学科長を兼任していた生物化学者、ロバート・ブランケンシップだ。彼は協力者とともに（以前の同僚であるアリゾナ州立大学の宇宙生物学研究チームも含め）、初期の生物の痕跡を、地球と他の世界との両方で探している。彼らが目指すのは、多くの異なった種類（色）の微生物（紫色、褐色、黄色、緑色）のさまざまな光合成経路を詳しく調べ、ゲノムの類似点と違いを吟味することだ。込み入った光合成器官をさまざまな面から調べてデータを取る。光合成で使われる色素の性質、電子を一つの分子から別の分子に移す〝反応中心たんぱく質〟の正確な分子配列、移動した電子を利用して細胞の基礎材料をつくる多くの方法、そして無数の〝アンテナ・システム〟の構造まで（細胞には小さな集光アンテナとして働く、進化した分子の塊がある）。

ブランケンシップは生命体が驚くほど多様な光合成の戦略を生み出していることに気づいた。生命体は手近にあるどんなエネルギー源も利用しているようだ。微生物は成長や複製のために、光を集める新しい方法を何度も生み出している。少なくとも五つの違った経路があり、それらは地球の進化の歴史上、はるか昔までさかのぼる。その歴史の詳細はよくわかっていないが、エネルギーを集めるための化学反応で、最も古い原始的なメカニズムは三五億年以上前にすでに存在していたが、酸素を生み出すことはなかったはずだ。それら初期の細胞の子孫は今でも残っていて、もともと生物は嫌気性で、酸素を必要としないどころか、耐性すらなかったことを実証している。

ブランケンシップらの研究は幅広く多様な化学的戦略を明らかにしただけでなく、微生物が集光機能のための遺伝子を混ぜたり交換したりする性質や、ライバルの光合成の方法を、企業秘密を盗むように、取り込んでいく性質を指摘している。現在、ほぼすべての植物が用いている光合成システムは、二つの原始的なシステムを組み合わせたもののように見える(つまらない命名だが、ここでは光合成1と光合成2としておこう)。その結果、現代に生きる生物は、複雑な光合成反応を合わせて、地球に生命体が生まれた直後の段階よりも、はるかに効率的に日光を集めて利用することができるようになった。

さらに多くの酸素

光合成がなくても、水素分子がゆっくりと宇宙へ拡散して、地球の表面は長い時間をかけて酸化していただろう。大気の上層部では水(H_2O)の分子が紫外線放射や宇宙線の破壊的な力にさらされ、水素と酸素に分かれてしまうこともある。ばらばらになった原子は再構築されて他の分子となる。主に水素（H_2）と酸素（O_2）、そしてわずかなオゾン（O_3）だ。そこで生じた水素は、はるかに重い酸素やオゾンと違い、すばやく動いて地球の重力を逃れ、宇宙へと飛び出すことができる。地球が始まったときからずっと、水素がこのような形で失われていき、そのあとに余った酸素が少しずつ蓄積されている。現在でもこのプロセスは続き、オリンピックサイズのプール二〜三杯分の水に含まれるのと同じ量の水素が、毎年、宇宙へ逃げ出している。地球より小さく、重力もはるかに小さい火星では、これと同じプロセスで大量の水が発散されている。四五億年以上、火星の地表近くにある水素は、このようにして宇宙へと出て行き、鉄鉱物は錆びて現在のような赤い色になった。たとえそうでも、大気が薄い火星に存在する酸素の総量はごくわずかだ。すべてを地表に凝縮させたとしたら、そこにできる液体酸素の層の厚さは二五マイクロメートル（一〇〇〇分の二五ミリメートル）程度にしかならないだろう。

水素の喪失によって必然的に酸素がつくられて、地球の表面も数十億年にわたり錆びたように赤くなっていた可能性はあるが、初期の地球環境では、あまり大きな影響はなかったはずだ。とくに極端な推定でも、大酸化イベント以前、大気分子一兆個につき、酸素分子は一個未満だったとしている（現在では五個に一個が酸素分子だ）。そんなわずかな酸素分子は、生まれてすぐに他の原子と結びついてしまっただろう。地表の海や陸には、酸化しやすい鉄原子が大量に存在しているのだから。たとえ地球に生命が生じることなく、大陸の古く安定した部分で赤く腐食した部分ができたとしても、それは表面だけのことで終わっただろう。

光合成が行われるようになる以前でも、生命体がわずかな酸素の生産に関わっていたかもしれない。事実、細胞が周囲の環境から酸素をつくる方法は、少なくとも四つある。現在では光合成が主だが、昔は他の生化学的な方法がそれなりの役割を果たしていた可能性がある。

生命体はまわりの環境から、できる限りの方法でエネルギーを取り出す。エネルギーを獲得して酸素を放出する最も簡単な方法は、最初から酸素をたくさん持っていて反応しやすい分子から始めることだ。そのため多くの微生物が過酸化物（大気の上層部の反応でつくられた過酸化水素（H_2O_2））の分子を利用して、酸素（O_2）とエネルギーをつくっている。それでも大気中に酸素が現れる以前、そのような分子はわずかしか存在していなかっただろうし、微生物のメカニズムが地球の初期環境を変えるのに、大きな役割を果たしたとは考えにくい。

オランダの微生物学者のチームが最近、もっと説得力のある酸素生成のシナリオを報告している。彼らは酸化窒素（NO_X）を分解してエネルギーを獲得している珍しい微生物を発見した。地球誕生から間もないころ、気体状の窒素が鉱物と反応して（たとえば雷をともなう嵐のときなどに）、少量の酸化窒素がつくられていた。現在では窒素が大量に含まれた肥料が広く使われているために、多くの湖、河川、入り江が酸化窒素で汚染され、微生物が増える。新たに発見された微生物は酸化窒素を窒素と酸素に分解し、酸素を使って天然ガスやメタンを〝燃やして〟、エネルギーを得る。そんな巧妙な戦略は、火星のような窒素が多く酸素が不足している環境では、とくに有益かもしれない。

化石の証拠

酸素をつくるメカニズムの中で、最も優れているのは光合成であることに異論はないだろう。しかし光合成と酸素の生成は、どのようにして始まったのだろうか？　大昔の遺物の断片を詳しく調べ、過去の生物と現在の生物のつながりを見るのは、古生物学者の仕事だ。彼らが二〇億年以上前の地球に酸素が存在していた証拠を、まっさきに見つけたのも不思議ではない。昔の光合成を調べるのに、化石ハンターたちがまず目を向けたのが地球最古の岩石だ。

光合成を行っていた細胞の化石は、存在したとしてもごくわずかだ。その貴重な微生物の化石は、土に埋もれ、熱せられ、押しつぶされ、化学変化を起こしながら、数十億年の間、情報を保持し続けた。今残っているものは焦げたりつぶれたりしていて、生物学的に説明するためには、豊かな想像力を必要とする。微生物の化石は小さな黒いしみが散っているようにしか見えないことが多いため、二〇億年以上前の微生物の化石を報告すると、懐疑の目を向けられるのもしかたないところだ。

過去四〇年、古生物学の厳格な基準を守ろうとしてきた一人が、カリフォルニア大学ロサンゼルス校の古生物学教授、J・ウィリアム・ショップである。大昔の微生物の化石研究に基づき、彼は生命の存在を確認するのに必要かつじゅうぶんな性質についてのチェックリストを作成した。最初により近い時代の、保存状態がよくて疑問の余地の少ない試料を中心に調べ、誰もが納得できる形で古い化石の記録をさかのぼり、三〇億年以上前の始生代まで行きついた。

ショップの定めた基準は単純で筋が通っていた。微生物の化石は、その微生物が棲息可能と思われる環境で、それに合った時代の堆積層で見つかったものであること。大きさと形が統一されていること。古い岩石の多くで見られるような、決まった形のない黒いしみや縞模様ではなく、一貫して球体、棒形、鎖形などだ。ショップと彼の教え子たちはまた、統計を用いて観察にはつきものの主観性を排し、地球最古の堆積岩を調査した。

この微生物の化石の基本的性質を量的に評価したリストは、とても役に立った。新しい化石を発見したとき反論の余地のない説明ができたし、ライバル研究者たちが疑わしい主張をしたときには、自信を持って疑問を投げかけることができた。彼の最も有名な異議申し立ては、一九九六年にNASAの科学者が、火星からの隕石に微生物の遺骸が含まれていると発表したときのものだ。その年の八月にNASAが主催した大げさな記者会見で、ショップはただ一人、意見を異にした。

軽侮の念をとくに隠そうともせず、彼はその火星の〝化石〟は小さすぎるうえ、化学的、鉱物学的証拠もないし、不適切と思われる岩石の中にあったと指摘した（ショップの説得力ある議論にかかわらずクリントン大統領はその発見を称賛し、それがきっかけで宇宙生物学へのNASAの助成金が急増した可能性がある。その資金によって私たちのような生命発生の研究者の多くが恩恵を受けた。ショップもその一人だ）。

皮肉にもその後すぐ、ショップも一九九三年初頭に発表した主張に対して、容赦のない批判を受けた。彼は地球最古の微生物の化石が、およそ三五億年前に形成されたオーストラリア北西部の岩石、エイペクス・チャートの中で発見されたと発表したのだ。細長い黒い線が細胞のような節で区切られている写真は、じゅうぶん納得がいくものに見えた。この発見は有名な『サイエンス』誌に掲載され、化石の写真とそれを補足する（〝見るための助け〟として）手書きの線の絵が、シアノバクテリア（外見がよく似た、光合成を行う現代の微生物）の写真と並べられた。ショップはその化石はおそらく酸素をつくっていたとまで主張した。数年のうちに、その中でとくに説得力を持つ写真が、最もよく目にする古生物学のイメージ写真の一枚になっていた。数多くの教科書にとりあげられ、〝最古の化石〟というキャプションと、たいていはその微生物が光合成を行ったという主張が添えられていた。

並はずれた主張をしようとするときは、それに見合う証拠を出すのが科学界のルールだ。そして並はずれた主張は、たいてい並はずれた精査を受ける。ショップの化石の標本はすべて、慎重にデータを取って、ロンドンの大英博物館で保管されている。透けるほど薄く切られた断片が、ガラスのスライドに載せられている。二〇〇〇年、オックスフォード大学の古生物学者マーティン・ブレイジャーがエイペクス・チャートで採取された標本の再調査を始め、まったく違う結論に達した。

ショップが用いたエイペクス・チャートの〝薄片〟は、微生物のサイズと比べると厚かった。ブレイジャーと同僚たちは、ショップが発表した写真に写っていた微小な物体をようやく特定することができた。そしてその写真の多くが、とても紛らわしいものであることに気づいた。今では古典となっているショップの写真はどれも、顕微鏡の単一焦点面における像を写しとっている。つまり立体的な黒い物体を薄い二次元の切片で見たものだ。ブレイジャーらは新しい写真テクニックを使い、その画像の三次元モンタージュをつくった。顕微鏡の焦点を、ショップの写真の正確な深さに合わせると、エイペクスの〝化石〟の画像が再現される。しかし焦点をわずかに上げる、あるいは下げると、最初はそれらしく見えた細長い微生物の細胞が、波打つ髪や、まばらに散った塊のように見えてくる。それらは折れ曲がっていたり、枝分かれしていたり、くねったりしている。ブレイジャーの観察によると、「微生物の鎖」は、複雑な三次元構造の、たまたま選ばれた切断面に現れた紛らわしいもので、もともとの構造は生物とは似ても似つかない。ブレイジャーらのこの主張は、二〇〇二年三月七日付の『ネイチャー』に「地球最古の化石の証拠に対する疑問」として発表された。

ショップは「地球最古の化石のレーザー＝ラマン分光分析像」という記事を、同じ号で発表して応戦した。ショップらはエイペクス・チャートの炭素を多く含む塊を新たに分析し、同位体組成と原子構造が生命体と一致していることを示した。彼は堂々と「最古の化石」と言い続けたが、その微生物が光合成を行っていたという主張は控えた。それでもショップの主張への疑念の芽は摘まれることなく、初期生命体の証拠発見のハードルは高くなった。

（最近、マーティン・ブレイジャーとオーストラリアの共同研究者たちが、〝最古の化石〟を発見したと主張している。微生物の遺骸で、三四億年前に形成されたストレリー・プールで発見された。いまだ論争中のショップの化石が発見されたところからは、わずか三〇キロメートルしか離れていない。この発見で議論に終止符が打たれると考える研究者はほとんどいない。）

最小の化石

微生物のコロニーが死滅したら何が起きるだろうか。ほぼ例外なく、生きた細胞をつくっていた化学物質は壊れてばらばらになる。大きな生物分子は小さな分子、大半は水と二酸化炭素となる。他の微生物がおいしいところだけを食べ、消化できない分子は海中で溶解するか、空中に蒸発する、あるいは岩石に閉じ込められる。たいてい数年後には何も残っていない。そのようなもろい分子の異物にとって、時間はやさしくないのだ。

ふつうでない状況、たとえば死んだ細胞がすぐ土に埋もれて、腐食性の酸素が周囲になかったり、遺骸を含む岩石がそれほど熱くならなかったりすると、かなりの数の頑丈な生物分子が壊れずに残る可能性がある。ただし形は相当変わる。最も残りそうなのは、最高二〇個の炭素原子がつながった土台を持つものだ。その形は単純な長い鎖（いくつかの炭素原子が横に飛び出している）の場合もあれば、オリンピックのロゴのように、いくつかの環がつながったものもある。こうした特徴的な生命の断片は、超小型の骸骨と言える。それらはより大きな分子の集まりだったものが解体し、復元力のある骨格部分以外、はぎ取られてしまった残りだ。

そのような分子の骸骨を大昔の堆積岩で見つけ、それが近くのもっと若い地層から混入したものの、最近の死んだ細胞（地表下にいる現代の微生物や、あなたの親指の皮）でないことが確実になってようやく、化学化石――かつて生きていた微生物の実際の原子――を発見したと主張できる。ショップが発見したエイペックス・チャートの黒いしみに、大きな関心が集まったのはそのためだ。

現代の分子古生物学者の多くは、おもしろい二重生活をおくっている。一方で野外地質学者並みの厳しい生活に耐え、過酷な土地を何キロメートルも歩き回り、遠く離れた露頭や灼熱の砂漠、凍ったツンドラ、高い山から、何百キログラムも石を運び出す。毎年、いくつかの少人数のチームが、新しい標本を求めて西オーストラリア、南アフリカ、グリーンランド、中央カナダなどへ旅立つ。また天候や植物の影響を受けていない大昔の岩石のボーリングコアを確保しようと、掘削装置による作業に精出す研究者もいる。そのような遠征は常に苦労と危険に満ち、窮乏状態が続く。

このような刺激的な生活とはっきりとした対照をなすのが、このうえなく清浄な実験室で何ヵ月もかけて行われる単調な分析作業に取り組む生活だ。そこではかすかな息づかいや指紋が、三〇億年前の貴重な岩石標本を、取り返しがつかないほど汚してしまうことがある。岩石から分子を抽出するには、時間と忍耐力と、きめ細かな注意、高度な分析機器が必要なのだ。この二一世紀の技術を実践している第一人者が、オーストラリア人の古生物学者、ロジャー・サモンズだ。彼はＭＩＴの地球・惑星科学科で仕事を始め、今は地球最古の岩石を研究する分子化石ハンターたちが集まるサモンズ研究室を率いている。

以前、サモンズがオーストラリア国立大学で働いてきたとき、彼が率いていたグループが一気に注目を浴びた。西オーストラリアの二七億年前にできたピルバラ・クラトンの堆積物を調査中のことだ。サモンズらは珍しいボーリングコアを入手していた。長さ約七〇〇メートルで、黒い炭素を多く含む頁岩の層があった。この種の堆積岩では分子化石が見つかる可能性がある。ピルバラの岩石がとくに関心を呼ぶのは、基本的に熱による変質や地表の生物や地下水の汚染を受けていないからだ。

そのオーストラリアの研究者たちはホパンを集中的に調べた。第6章で言及した美しい化学構造を持つ頑丈な生物分子だ。ホパンは細胞膜を安定させるのに重要な役割を果たしていて、生きた細胞以外ではめったに存在しないため、分子の生物マーカーとしては最も適していると考えられる。ホパンは四つの六角形（それぞれ六個の炭素原子を持つ）と、一番端に五角形（炭素原子五個）の環がつながった特有の主鎖がある。環はそれぞれ隣の環と二個の炭素原子を共有しているので、主鎖の炭素原子は合計で二一個だ。

サモンズのオーストラリアでの研究成果は、一九九九年八月に二本の論文で発表された。一つは博士課程の教え子であるヨッヒェン・ブロックスを筆頭著者として、『サイエンス』に発表されたもので、二七億年前のピルバラの岩石にホパンが発見されたことを報告している。それが事実なら、それまでの記録を一〇億年以上更新する最も古い分子化石ということになる。ホパンの発見で大昔の生態系について多くのことが明らかになる可能性がある。生物種によって、余分な炭素原子が環のまわりのさまざまな場所についた違う種類のホパンを用いているからだ。ブロックスらはピルバラのホパンは、真核生物（中にDNAを格納した核を持つ細胞）と呼ばれる進歩した細胞の特徴だと提言した。これが発表された当時、最も古い真核生物の細胞として知られていた化石はたった一〇億年前のものだった。ところが約二〇億年以上前に存在していたと考えられていた種類の原始微生物には核がなかったので、彼らの説明は不信とは言わないまでも、驚きをもって迎えられた。その発見が本当なら、考えられるのは二つだけだ。真核生物はそれまで考えられていたよりも、はるかに早い時代に出現していた（そして生物の進化もそれに合わせて加速した）。そうでなければ、ホパンは真核生物よりずっと早く進化していた。どちらにしても、生物の歴史に関する理解を見直さなければならない。

二つ目の記事はサモンズを筆頭著者として『ネイチャー』に発表されたもので、第一の論文と同じくらい驚くべき主張がなされている。西オーストラリアのマクレイ山（標高一〇一四メートル）で採取された約二五億年前の黒色頁岩に、余分な炭素が最初の環の横に付いたさまざまな形のホパン分子が含まれていたというのだ。このような2-メチルホパノイド分子で知られていたのは、光合成を行うシアノバクテリアに由来するものだけだった。シアノバクテリアは地球における主要な酸素生産生物である。光合成は二五億年前には、地球でかなり行われていたと、サモンズは結論した。酸素が生まれたのが同じころと考えられるので、年代的にはつじつまが合っているが、保存されていた分子の断片で光合成の始まりを調べることができたという事実によって、古生物学の新しい扉が開かれた。

しかし誰もが納得しているわけではない。ビル・ショップの〝地球最古の化石〟の主張と同じように、ロジャー・サモンズの驚くべきホパンの発見を否定する意見もある。ヨッヒェン・ブロックスも自らの博士課程の研究と、二〇億年以上前の生物マーカーについての他の研究すべてについて重大な疑念を呈している。新しいホパンはどこにでもあると懐疑派は主張する。地下奥深くには、岩石内部に棲息する微生物があふれているので、二〇億年以上たつうちに異物が混入するのは避けられない。ホパンや他の生物分子はたしかにそこに存在するが、いつどのようにしてそこに到達したのかは誰にもわからない。この問題はこれからも注目していくべきだ。このような議論は見ていて楽しいし、たいてい新しい発見へとつながる。

時の渚

古生物学者が見るべき場所は、他にもあるだろうか？　光合成の歴史に関わる化石の記録に存在する多くの手がかりの中で、微生物マットはあまりにも当たり前すぎて見過ごされやすい。現在、世界のどこでも浅い海の沿岸、流れの緩い川の土手など、藻類の糸状体が絡み合って厚い層をつくっているところなら、微生物マットは見られる。丈夫な布製マットのような形をつくることで、湿っていてしかも太陽の日差しが降り注ぐ環境を確保し、同時に水の出入りや波の浸食作用から身を守ることができる。世界に広く分布しているにもかかわらず、古生物学の世界では、ノーラ・ノフキの発見前は、微生物マットの化石はほぼ無視されていた。

ノーラ・ノフキはバージニア州ノーフォークにあるオールド・ドミニオン大学の地質生物学教授であり、古代の微生物マットについての第一人者だ。一〇年以上前から、私は彼女の研究を手伝ってきた。鋭い観察眼、独特の視点、鋼のような決断力を備えた彼女は、自分の野外調査を行う場所として、とくに危険な場所を選んでいる。南アフリカ、西オーストラリア、ナミビア、酷暑の中東、凍るようなグリーンランドなど、遠く離れた苛酷な土地にあえて足を向け、それまで誰も注目しなかった古生物学の貴重な試料を発掘している。大昔にも微生物マットが世界中のとくに古い砂浜の多くで成長していた証拠も見つけている。

微生物マットの化石がそれほど重要な理由は、それが何らかの光合成から生じたもののはずだからだ。ブラック・チャートや黒色頁岩の内部に断片を残している微生物は、日光の届かない、奥深いところに棲息していた可能性もある。三五億年前、浅瀬にできたストロマトライトは、光合成を行う生物を支えていたと考えられているが、あの岩石化したこぶ状の塊は、絶えず波にさらされる苛酷な環境で生き残るために盛り上がっただけかもしれない。しかし微生物マットは光合成をしていたはずだ。日光が必要でなければ、微生物のコロニーがわざわざ浅瀬の、潮の満ち干の影響を受ける危険な場所にいるだろうか？

ノーラ・ノフキの実績の意味を理解するために、他の古い化石について考えてみよう。過去五〇年、地球最古の生物をさがしていた古生物学者は、三種類の造岩鉱物を集中的に調べていた。一つがブラック・チャート。ビル・ショップが最古の化石を発見したと主張して物議をかもしている、三五億年前のエイペクス・チャートがその例だ。ブラック・チャートは一九六〇年代初めに古生物学の世界の注目を集めた。ハーバード大学の古植物学者エルソ・バーグホーンが、ミネソタ州北部からカナダのオンタリオ州西部にまたがる、一九億年前のガンフリント・チャートで、微生物の化石を見つけたのだ。粒子が細かく、ケイ素が多く含まれる岩石の薄い切断面を細かく調べるうちに、大昔の微生物の化石が驚くほど細かいところまで見えていることに気づいた。その一〇年前にガンフリントで、球状の得体のしれない物体を観察した地質学者スタンリー・タイラーとともに、まごうことなき細胞の化石の詳細を記録した。球体、棒状、糸状の生命体の集う微小な生態系だ。中には分裂中のものもある。何十年もの間、より古い化石を発見したという主張がいくつもあったが、間違いなく最古の光合成を行う細胞の化石はガンフリント・チャートにあると、今でも注目している古生物学者もいる。

二つ目の岩石である炭素の多い黒色頁岩（ロジャー・サモンズと同僚たちが調べていた岩石）は、おそらく古い分子化石が最も多く含まれる岩石である。黒色頁岩は深海に泥や有機堆積物が蓄積されたものなので、大昔の微生物の遺骸が埋まっているのは間違いないだろう。その結果、オーストラリア、南アフリカをはじめ、何十億年も前に形成された土地から採取した黒色頁岩の厚い試料は、薄い層ごとに精密な化学分析が行われている。新しく感度のよい分析ツールも出現しているので（単一の分子を検知できるものもある）、いずれ重大な発見がなされるだろう。

化石が多く含まれる三つ目の造岩構造はストロマトライトである。初期生物が沈殿してできた、層状をなすドーム形の岩石だ。通常、ストロマトライトは石灰岩で保護されているが、浅海に現在でも生きているストロマトライトがなければ、それがどのようにしてできたのかわからず、古生物学者は途方に暮れていたかもしれない。現生のストロマトライトの岩礁として最も有名なのは、世界遺産としても登録されている西オーストラリアのシャーク湾だろう。この不思議な層状の構造は、石の表面を微生物がおおい、何層もの鉱物を生み出してできる。ストロマトライトの化石は、世界中の何百もの場所で見つかっていて、中には三〇億年以上前のものもある。

ブラック・チャート、黒色頁岩、ストロマトライト。この世界最古の化石を含む岩石リストに、ノーラ・ノフキが第四の岩を加えた。それが砂岩だ。砂岩がそれまで見過ごされてきたのは不思議ではない。化石はたいてい粒子の細かい岩石、たとえばチャートや頁岩の中で保存される。だからブラック・チャートや頁岩、ストロマトライトに注目が集まる。しかし砂岩は相対的に粗く、鉱物粒子も微生物よりはるかに大きい。それだけでなく、砂岩は潮の満ち干の影響を受ける海岸に集まりやすいため、浸食され、押し流され、散らばって、生命体の痕跡もすぐに消えてしまう。しかしノフキは二〇年かけて、現代の干潟とその豊かな生態系の調査を行い、頑丈で繊維質の微生物マットが、浅い砂浜に独特の構造をつくっていることを発見した。しわの寄ったテーブルクロスのような波状の模様を砂の表面に刻み込むのだ。微生物マットは沈殿している粒子を、厚く弾力性のある藻類の繊維にとらえる。砂浜の波状の模様を変える。そして嵐でちぎれ、独特の形の塊になって、小さなペルシャじゅうたんのように巻き上がる。

露出している砂岩の表面はなめらかか、小さく波打っている場合が多く、明らかに生命を感じさせるものはない。しかしノフキは大昔の岩石で化石化した微生物マットが、独特のしわや割れ目といった特徴を持つのに気づき、わかりにくい特徴も入念に調べるようになった。一九九八年、彼女はモンターニュノワール（フランスアルプス）の、四億八〇〇〇万年前の岩石の表面に、特徴的な波状のテクスチャが見られるのに気づいた。二〇〇〇年、博士課程修了後にハーバード大学に移ってから、ナミビアの五億五〇〇〇万年前の岩石にも同様の模様があるのを指摘し、最古の化石の記録をさらに伸ばした。微生物マットが五億年前に存在していたという事実に、大きなニュースバリューがあったわけではない。微生物マットがそのずっと前から沿岸地帯に存在していたことに、古生物学者の誰もが同意しただろう。しかしノフキ以前、現代のマットのつくりを調べ、昔の岩石に見られる化石と同様の痕跡が保存されていることに気づいた人は誰もいなかった。

二〇〇一年、ノフキが南アフリカとオーストラリアの三〇億年以上前の地層で微生物マットを初めて発見し、その後、同様の発見が相次いだ。三〇億年前といえば、大酸化イベントが起こったと考えられている時代のはるか前だ。微生物マットの化石の特徴は真昼の太陽の下では見つけにくいが、傾きかけた日が低いところから岩石を照らすと、砂岩の表面に寄ったしわがくっきりと浮かび上がってくる。「この模様があちこちで飛び出しているように見えました」。骨の折れるアフリカでの野外調査の最終日の最後の最後に、驚くべき発見をしたときのことを、彼女はそう回想する。

ノーラ・ノフキが初めて私を訪ねてきたのは二〇〇〇年のこと、ハーバード大学の指導者である古生物学者のアンディ・ノルの勧めだった。アンディと私は一九七〇年代に大学院生だったころからの友人だ。しばらくは仕事の関係で違う方向に進んでいたが、ともに宇宙生物学に興味を持ったことで、話をする機会が増えた。ノルはノフキのマットについての主張の根拠が、ほぼ表面的特徴に頼っているために、示唆的ではあっても、推測に想像力が求められる部分があることに気づいていた。微生物マットについて幅広い経験を持たない平均的な古生物学者だと、珍しい波の模様や、岩石の表面にしわが寄っていても、見逃したり無視したりしてしまうかもしれない。そこでノルは主張の根拠を強化するため、独特の模様が刻まれた層に含まれる鉱物、生物分子、同位体の分析データを付け加えるよう助言した。昔の炭素の痕跡や、特徴的な鉱物の濃度を調べれば、とても古いがよくわかっていないマット状の物質の特徴についての決定的証拠となるかもしれない。私はノルの他の教え子とも仕事をしたことがあるので、ここでもお呼びがかかったわけだ。

ノフキが送ってきた最初の標本は、なぜ分析が重要なのかを示す実地演習となった。彼女は三〇億年前の砂堆積物の中に、波形の黒くて薄い層を発見していた。それが本当なら、記録を更新して、当時としては最も古い微生物マットとなる。彼女はその黒い層には炭素が多く含まれることと、生命に不可欠な同位体特性を持つ——重い炭素13の同位体が、平均的な地殻に比べて約三パーセント少ない――ことを確認する必要があった。ノフキはすでに『サイエンス』向けの論文を執筆中で、提出する準備もできており、その確認ができるのを待つばかりだった。石の標本がマサチューセッツ州ケンブリッジ（訳注：ハーバード大学の所在地）から、最優先事項として、宅配便で地球物理学研究所へと急いで送られてきた。時間に余裕はなかった。

幸運にも私の同僚であり、炭素同位体の専門家マリリン・フォーゲルが手を差し伸べてくれた。マリリンは標本を見て、何をすべきか教えてくれた。石を砕いてすりつぶし、細かいパウダー状にする。そのパウダー状の石を数マイクログラムずつ、アルミ箔でつくった小さな容器数個に入れる。標本の重さを量り、アルミホイルの容器をそれぞれBB弾くらいの大きさに丸める。それらの標本と炭素同位体の標準試料を一つずつ炉に入れる。するとそこで炭素を含む化合物はすべて蒸発して二酸化炭素ガスになる。ガスは高感度の質量分析計へと流れ込み、そこで炭素12と13が分離され、それぞれ測定される。数時間もかからずに、はっきりした結果が出た。

ノフキは他の微生物マットと同じ、マイナス二五からマイナス三〇の範囲の数値が出ることを期待していた。ところが出てきたのは想定とはまったく違った結果だった。同位体比はほぼゼロ、生命体とはまったく関わりがないことを示す数値だ。むしろそれは無機炭素の性質を示す。流体のマントルから生じ、細い筋となって沈殿する黒いグラファイトのようなものだ。結論は、ノフキの標本に含まれていた黒い物体に炭素は多く含まれていたが、生物に由来するものではないということだった。

この教訓を念頭に、私たちはノフキがさまざまな土地（南アフリカ、オーストラリア、グリーンランドなど）で集めた、期待できそうな大昔の堆積物に見られる、薄く黒い物質の分析を大急ぎで進めた。ときどき炭素同位体が微生物マットに近いマイナス三〇前後の数値が出るときもあり、また三〇億年以上前、太古の地球の海岸線に微生物が繁殖していたことを示す強力な証拠が他にも見つかった。そして小さな黒いしみや生物分子の痕跡と違って、ノフキの証拠は野外の露頭の規模で見られる。実際に手で持つことができるのだ。

しかし大きな疑問は残ったままだ。マットの微生物は酸素を生産していたのか。あるいは日光をもっと単純な光化学反応に使っていただけなのか。微生物は日光を取り入れる多様な方法を生み出したが、そのどれでも酸素が生産されるわけではない。そのため三〇億年前にそのようなマットをつくった有機物がどのようにして生きる糧を得ていたかという問題は、これからまだしばらく注目を集め続けるだろう。

〝鉱物進化〟

地球の酸素化についての壮大な仮説は広く受け入れられている。二五億年以上前の地球には、基本的に酸素（O_2）はなかった。光合成を行う微生物の出現で、二四億年前から二二億年前の間に大きな変化が積み重なり、大気の酸素濃度は現在のレベルの一パーセント以上にまで増えた。この不可逆的な変化によって、地表付近の環境は大きく変わり、さらに劇的な変化への道を開いた。

前に述べたとおり、どのようにこの変化が起こったかという問題は、多くの科学者にとって中心的なテーマとなっている。最近、私は以前からの同僚であるディミートリ・スヴェルジェンスキーと、やや直感に反する主張を行っている。その主張は、地上に存在する大半の鉱物は、生命体が生じた結果できたというものだ。何百年にもわたり、鉱物の世界は生物の世界とは別に動いていると、誰もが暗黙のうちに考えていた。私たちの新しい〝鉱物進化〟のアプローチは、それとは対照的に岩石圏と生物圏の共進化に重きを置いている。およそ四五〇〇の鉱物種のうち約三分の二は、大酸化イベント以前に形成されたとは考えられない。そして今の鉱物の多様性は、生物がいない世界では生じなかったはずだ。この考え方では、半貴石のターコイズ、紺碧のアジュライト、鮮やかな緑色のマラカイトなどの人気のある鉱物にも、間違いなく生命体由来の徴候がある。

生物がなければ鉱物も存在しなかったと考える理由は、ごく単純だ。これらの美しい鉱物をはじめ何千という他の鉱物は、酸素を多く含む水と前から存在していた鉱物の相互作用が起きる、地殻の浅い部分で形成される。岩石の上部が何百メートルにもわたって地下水によって溶解され、運ばれ、化学的な性質や他の部分を変えたりする。この過程で新たな化学反応が初めて起こり、新しい鉱物を生み出す。スヴェルジェンスキーと私は、このようにして生じたと鉱物をリストアップした。それらは銅、ウラン、鉄、マンガン、ニッケル、水銀、モリブデン他、多くの元素から派生したものだ。酸素ができる前に、そのような鉱物形成の反応が起きたはずはない。

「赤い惑星の火星はどうなのか?」と、同業者たちは尋ねる。あの錆びた赤い色は、火星には酸素があって、地球と同じくらい多様な鉱物がある可能性を示しているのではないか。私たちの答えはノーだ。重大な違いは、火星や他の小さな惑星は、地球に多様な鉱物を生んだ、酸素豊富な地下水のダイナミックな循環を経験していないという点だ。最近のデータが示唆しているように、火星にはいくらかの地下水があるかもしれないが、その水は凍っている。火星が赤いのは、地表近くの水素(つまりほとんどの水)が失われたからにすぎない。水素の喪失によって生じたわずかな酸素の働きで、表面が赤くなった。それは塗料で薄いコーティングをしたようなものだ。酸素は火星の地殻の奥深くまでは侵入できない。

鉱物の過去について私たちが提言している新しい枠組みは、以前の見解の一部に疑いを投げかけている。二〇〇七年の『サイエンス』に掲載された「大酸化イベント以前に酸素の気配?」という挑発的なタイトルの論文で、地球科学者のエアリエル・アンバーと協力者たちは、西オーストラリアのマクレイ山にある二五億年前の黒色頁岩の層に含まれる微量元素を細かく記録した。大昔の海洋の沖合に岩石が沈殿してできた細かな堆積層は単調に見えるが、詳しく調べてみると意外な化学組成が見られた。とくに際立っていたのが、頁岩の最上部付近の厚さ一〇メートルほどの層に、モリブデンとレニウムがとくに豊富に含まれていたことだ。それらは酸化しているもの以外、通常は堆積岩では見られない元素だ。酸化したモリブデンとレニウムは火成岩の親岩石から簡単に溶け出し、川から海へと流れ、海底の黒色頁岩に混ざり込むことがある。

モリブデンとレニウムが多く含まれているという事実は、二五億年前の浸食作用について何かを語っているということは、誰もが同意している。モリブデンの最も一般的な鉱物であるモリブデナイト（レニウムが組み入れられていることもある）は、とりわけ軟らかくて簡単にすり減ってしまう。おそらく太古の山の斜面では、モリブデナイトを含む花崗岩が露出していた。そしておそらく機械的風化作用で生じたモリブデナイトの微小な粒が海へと運ばれ、泥質の海底にたどりつく。そこで堆積したものがやがて固まってマクレイ山の頁岩層となる。

アンバーと彼のチームは違う結論に達した。彼らは光合成を行う初期細胞から生じた〝かすかな酸素〟が重要な役を担っていたと主張した。おそらくねばねばした緑色細胞が部分的に凝集して酸素が豊富な微環境を生み、モリブデンとレニウムが集まった。二四億年前に世界的に酸素が増加したはっきりした証拠はあるのだから、その一億年前に、限られた地域でそのような現象が起こっていても不思議ではない。

スヴェルジェンスキーと私は、酸素以外にもモリブデンやレニウムや他の元素を動かす手段はたくさんあると反論している。たとえ酸素がなくても、硫黄や窒素、炭素を含んでいた大気分子が、電子の受け渡し作業をうまくやっていたかもしれない。新しいアイデアや議論に対して別の主張がなされたり反論されたりするのが、科学的な議論の常なのだ。

酸素が増加した正確なタイミングがいつであれ、地球が誕生から二五億年たったころには、その表面はもう一度、変化していた。最初の大きな変化は陸地で起きた。地球が錆び付いたのだ。酸素によって地表が腐食し、鉄を含む花崗岩や玄武岩が壊れて赤い土となった。年月を重ねるうちに、主に灰や黒だった地面の色が赤っぽく変わった。宇宙から見たら、二〇億年前の大陸は（現在の陸塊よりはるかに小さいが）、現在の赤い惑星である火星のように見えたかもしれない。それでも青い海と渦巻く白い雲が、美しい対照をなしていたはずだ。

錆は数多い鉱物学的な変化のうち、最も目に付きやすい現象にすぎない。私たちの最近の化学モデルでは、大酸化イベントによって三〇〇〇種もの新しい鉱物が出現したことが示唆されている。そのすべてが、それ以前の太陽系では未知のものだった。何百という新しいウラン、ニッケル、銅、マンガン、水銀の化合物が生まれたのは、生物が酸素を生産するようになってからのことだ。博物館で展示されているとくに美しい結晶の標本——青緑の銅鉱物、紫のコバルト種、イエローオレンジのウラン鉱——は、生き生きとした生物の世界を語っている。新たにつくられたそれらの鉱物が、酸素のない環境で形成されたとは考えにくいので、地上で現在知られている四五〇〇種の鉱物の誕生に、直接的であれ間接的であれ、関わっていると思われる。これらの新しい鉱物の中には、進化する生物に新しい環境的ニッチと新しい化学エネルギー源を提供するものもある。そのおかげで生物と岩石や鉱物の共進化が続いていくのだ。

魔法のように物質を変える力を持つ酸素は、この長い歴史の中で中心的な役を演じている。常に電子を求めている酸素原子は、あらゆる種類の鉱物と激しく反応し、その過程で岩石を風化させ、栄養が豊富な土をつくっている。二〇億年以上前に大気中の酸素濃度が大幅に上昇したとき、光合成を行う生命体は、すべて海に棲んでいた。陸には生物がまったくいなかった。しかし酸素のおかげで、生物がやがて地球全体に広がる準備ができたのだ。

現在、私たちは最も深い形で酸素と関わっている。息を吸うたびに、わずかな量の空気が私たちの一部となり、私たちのごく一部が空気となる。一瞬ごとに酸素と反応が起こり、時間の経過とともに私たちの体はばらばらになり、また形づくられる。体の組織は生きているうちに何度も交換され、地球の限りある原子は空気、海、陸、そしてすべての生命体の間でリサイクルされる。あなたが生まれたときの体をつくっていた原子は今では消散している。今の体の原子もやがては同じ運命をたどる。それもあと何年か、この酸素が豊富な惑星で生きながらえることができればの話だ。

第8章

「退屈な」一〇億年

鉱物の大変化

地球の年齢

27億〜37億年

初期地球科学界で何かと話題を振りまく精力的なオーストラリアの地質学者、ロジャー・ビュイックは、古原生代（大酸化イベントで中断する）と新原生代（氷河が地表をおおい生物が思いもよらぬ方向に進化する）に挟まれた時代を、ずばりとこう表現した。「地球史上、一番退屈な時代は中原生代である」。

おもしろいことは何もなかったとされる、その一八億五〇〇〇万年前から八億五〇〇〇万年前の地球がこの章のテーマだ。陸に挟まれた海にも喩えられる（さらに皮肉っぽく〝退屈な一〇億年〟と呼ぶ科学者もいる）この長い時代は、生物学的にも地質学的にも、比較的、変化が少ない時代だったように見える。劇的に何かを変えるような出来事は起こらなかった。岩石の記録を見ても、世

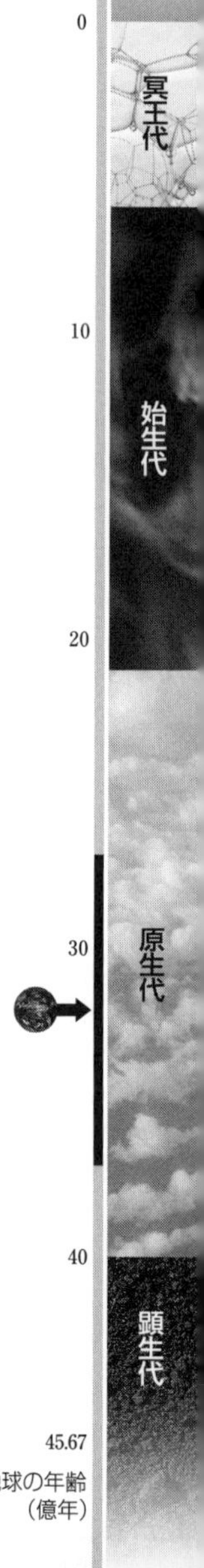

界を一変させる衝突や、突然の気候変動が起こった形跡もない。海洋の酸素が多い表面近くの層と、酸素がない深部との接触面が、少しずつ下がっていったことは考えられるが、基本的に新しい生命体は生まれなかったようだ。また新しいタイプの岩石や鉱物種が生じたということもない。少なくともそれが従来の通念だった。

しかし退屈というのは危険な言葉だ。私はかつて、脂肪（ファット）、油（オイル）、ワックスを含め、さまざまな種類を持つ生体分子である脂質を、〝退屈な物質〟と呼ぶ間違いを犯したことがある。これは講演会での発言であり脂質化学の無知からくるものだったが、二つの点で間違っていた。まず脂質は多様性に富む。それらは生物の化学反応をコントロールするうえでおもしろい役目を果たし、複雑なナノスケールの構造をつくり出している。脂質はほとんどの生物の内部と外部を分ける役を担っている。脂質がなければ生物が今のような形になることはなかっただろう。第二の間違いは、研究者としてのキャリアを脂質に捧げた、たいへんまじめな女性研究者の前で発言してしまったことだ。彼女はすぐに私の発言を聞きとがめ、脂質に関する誤解を正すべく高度な専門書を送ってきた。それで私はその（いささか退屈な）大部を読む羽目になったのだ。

何が言いたいかというと、退屈というのは、私たち自身の無知に警鐘を鳴らしている可能性があるということだ。地球の退屈な一〇億年は、実は人間の文明史上のいわゆる暗黒時代に近いのかもしれない。生き生きとした壮大な技術革新と実験が続いた現代世界へと通じる道だが、研究者からはほとんど無視されていた。自分で招いた無知は、さらなる無知を呼ぶ。大学院生や博士研究員として仕事をしている短い期間に、研究者としての名をあげようと大志を抱く学生は、大きなことが起こらなかったと考えられている地質年代に、目を向けようとはしない。

しかし明敏な研究者なら、そのよく知られていない時代にできた地層に、驚くべきものが見つけられるはずだ。まだほとんど成り立ちが理解されていない岩石の中に、ドラマチックな変化の手がかりがあるに違いない。地上で最も貴重な埋蔵鉱物（アフリカのザンビアやボツワナ、北米のネバダとブリティッシュコロンビア、チェコ共和国、オーストラリアなどの、鉛、亜鉛、銀の広大な鉱床）は、この時代の岩石に集まっているようだ。ベリリウム、ホウ素、ウランといった珍しい鉱物が豊富な土地も、その時代に隆盛だったらしい。新たに見つかっている証拠により、この退屈な一〇億年の間に、気の遠くなりそうな長い周期で、地球の大陸が集まって一つの巨大大陸となり、その後また分かれ、やがて再びまとまったことが示唆されている。そしてこの一〇億年はずっと、数多くの微生物（現在、化石としてきれいに残されている）が海岸付近の浅瀬や沖合に集まっていた。地球の暗黒時代については学ぶべきことが、きっとたくさんある。

変化の歴史

物事が根本から変わるような劇的な変化は、誕生から二七億年までの地球の進化の歴史の中では、絶え間なく起こっていた。太陽系星雲が合体し太陽ができた。その周囲の塵がコンドリュール

(隕石に含まれる球状の小さな石の塊)に溶け込んだ。コンドリュールが集まって微惑星ができ、それが原始地球や、他の直径何千キロメートルもの地球型天体となった。テイアの衝突と、その後の月の形成、白熱のマグマの海が固まってできた黒い玄武岩の地殻と、そのあちこちに散らばる何千もの爆発する火山。まもなく熱い海が固まった表面をおおったため、乾いた場所はとくに高い火山の先端しかなくなった。このようなドラマチックな数々の出来事が最初の五億年のうちに起こった。地球に特有の海が発生したあとの、激動がやや収まった二〇億年でさえ、地球の表面は流動的で、玄武岩マグマから花崗岩が生じ、原始大陸が対流セルの上で大きくなり、その対流セルがプレートの運動を推し進めた。

そのようなダイナミックで変わりやすい世界で生命が生まれ、進化し、やがて酸素を生産するようになった。絶えず変化するのが地球の特徴だった。早熟な芸術家のように、地球は何度も自らをつくり直し、どの段階でも何か新しいことを試した。

それほどダイナミックだった惑星が、どのようにして変化のない状態に陥ったのだろうか?

簡単に言ってしまうと、その時代の地球も決して静止状態ではなかった。変化は絶え間なく起こっていたが、大衝突や大酸化イベントほど劇的なものはなかった。退屈な一〇億年には、新しいタイプの岩石と貴重な埋蔵鉱物を形成する独特なプロセスが生まれただけでなく、新しい鉱物種が数多く出現した。そして何より重要なのは、地球のプレートが協調運動を行っていたのがこの時期であると、地質学的証拠から明らかになったことだ。このとき決まった新たな大陸の配置が現在まで続いている。

超大陸サイクル

地球の海洋と大陸の見慣れた配置も、地質学的な尺度で見れば長くは続かない。壮大な大西洋を取り囲むアメリカ、ヨーロッパ、アフリカ大陸。東に大きく突き出すアジア大陸。広々とした太平洋に浮かぶ数多くの南の島とオーストラリア大陸。そして南極大陸が極に近い位置にあるのはつかの間のことにすぎない。プレートテクトニクスの荘厳なプロセスは、大陸を形成するだけでなく、たえずそれらを水平に動かしている。陸地と海は何度もつくり直されているのだ。

ある地球科学者のエリート集団が、今とはまったく異なる大昔の地球のようすを地図に表す方法を研究し、完璧とは言えないまでもすばらしい、大昔と未来の地球の地図をつくった。手がかりは数多くあった。第一に、私たちは今日でも大陸が動いていること、その速さや方向も知っている。年々、大西洋は広くなり、アフリカ大陸は二つに分かれ、驚いたことにインドは中国を突き抜けようとして、ヒマラヤ山脈を押しつぶす。もちろん長い時間がかかるが、毎年、七〜一〇センチメートルずつ着実に移動している。一億年という期間で見れば、カタツムリの歩みも大きな変化を生む。私たちは架空のビデオテープを巻き戻したり先送りしたりするように、変化の激しい地表の特徴を推測できる。五億年も前のことでも、当時のようすや、とくに遠くに切り離されていた大陸の植物相と動物相が異なった進化の方向へ進んだときのことを想像するには、数多く存在する動物や植物の化石が役に立つ。たとえばオーストラリアのさまざまな有袋類や、ニュージーランドの大きな飛べない鳥は、他と分離した独自の進化を遂げたことをよく物語っている。

さらに五億年ほど過去にさかのぼると、化石によるイメージが色あせ始める。他の手がかりをさがさなければならない。とくに重要なのが火成岩に閉じ込められた化石の磁気である。私たちはこの惑星の磁気というと、コンパスの針が指し示す南北の方向で考えがちだが、実際はもっと複雑だ。磁力線が地表となす角度を伏角という。赤道での伏角はゼロ（ほぼ水平）に近いが、緯度が高い土地ほどその角度が大きくなり、極ではほぼ垂直になる。火成岩の中に固定された太古の磁場を厳密に測定すれば、その岩石が固まったときの南北の方向や大陸の緯度がわかる。そのようなごくわずかな証拠によって、今は赤道にある岩石の中にも、かつて極にあったものが存在するし、その逆もあることがわかった。南極にかつて熱帯のラグーンがあったことや、赤道直下のアフリカが凍えるツンドラであったことを示す化石の証拠も、その発見を裏付けている。堆積岩の記録も重要なデータだ。環境が違えば堆積するものの種類も変わる。浅海、大陸棚、ツンドラ、氷河湖、潮汐ラグーン、湿地など、それぞれ特有の岩石が存在する。

これらの証拠の助けで、古地理学の専門家たちは、少なくとも一六億年前の地図、さらにさかのぼって原初の大陸が形成された時期の地図までつくることができた。それはきちんとした根拠をともなう推測に基づく筋の通ったものだ。プレートテクトニクスによって大陸の原型がつくられるまでは長い時間がかかった。沈み込み帯でプレートが傾いている場所、初期の地球にできた玄武岩の地殻がマントルの深みに沈み込んでいる断層線で、密度が低くて沈まない花崗岩の島が次々と積み重なって、より大きく長期的に安定した陸の塊ができる。これらは現在、クラトンと呼ばれている。ギリシャ語の〝強さ〟という言葉に由来するものだ。

クラトンは強い。いったん形成されると、それが長く壊れずに残る。地球には現在、できたときからそれほど変わらない状態のクラトンが、三六ほど存在すると考えられている。その中には三八億年前のものもあり、幅一〇〇キロメートル程度のものから一〇〇〇キロメートルを超えるものまで、大きさもさまざまだ。それら多様な塊には、どれも意味深い名前がつけられているが（北米のスレイブ、スペリオル、アフリカのカープファール、ジンバブエ、オーストラリアのピルバラ、イルガーンなど）、何十億年もの間、地球の表面を移動している。それらの塊は数多くの小さな断片とともに集まったり離れたりしながら、大陸の根底となる岩石として生き残っている。グリーンランドの大半は、このようなクラトン三つで形成されている。中央カナダとミシガン州北部とミネソタ州は、六つの塊を含んでいる。ブラジルとアルゼンチンの下部にはいくつかのクラトンがあり、オーストラリアの北部、西部、南部、シベリア、スカンジナビア、南極の広範囲、中国の東部と南部の一部の区域、インドほぼ全土、アフリカ西部、南部、中央部のいくつかの帯状地帯なども、クラトンの上に載っている。これらのクラトンはすべて三〇億年以上前に形成され始めた。地球に乾いた土地がほんのわずかしかなかった時代、プレートテクトニクス理論が当てはまる以前のことである。そのためすべてのクラトンに、青年期の地球の生き生きとした貴重な記録が（ややゆがんでいたり、乱雑だったりするが）保存されている。

クラトンは地球の初期の歴史を読み解くためのロゼッタストーンだ。初期の地球を読み解くのに、海は役に立たない。プレートは絶えず移動していて、海嶺に玄武岩が新しくつくられ、再び収束境界に飲み込まれるため、海底地殻は古くてもせいぜい二億年前のものだ。それより古いものは大陸にしか保存されていない。

移動するクラトンには驚くほど複雑な歴史がある。プレートの動きに合わせて運ばれ、衝突して混成のクラトンや特大のクラトンができ、それがときに巨大な一つの陸塊——大陸や超大陸となった。衝突するたびに縫合帯に沿って新しい山脈ができる。そのため山脈は、かつて大きな陸塊がぶつかって一つの陸地となった明らかな証拠となる。

逆に超大陸が分裂して、海で囲まれたいくつもの大陸島に分かれることもあった。大陸が分かれるたびに、ばらばらになった島の間に広い海ができて堆積物が固まった。最初が浅瀬の砂岩と石灰岩、その次にもっと深いところで泥と黒色頁岩ができた。そのような堆積層の変化は、大陸が分裂したときのようすを示している。超大陸は何度も集まっては分かれることを繰り返した。それは最後に何ができるかわからない巨大なジグソーパズルのようなもので、そのピースは絶えず位置と形を変えている。

このような事実が退屈な一〇億年とどう関係があるのかといえば、あらゆる面で関係がある。際立った活動を示すものがない時代（大きな衝突も複雑な植物相も動物相も、地質学的な記録に残されていない）の地球がどのような場所だったのかを理解するには、古地理学者を頼るしかない。数十億年にわたりクラトンが地表をどのように動いたかを読み解くために、彼らは地上の最果ての地を歩き、岩石のマッピングを行い、標本を集め、あらゆる分析を行った。

どのクラトンも中心には本当に古い岩石がある。多くは三〇億年以上前につくられている。そのような地球の最も古い地殻は、すべて合わせても大陸塊のごくわずかな部分を占めるにすぎない。それらは常に熱と圧力にさらされ、地下水に溶けて変質し、地殻の圧迫でゆがめられる。それでも花崗岩のような貫入岩であろうと、層をなす堆積物であろうと、もともとの岩石の性質を推測できることが多い。さらに幸いなことに、クラトンは固定されていない。それができてからずっと、新しいマグマが古い部分に入り込み、火成岩の岩体をつくっている。新しい堆積岩が、内陸の湖や河川、さらに浅い砂浜の海岸線に沿って形成される。クラトンが衝突したり分裂したりといった、二つの陸塊の相対運動があったところでは、独特の岩石種や特徴的な構造が形成される。それらのさまざまなあとからできた構造を注意深く観察することで、クラトンの歴史を語る岩石の種類を見分けられる。話はここからおもしろくなる。

現代に近い時代の若い岩石は、クラトンの移動した時期についての手がかりとなる。火成岩には小さな磁性鉱物が含まれている。固まったときの地球の磁場の方向が閉じ込められているのだ。これを調べれば、大昔の南極と北極だけでなく、その石が冷えた場所のおおよその緯度がわかる。これらのデータはＧＰＳほど正確ではないが、クラトンの相対的な位置がずっと記録されている。それを補完してくれるのが、気候と生態系についての手がかりを含む堆積岩だ。風化が起きやすい熱帯地域で沈殿した堆積物は、温帯の湖や緯度の高い地域の氷河で堆積したものとは、明らかに違う。堆積岩の中には、極の位置を知る手がかりとなる磁性鉱物の粒子を含むものもある。

地球の変化を示すかすかな証拠を集めるために、大勢の地質学者が三六のクラトンを詳しく調べている。何十年もかかるきめ細かな野外調査と研究室での観察が進行中だ。地上のあらゆる地域から集められたデータが統合される。次にクラトンがゴーカートのように地表に並んでいると想像する。そしてその動きを映した架空のビデオを、現代の地形から始めてゆっくりと巻き戻す。過去にさかのぼるほど映像がぼやけ、推測が増えるのはしかたがない。しかし少しずつ現れる絵は驚くべきものだ。最新の説によれば、地球では少なくとも五つの超大陸が、三〇億年にわたって凝集と分裂を繰り返してきた。

地球最古の陸塊についての議論はまだ新しく、少なからぬ数の説が渦を巻いている。三〇億年前の地表の略図以上のものは描かれていないが、最初の大陸サイズの塊はよく検討されたうえでウルと名付けられた。それはおよそ三一億年前に、それ以前に散らばっていた、今日のアフリカ、オーストラリア、インド、マダガスカルにあたるクラトンの断片からつくられた（三三億年前にはヴァールバラという陸塊が存在していたという説もあるが、証拠はわずかしかない）。ウルが形成した区域の古地磁気データのすべてを比較してみたところ、現在は分かれているクラトンが、地球誕生からほとんどの期間は接触していたことがわかった。それらが地表を移動する方向がほとんど同じなので、おそらくつながっていたと思われる。磁気データから、ウル大陸はほぼ三〇億年にわたって存在し、分かれたのはほんの二億年前であることが示唆されている。

本当の超大陸として最古の大陸はケノーランドと呼ばれているが、約二七億年前にウルとその他の小さな断片からつくられたと考えられている。クラトンが衝突するたびに縫合帯ができて、とてつもない圧力がかかって盛り上がり、山脈ができた。二七億年前から二五億年前の岩石に、そのような特徴が数多く見られ、超大陸が段階的に形成されたことが示唆されている。古地磁気データから、ケノーランドは低緯度の場所にあり、存在していた時期は比較的短く、その間はほとんど赤道をまたぐ位置にあったことがわかる。

この広大な陸地の出現とともに、地球最初の大規模な浸食が起こり、辺縁部の浅海に堆積物による大規模な地形がつくられ始めた。初期地球のモデルでは、大昔の大気は現在とはかなり違うことが前提となっている。酸素はまったく存在せず、二酸化炭素のレベルは現在の何百倍、何千倍も高い可能性があった。雨は炭酸の滴で、地面を浸食して固い岩石を軟らかい粘土に変える。川がその泥を、周囲を取り巻く海の浅瀬へと運び、楔形に厚く堆積物が積もっていった。

およそ二四億年前、大気に酸素が増え始めたのと同じころ、ケノーランドは大陸形成のもう一つの現象を経験していた。地磁気のデータによると、ケノーランドが長い分裂の時代に入ったとき、ウル大陸が他のクラトンから分離した。分裂したクラトンのパズルのピースは赤道から極へと散らばった。分かれた陸地の間にできた浅い海には、堆積物の厚い層が形成される。こうして超大陸の形成と分裂のサイクルが始まった。

コロンビア大陸

超大陸のサイクルが地質学年表に加わったことで、退屈な一〇億年が、がぜんおもしろくなってきた。次の超大陸は若く、昔の姿をよく残しているため、ケノーランドよりはるかに注目されている。その始まりはおよそ二〇億年前。そのころの地球には、少なくとも五つの大陸サイズの陸塊があった。その中で最大のものはローレンシア大陸だ。これは少なくとも六つのクラトンが集まったもので、幅が何千キロメートルにも及び、現在の北米大陸の中央部から東部のほとんどがこの大陸にあった(この陸塊をユナイテッド・プレート・オブ・アメリカと呼ぶ専門家もいる)。最初のウル大陸は二番目に大きい陸塊として、ローレンシアからは大きな海で隔てられたところにまだ存在していた。現在の東欧の中心部にあたるバルティカ・クラトンとウクライナ・クラトン、そして現在の南米、中国、アフリカの位置にあったいくつかのクラトンも大きな島で、大陸の大きさに近づきつつあった。一九億年前までにはこれらの陸地が収束型プレート境界で衝突し、新しい山地帯が隆起して、一つの超大陸が生まれていた。それはコロンビア、ネーナ、ヌーナ、ハドソンランドなど、さまざまな名前で呼ばれている(コロンビア川に近く、ワシントン州とオレゴン州の境界近辺だったという地質学証拠に基づく〝コロンビア〟が最もよく使われているようだ）。この広大な不毛の地は、南北の距離が一万キロメートルを超え、東西が五〇〇〇キロメートルで、地球の大陸地殻のほぼすべてが含まれていたと推測されている。

時間をさかのぼって、三〇以上のクラトンの断片を消滅した一つの超大陸に当てはめるのは、複雑で困難な作業だ。いくつもの違う説が生まれるのも不思議ではない。コロンビア大陸の場合、二〇〇二年に二つのかなり違った説が、ほぼ同時に発表された。一方はノースカロライナ大学の地質学者ジョン・ロジャーズと、インド人の地質学者、サントッシュ・マダヴァ・ワリヤーが唱えている説で、現在の北米にあたるローレンシア大陸が、コロンビア大陸の中心部を形成していたという考えだ。ロジャーズとサントッシュによれば、ウル大陸はローレンシア大陸の西海岸と接触していた。シベリア、グリーンランド、バルティカ・クラトンの一部が北部に位置し、現在のブラジルと西アフリカにあたる部分が東南にあった。同じ年、香港大学の趙國春《ヂャオグオチュン》と数人の同僚たちは、やや違った形を考えていた。バルティカ・クラトンがローレンシア大陸の東海岸に、南極東部と中国が西側に接していたという説だ。コロンビア大陸の古さや、その再構築作業がまだ成熟していないことを思うと、二つの科学者チームの意見が一致すれば、それは非常に好ましい。それでもこれからいくつもの論争が起こり、大昔のクラトンの位置は今後数十年にわたり、動いたり入れ替わったりするだろう。

いずれにしても一九億年前にコロンビア大陸が凝集して、退屈な一〇億年が始まる準備が整った。この超大陸が正確にどのような形だったのか細かいことはともかく、内陸部のほとんどは熱く乾いた土地で、植物はまったく存在せず、ただ赤茶けた砂漠が広がっているだけだったのは確実と考えられている。宇宙から見た地球は、ひどく偏った世界だっただろう。中が赤い広大な陸地の周囲を、さらに大きな青い海（まだ名付けられていない）が取り巻いている。すべての大陸が赤道付近に集まり、極に存在する氷もささやかな量だった。海面は高く、おそらく海岸付近の地域に浸入して内海ができていたところもあるだろう。

赤道付近でのコロンビア大陸の形成が、地球史上最も退屈な時代の始まりと考えられている。しかしなぜ退屈と言われるのだろう？　停滞とはどういう意味なのだろう？　どのような要素に変化が少なかったのだろうか？　地球規模の気候や降雨量だろうか？　自然や生物の分布だろうか？海や大気の組成だろうか？　どのような尺度をもって停滞していたと考えられるのだろう？　逆に言うと、変化していたものがまだわかっていないだけではないだろうか？

停滞

地質学部の大学院生の大半は、一八億五〇〇〇万年前から八億五〇〇〇万年前に形成された岩石層を当たり前のように無視する。四年間という時間は、博士号を取り、世間をあっと言わせ、終身在職権につながる仕事をさがそうとするだけでも短すぎる。そこまで疑問視されている地質年代を研究する時間はないのだ。しかしリンダ・カーは他の大学院生とは違った。MITの学部生だったときの指導教授はジョン・グロジンガーだった。彼は二〇億年以上前に形成された地球最古の岩石を研究する第一人者である。ハーバード大学博士課程での指導者はアンディ・ノル。ノーラ・ノフキに微生物マットの研究を勧めた有名な古生物学者だ。カーは（グロジンガーが描く）一八億年以上前の地球は、（ノルが描く）八億年前の地球とはまったく違うことが、どうしても気になった。退屈な一〇億年と呼ばれる時代に、何かおもしろいことがあったに違いない。それが何なのか、カーは突き止めようと考え、中原生代を理解することに打ち込んだ。一六億年前から一〇億年前、退屈な一〇億年の大半を含む長い時代だ。

中原生代が実際に停滞の時代だったとしても、一〇億年も均衡状態を保っていたのなら、それも驚くべきことだ。地球史の中心となるテーマは、変化である。海と大気、地表と地球の深部、岩石圏と生物圏。地球のすべての面が、長い時代を通して絶えず変化している。一〇億年以上、劇的な出来事もなく、地表近くの環境も変わらず、生物世界にも非生物世界にも、新たなものが何も生まれなかったなどということが可能なのだろうか？　気候や生物のフィードバックすべてが、完璧な調和の取れたバランスを保っていた一〇億年が本当にあったのだろうか？　なぜそのようなことが起こったのだろうか？

テネシー大学のキャンパスの近くで行われたのんびりした朝食ミーティングの席で、リンダ・カーは辛抱強く、地球は壮大な変化が繰り返し起こっていること（ひいては中原生代は決して退屈な時代ではなかったこと）を説明していた。彼女はA4サイズの白い紙の束を持っていて、赤と青のインクでわかりやすい上手な図を描きながら話をしていた。

「私はこのアイデアを一〇年前から持っていました」――彼女はアフリカ北西部の人を寄せ付けないモーリタニアの砂漠で中原生代にできた地形を調べる、困難な野外調査の成果を説明しながら言った。再びそこを訪れたいと思っているが、強盗や誘拐が増加して、そのような遠征調査は無謀で問題が多いとみなされるようになってしまった。それで彼女は次の火星探査チームに入ることになっている。そのほうが安全な選択ではある。

カーの研究対象は、もっぱらプレートテクトニクスとそれが過去の地球にもたらした混乱にある。絶え間のない陸塊の入れ替わり、衝突、分裂、接触によって、一億年もすれば地球の様相はまったく変わる。超大陸コロンビアが、あまり変化のない状態で保たれていた退屈な一〇億年の最初の三億年でさえプレートテクトニクスは止まらなかった。超大陸の目立つ特徴は、海洋地殻が大陸の縁に潜り込み、新しい火山が海岸近くに隆起して、少しずつ端が広がっているということだ。レーニア山、フッド山、オリンポス山など、いまだ火山活動が起きている米太平洋岸北西地域は今も拡張中だが、これは大昔から続いている活動が現在でも起こっている一つの例にすぎない。つまりそれはコロンビア大陸の縁が広がってできたものなのだ。

コロンビア大陸がときおり割れたり分離したりして小さな大陸や島となり、地表の大陸地殻の数はさらに増えた。およそ一六億年前（中原生代の始まり）、ウル大陸がローレンシアから分かれて西へ、コロンビア大陸の残りが東に分かれ、クラトン間に大きな海洋と大規模な堆積層（厚さ一六キロメートルを超える）ができた。この雄大な堆積層はベルトーパーセル超層群と呼ばれ、現在、カナダ西部とアメリカ北西部で、有名な露頭として見られる。このように超大陸が分裂して浸食されたときも、新しい大陸をつくる岩石が古い岩石からつくられていた。

コロンビア大陸が割れて二つの陸塊になったことで、もう一つ別の結果がもたらされた。ローレンシアとウル、そして他の陸地はまだすべて赤道付近にあった。つまり極にはまだ陸地がなかった。ということは、極にはまだ厚い氷の層もなく、海面はまだ比較的高かったということだ。ローレンシアの新たにできた広い西側の海岸には浅い海が迫っていた。乾いた陸地は地表の四分の一以下だった可能性が高い。おそらく二億年以上、地球の陸地面積はとても小さかったが、同時に浅い海で沈殿物が厚く堆積していた。それが過去について教えてくれる記録となっている。氷がないということは、氷河もなかったということだ。他の地質時代の遺物にはたいてい丸い大礫、巨礫、砂、礫などが見られるが、一六億年前から一四億年前の時代の遺物に、氷河があったことを示すものは残っていない。つまり退屈な中原生代には多くの変化があったのだ。ただそれらの変化は、地質学的には〝いつものこと〟でしかなかった。

超大陸再び：ロディニアの集合

退屈な一〇億年には、一つどころか二つの超大陸が形成された。ばらばらになったコロンビアの断片は、おそらく二億年ほど地表を漂っていたが、その後、また集まり始めた。一二億年前、ウルやローレンシアはじめ、中原生代の大陸が再集結して、ロディニアと呼ばれる新たな大陸をつくった(ロシア語で〝母国〟、〝誕生の地〟という意味)。ヨーロッパ、アジア、北米の離れた地域の岩石記録には、一二億年前から一〇億年前に世界全体が関わる造山運動があったことを示す証拠が残っている。収束するクラトンが衝突し押しつぶされるたびに、新しい山脈が隆起した。

ロディニアの正確な地形はまだ論争の的だが、地質学的、古磁気学的データと、現代の地表のクラトンの配置とを合わせ考えると、かなり限られてくる。たいていのモデルで超大陸は赤道付近に配置され、ローレンシア(現在の北米の大半)を中心に、他の大きな大陸の断片が北、南、東にくっついている。いくつかのモデルによると、バルティカ大陸と現在のブラジルと西アフリカの陸地が南東に、南米が南に、アフリカの一部が南西部にあった。しかしオーストラリア、南極、シベリア、中国の相対的位置についてはまだわからない。

ロディニアの目立った特徴は、ある種の岩石が見られないということだ。過去三〇億年間の他の時代と違って、一一億年前から八億五〇〇〇万年前までの期間にできた堆積層はほとんどない。これは一六億年前にできたベルト－パーセル超層群を形成したような浅い海が、大陸の間になかったということだ。そこから引き出される結論として、すべての大陸がぴったりと組み合わされていたということになる。また大きな内海もなかった。そのため、一億年ほど前に北米中央部が水であふれ、堆積物で大平原《グレートプレーンズ》の土台ができたというような事態も起こらなかった。このモデルでは、赤道下のロディニアの内陸部は熱く砂漠のように乾いていて、現在のオーストラリアによく似た土地だ。ほぼ二億五〇〇〇万年の間、堆積岩の岩石サイクルはほとんど停止していたようだ。

リンダ・カーは理論的に自説を主張しているが、自分が選んだ地質時代に心奪われているのは明らかだ。岩石の記録には乏しいものの、一八億五〇〇〇万年から八億五〇〇〇万年前までの長い期間には、クラトン移動の結果として目立った変化が数多く起こった。退屈な一〇億年に超大陸の凝集が二度起こり、そのたびにクラトンの衝突によって一〇を超える山脈が生まれた。この二回の陸地の凝集の合間、コロンビア超大陸が分裂したときに見事な堆積層が形成された。地球の陸地のほとんどが沈み、やがてまた水が引いて乾いた土地となった。堆積のスピードは、場所によって大きく違った。氷冠が消えてはまた現れた。それらは〝退屈な〟時代と言われるにしては多くの変化だ。しかしこの話にはもう一つ別の面がある。

大陸間海洋

正確な大陸の配置がどうあれ、ロディニア超大陸の周囲を、さらに大きな超海洋が取り巻いていたということには異論がない。その海洋はミロヴィア（〝世界〟を意味するロシア語に由来する）と名付けられている。地球の過去を研究する地球化学者は、中原生代が退屈になった大きな原因は、このミロヴィアにあるという結論に至った。

大酸化イベントがあったせいで、二四億年前から一八億年前の時代は、他に類をみないダイナミックな時代となった。この時期に大気の化学的組成が変化した。地球の大気中の酸素が、ゼロから一、二パーセントまで増加したのだ。これは地表近くの環境では途方もない変化だが、海洋ではそれほど重大なことではない。

その鍵は相対質量にある。海水の質量は大気の二五〇倍以上である。大気中の酸素が一パーセント増加しても、その程度の化学組成の変化では、海洋に反映されるまでに非常に長い時間がかかる。おそらく一〇億年くらいかかるだろう。

海の歴史を知ろうとする地球化学者は、多数の化学元素とその同位体を詳しく調べる。二四億年前より以前、海水には溶解鉄が多く含まれていたが、その状態が続くのは、酸化物質が存在せず（したがって酸化鉄ができず）、硫黄も少ない（黄鉄鉱と他の鉄硫化物が生成されない）ところだけだ。大酸化イベントでの大気の変化とともに、その鉄の一部は酸化鉄となって浅い海へと移動した。直接、酸素と反応したものもあれば、陸地で酸化した風化生成物と反応したものもある。大気の中に酸素があると、硫黄を含む鉱物の風化と浸食も急速に進む。それが海に流れ込んで、さらに多くの鉄を使う。このような化学的変化が引き金となり、大規模な縞状鉄鉱層（ＢＩＦ）が形成された。海底にカラフルな鉄鉱物が幾重にも重なっている厚い層だ。それらが現在、世界中に埋蔵されている鉄鉱石の大半を占めている。ＢＩＦの形成には時間がかかり、海には大量の鉄があったため、ＢＩＦの堆積はそれからさらに六億年続いた。退屈な一〇億年の時代には海にまだ酸素がなかったが、溶解鉄はほとんどなくなっていた。

ここで一〇億年先に飛んでみよう。光合成を行う藻類は酸素の生産を続けていて、海中の酸素濃度が増え始めていた。六億年前には、地球の海に表面から底まで酸素が豊富に含まれるようになっていた。その間に起こったことは、それこそ退屈な一〇億年の核心だが、大陸間海洋《インターミディエット・オーシャン》として知られている。

一九九八年、南デンマーク大学の地質学者ドナルド・キャンフィールドが、大陸間海洋では酸素ではなく硫黄が大きな役割を果たしていたという説を提唱した（今では多くの科学者が、硫黄を多く含む中原生代の海洋をキャンフィールド海と呼んでいる）。「中原生代の海洋化学の新たなモデル」と題された挑発的な論文が一二月三日付の『ネイチャー』に掲載されたことで（査読者が渋ったため一年遅れた）、多くの人が大昔の海についての見方を変えた。

中心的なアイデアは単純だ。大酸化イベントによって大量の酸素が生まれ、鉄を含めた〝酸化還元反応しやすい〟元素の分布に影響を与えたが、海に酸素が入り込むほどではなかった。その一方で、陸地で風化と酸化が進み、大量の硫黄が海へと流入した。そのようにして大陸間海洋は、硫黄が多く酸素と鉄が乏しい状態で安定し、それが一〇億年続いたのだ。

不変の時代

化石の記録も、大陸間海洋の変化に時間がかかったという見方を裏付けている。二〇億年から一〇億年前に堆積した岩石には、微小な化石がとてもよい状態で残されている。一九億年前のガンフリント・チャート（北米）、一四億年前から一五億年前の高於荘《ガオユーヂュアン》（中国河北省）、一二億年前のアヴジャン累層（ロシアのウラル山脈）で発見された小さな化石は、微生物の姿がはっきりと刻印されていて（分裂の真っ最中のものもある）、現代の生物とそっくりに見える。しかしどれほど質のよい化石が見つかっても、やはり変化が少なかったことが示されただけで、地球史上、あの時代に本質的に新しいことは何もなかったようだ。

海に酸素が存在せず、硫黄が多く含まれていた大陸間海洋の時代が長く続いたことは、生物にとってよい面と悪い面があった。プラスの面は、流入した硫酸塩が一部の微生物にとって申し分のないエネルギー源となったことだ。それらの生物は硫酸塩を硫化物に還元して暮らしを立てていた。分子生物マーカーや硫黄同位体データ、チャートに含まれた保存状態のよい微生物などの化石記録の手がかりすべてが、中原生代の海岸に緑や紫の硫黄細菌が大量に棲息していたことを示している。それらの微生物は（現在でも酸素のない環境で見られるものもある）有機硫黄化合物を生産するのだが、それは壊れた汚水タンク並みのひどい臭いを発する。

リンダ・カーはロジャー・ビュイックの〝退屈な時代〟というコメントをもじって「地球史上、一番臭かった時代は中原生代である」と冗談を言う。

「臭かったのはいつだろう?」と私は尋ねる。

「ずっと臭かったと思うわ」と彼女は答えた。

生物にとってマイナスの面は、窒素頼みになっていたことだ。窒素ガス(N_2)は豊富に存在し、現在の大気の八〇パーセントを占めている。問題は生物が窒素ガスを使えないことだ。生物に必要なのは還元型の窒素、つまりアンモニア(NH_3)なのだ。そのため便利なたんぱく質、ニトロゲナーゼと呼ばれる酵素が生産されるようになった。これは窒素をアンモニアへと変換する酵素だ。しかしそこに落とし穴があった。ニトロゲナーゼができるには、硫黄の他に、鉄かモリブデンを含む原子の集まりが必要だが、そのどちらの金属も大陸間海洋には存在しなかったのだ。鉄はBIFが形成されたときになくなっていた。モリブデンは現代の海のように、酸素が多く含まれる水でないと溶解しない。海水に酸素が含まれていなかった時代、モリブデンは風化した比較的浅い海の海岸線にしか存在しなかった。硫黄細菌が多く存在していたと考えられている時期だ。

キャンフィールドの論文以降、中原生代の地球化学と古生物学に関わる文献が相次いで発表された。二〇年前には、これら二つの分野の研究者が話をするのも稀だった。最後に結論を述べると、大陸間海洋には微生物が存在していたが、多く棲息していたのは海岸付近だけだった。硫黄を還元するバクテリアが、酸素を生産する藻類と共存していた。一〇億年の間、生物はこの世界に生き続けていたが、生物学的に新しいことはほとんど起こらなかった。

鉱物の爆発的増加

鉱物学はなぜか長い間、壮大な地球の歴史と切り離されて教えられてきた分野の一つだ。地球化学や古生物学とも相互的なつながりはなかった。そのような歪みがなぜ生じたのか、理解に苦しむ。はるか昔の地球についての知識はすべて、鉱物に閉じ込められた証拠から得ているのだから。それにもかかわらず、自分たちの集めた標本が生まれた年代や進化について話そうとする鉱物学者は少ない。二〇〇年以上にわたり、鉱物学者の研究は物理的、化学的性質に絞られていた。硬度、色、化学元素と同位体、結晶構造、外形などについての調査が、この分野の文献を占めていたのだ。

私もしばらくはその伝統にのっとった研究に従事していた。研究職についてから二〇年、岩石を形成する一般的な鉱物の小さな結晶を分離し、二個のブリリアントカットされたダイヤのかなとこに挟んで想像を超える力をかけ、X線を照射し、原子配列のわずかな変化を測定した。私も同僚たちも、それらの小さな標本が生まれた年代や場所についてはほとんど気に留めなかった。自分たちを鉱物物理学者と呼び、物理や化学といった歴史とは関係ない科学分野の一つに分類していた。私たちは、「地質学者は単なる〝物語の語り部〟」という偏見に毒されていたのだろうか？

この思考形態は、鉱物学の起源が採鉱と化学であることの表れで、物理や化学のほうが創造的で、数値より質重視の地質学より厳格だという無意識の考え方に影響されているように思える（この偏見はノーベル賞に物理学と化学はあるのに地質学がないことと、どこかでつながっているのではないかというのが地球科学者の考えだ）。その結果、大昔からの地表近くの鉱物の驚くべき変化について考えてきた鉱物学者はほとんどいなかった。

二〇〇八年、私が七人の同僚とともに「鉱物進化」という論文を執筆した目的は、主にそのような従来の見方に異議を突き付けて、鉱物学を歴史科学として見直すことだった。私たちが地球と太陽系の他の惑星における鉱物学的歴史に目を向けたのは、地球の鉱物が一連の段階を経て進化し、それぞれの段階で鉱物の多様性と分布が変化したと考えたからだ。それで本書の話の流れが決まった。鉱物学的に単純な環境から複雑な環境へ、太陽系をつくった塵とガスの中にあったわずか一二の鉱物から、現在の地球に存在する四五〇〇を超える鉱物種へと発展した。それら鉱物の三分の二は、生物のいない世界では存在しえなかっただろうというものだ。

それはとても専門的な記事で『アメリカン・ミネラロジスト』という学術誌に掲載された。通常は筋金入りのプロしか読まない雑誌だ。しかし国際的なメディアが、生物と鉱物が共進化したという主張をすぐにとりあげた。『エコノミスト』『デア・シュピーゲル』『サイエンス』『ネイチャー』他、いくつかのよく知られた科学雑誌が、地球の鉱物多様性の変化についての私たちの仮説に飛びついた。『ニュー・サイエンティスト』は、鉱物の進化の〝四つの段階〟を表したイラストまで披露した。最初はヒレを持っていた鉱物が〝進化〟して、最後はステッキを持って歩くというものだ。しかしそれらの記事のどれも、私たちの仮説があくまで推測であることを認識していなかった。火星には本当に五〇〇種類の鉱物しかなかったのだろうか？　生物のいない世界では、本当に一五〇〇種を超えるのは難しいのだろうか？　地球の鉱物の多様性が三倍にふくらむためには、本当に生物と酸素の存在する世界が必要だったのだろうか？　私たちはそれらを仮説として発表した。それらの検証はまだ始まっていなかった。

そして、一番目を向けるべきものは、退屈な一〇億年の間にできた岩石であると予測できた人がいただろうか？

鉱物進化仮説の骨組みに量的データの肉づけをするためには、それぞれの鉱物族を細かく調べる必要がある。幸い世界には、多数の違った鉱物族をよく知るすばらしい専門家がいる。そこで私はメイン大学の地球科学の教授であるエド・グルーに連絡をとった。エドは熱意あふれる科学者で、ベリリウムやホウ素を含む鉱物の研究に人生を捧げている。それらは大きな美しい結晶になることがある。彼は公式に認められた一〇八種すべてのベリリウム鉱物を、旧友のように熟知している。それぞれ特有の性質があり、どれも地質学上の役割を果たしている。私は彼に大昔からのそれらの経歴について、どう考えているか尋ねた。最初に出現したのはいつなのか。どのようなプロセスを経て多様化したのか。〝絶滅した〟ベリリウム鉱物はあるのか。そのような問いに答えようとした人はこれまでいなかった。特定の元素を持つ鉱物すべてを分類するだけでもたいへんな作業だが、それぞれの種が誕生した時期や消滅した時期まで解明しようとするのはとてつもなく困難だ。最も一般的なベリリウム鉱物であるベリル（深い緑色のエメラルドはとくに珍重されている）の産地は何千もある。その中から最も古いベリルの歴史をたどろうとするのは、考えただけで気が遠くなる。

一年間の苦労の末、エド・グルーは何千もの産出データをもとに、大昔からのベリリウム鉱物の累積数を示すグラフを作成した。予想どおり、最初のベリルが出現するまでには、ほぼ一五億年という長い時間がかかっていた。ベリリウム元素は地球の地殻にわずか二ｐｐｍしか存在していないので、熱い流体からわずかなベリリウムが凝集して濃度が高まり、ベリルの結晶が生じるまでには長時間かかる。そこからさらに一〇億年が過ぎても、新たなベリリウム鉱物は二〇種類しか出現していなかった。私たちの理論によれば、新たな鉱物の大幅な増加は、二四億年前から二〇億年前の大酸化イベントの間に起こったはずだ。しかしエドの発見で引き出された答えは違っていて、鉱物の種類が最も（倍以上の数に）増加したのはもう少しあと、およそ一七億年前から一八億年前である。退屈な一〇億年がちょうど始まったその時期には、コロンビア超大陸が集合していた。ベリリウムはおそらく、大陸の衝突にともなう大きな造山活動の間に新しい鉱物として凝集したものと思われる。

エド・グルーはそれに続いて、二六三種のホウ素鉱物について、さらに興味深い調査を行った。最も珍重されている、赤から緑の多様な色を持つ半貴石のトルマリンが古い岩石の中で見つかっているが、それはほぼこの五億年のことだ。二五億年前の標本では、ホウ素を含む鉱物はわずか二〇（現在の一〇パーセント未満）くらいしか確認されていない。ベリリウムを含む鉱物と同じように、退屈な一〇億年にできた岩石中に、ホウ素を含む鉱物が倍増していた。これは二一億年前から一七億年前で、コロンビア超大陸形成の始まりから完成までが含まれる。これほど急激に鉱物が多様化したことから、いくつもの疑問が生まれた。この退屈な一〇億年の間の、大酸化イベント後の鉱物多様化が実際に始まった時期、超大陸の凝集や新たな鉱物の急増に関することだ。

鉱物進化の問題への次の取り組みとして、私たちは希少元素である水銀を含む九〇の鉱物に目を向けた。その研究でさらに問題は複雑になる。水銀は鉄と同じように、三つの違った化学的状態で存在できる。電子を多く含む金属（昔の体温計で使われていた銀色の液体）と、二つの酸化型がある。そのため私たちは大酸化イベントのあとで、水銀を含む鉱物が急増したと予測したが、結果はやや違っていた。ベリリウムとホウ素を含む鉱物と同じように、水銀鉱物として最も一般的で、古くからある美しい辰砂《しんしゃ》も、誕生までに一〇億年以上かかっている。それが出現したあとで、他の種が次々と現れた。ケノーランドが凝集していた時期に一二の新しい鉱物が形成された。その後、五億年以上の停滞。コロンビア超大陸の形成中にさらに六種。大陸が衝突して造山活動が起こると、鉱物の元である液体が大量にあふれ、その過程で新しい鉱物が生まれることは間違いない。しかしそのようにして鉱物ができたのが、超大陸形成の時期に限られていたのは大きな驚きだった。

さらに大きな驚きがあった。一八億年前から六億年前まで（退屈な一〇億年より長い）の間には、何もなかったことだ。一〇億年前にロディニアが凝集していたときでさえ、新しい水銀鉱物は一つもできなかった。私たちはその原因は、硫化物が含まれた大陸間海洋にあるのではないかと思っている。辰砂（硫化水銀）は鉱石の中でもとくに溶けにくい。硫化物を含む大昔の海に流れ込んだ水銀原子はすべて、すぐに硫黄と反応して辰砂の粒子をつくり、それが海底に沈んでしまったため、水銀鉱物の形成を妨げた。六億年前、海水に酸素が多く含まれるようになり、陸地に生物があふれてようやく水銀鉱物の数が激増したのだ。

ミステリー

新しい鉱物が急激に増えたのは超大陸サイクルの結果で、退屈な一〇億年の特徴的な現象なのだろうか？　あるいは酸素の増加に対する反応が、遅れて起きただけなのだろうか？　そして水銀についてはどう考えればいいのだろう？　硫黄が豊富な海でできたということで、すべて説明できるのだろうか？　鉱物をつくっている他のおよそ五〇の元素の研究から、どのような驚くべき新しい結果が明らかになるのだろうか？　はっきりしているのは、まだ学ぶべきことがたくさんあるということだ。私たちがあの一〇億年間の豊かさに目を向け始めたのは、つい最近なのだ。

この記録に乏しい時代にも、地球の進化の各段階を特徴づける止められない変化のプロセスがあった。八億五〇〇〇万年前には、地球の地表近くの環境は不可逆的な変化を遂げていた。しだいに酸素が増えていた海岸付近には藻類をはじめとする他の微生物（臭い硫黄細菌を含め）が満ち、陸地には新しい生物が出現する用意ができていた。

少なくともミステリアスな〝それほど退屈ではない一〇億年〟は、地球でいくつもの相対する力が微妙なバランスを保ち、停滞した状態に陥る可能性があることを教えてくれている。重力と熱流量、硫黄と酸素、水と生物は、何億年もの時間、安定した均衡状態を見つけてそれを保つことができる。しかし、常にしかしはある。これらの力のどれかが少し動いたら地球のバランスが崩れ、それが転換点に到達すると、予想できない結果をもたらすかもしれない。急激な変化で地表近くの環境を数年のうちに崩壊させてしまう可能性があるのだ。

次に起こったのが、まさにそれである。

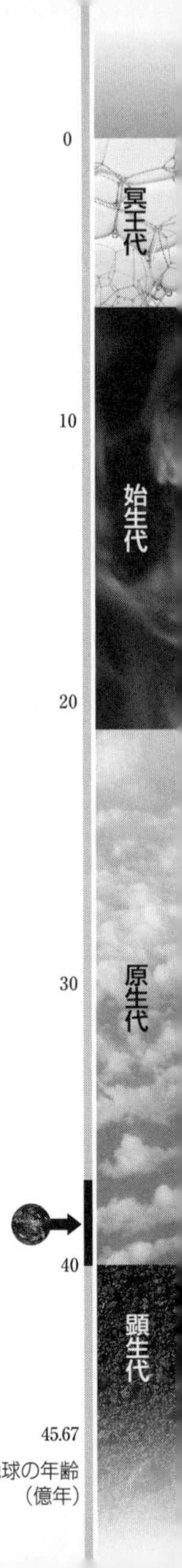

第9章 白い地球

全球凍結と温暖化のサイクル

地球の年齢
37億〜40億年

二五億年前から五億四二〇〇万年前、地球史のおよそ半分を占める原生代は、著しい対照が特徴の長い時代だった。最初の約五億年で光合成を行う藻類が繁茂し、その結果として大気中に酸素が生じ、海洋の縞状鉄鉱層の形成によって、かつて鉄が豊富だった海洋が変質し、現在のすべての植物と動物の先がけである、ＤＮＡが核に収められた真核細胞が出現した。

原生代の真ん中の一〇億年、いわゆる退屈な一〇億年は、もっと単調で、同時に臭い時代だったが、それもゆっくりと変化していた。

対照的に最後の三億年はおそらく一番ダイナミックな時代で、大陸の分割と凝集、激しい気候変動、海洋と大気の化学物質の大きな変化、そして動物の出現などがあった。

これまでの話で、地球のシステムは複雑に絡み合っているということが伝えられただろうか。空気、水、陸地はそれぞれ別の領域で、違った時間のスケールで変化しているように見える。天気は日によって変わる。海は一〇〇〇年以上かけて変化する。岩石のサイクルは一〇〇万年以上だ。超大陸が分かれたり凝集したりするには何億年もかかる。しかし地球のすべてのシステムは、目に見える形で、あるいは見えないところで、影響し合っているのだ。

私たちの故郷である地球を「家」に喩えてみると、わかりやすいかもしれない。あなたが家を買おうとするとき、事前に多くのことを知りたいと思うだろう。たとえば、いつ建てられたのか、さらにどこをどう修理し、どう建て増ししたのか。建物の材質や設備も、基礎から天井まで細かく知りたいと思うだろう。配管システムと水源、空調システム、つまり冷暖房とそれを動かすエネルギー源も調べておかなくてはならない。賢明な消費者はリスクについても知っておく必要がある。火の回りや一酸化炭素、シロアリやオオアリ、ラドンやアスベスト、カビや雨漏り。それと同じで地質学者も、地球の起源や大きな変化、岩石や鉱物の性質、水や大気の動き、エネルギー源、地質災害のリスクなどを研究する。

家の喩えは地球の複雑な作用を理解するのにも便利だ。正と負のフィードバック・ループを通して、違うシステムが思いがけない形で驚くようなつながりかたをしている。寒い冬の日、家の中の気温が下がると、空調システムが反応して暖房のスイッチが入り、気温が上がる。そして中が暖まると暖房は止まる。暑い夏の日には、家の中の温度が高くなりすぎると冷房のスイッチが入る。地球にもこれと同じような負のフィードバック・ループが数多くあり、温度や湿度、地表やその近くの状況を安定させる働きをしている。たとえば海水が温まると雲が多くでき、それが日光を宇宙に反射するようになると海水の温度は下がる。また大気中の二酸化炭素濃度が上昇すると、地球は温暖化する。しかし温暖化すると、カルシウムやマグネシウムを含んでいる玄武岩などの風化が加速され、これらの元素がイオンとなって流出し、炭酸イオンと結合して炭酸塩岩をつくる。その過程で大気中の二酸化炭素が少しずつ消費されるため、気温の低下につながる。

家ではときどき強化（正の）フィードバックによって、悪い結果が生じることもある。冬の寒い日に暖房システムが故障したら、配管が凍って破裂し、家が水浸しになって、さらに寒くなり、とても中にいられない状態になるかもしれない。地球の最近の気候変動にまつわる不確定要素の多くは、正のフィードバックとその転換点に集まっている。海面の上昇は沿岸部の洪水につながり、その結果、さらに多くの水が蒸発して雨となり、さらに沿岸部の洪水が増える。海水の温度が上昇すれば、海底とその下にあるメタンを豊富に含む氷が融け、大気中に温室効果ガスであるメタンが増加し、さらに温暖化が進んで、より多くのメタンが放出されるかもしれない。温室効果が制御不能になった金星では、二酸化炭素ガスの厚い大気がおおい、地表の温度は五〇〇℃に達する。その姿を見れば、手がつけられなくなった正のフィードバックが破壊的な効果を持つことがわかるだろう。

退屈な一〇億年の中でも本当に退屈だった時期は、効果的な負のフィードバックが変化を食い止めていた結果なのだ。その長い時代、地球規模の陸塊の移動と、繰り返される超大陸の凝集と分割があったにもかかわらず、地球の気候はかなり安定していたようだ。大規模な氷河期もなかった。酸素がなく、硫黄が多く含まれる海水の組成もあまり変わらなかった。新たな方向に進化した生物もいない。新しい鉱物種がいくつか現れたが、大気や陸地や海が大きな転換点を迎えて変化したということはなかった。

ロディニアの崩壊で、それがすべて変わり始めた。

崩壊

謎の多い一八億五〇〇〇万年前から八億五〇〇〇万年前までの時代とは対照的に、次の数億年には、地表付近で地球史上最も急激で大きな変動があった。およそ八億五〇〇〇万年前、地上の大陸塊の多くは、まだ赤道付近でまとまっていた。それが乾いてまったく生物のいないロディニア超大陸だ。孤立した火山島がわずかに存在するだけの広大な海ミロヴィアが、この植物も何もない赤い巨大大陸を取り巻いていた。大気中には現在に比べて酸素はごくわずかしか含まれず、紫外線を防ぐオゾン層が形成されることはなかった。現代の人間が当時にタイムトリップしたとして、酸素と日よけをじゅうぶんに持っていれば、沿岸で味気ない藻類を食べて、かろうじて生き延びられるかもしれないが、新原生代の生活は決して楽ではないはずだ。

ロディニアの配置は陸地と海とのバランスが悪かったので、長く続かないのは目に見えていた。地球の歴史上ほとんど、気候は負のフィードバックによって、極端に走らずにすんでいた。たしかに変化は続いていたが、その変動の大きさが生命を脅かすレベルにまで達することはほとんどなかった。しかし八億五〇〇〇万年前に始まったいくつかの変化がそれまでのバランスを崩し、気候が変わる転換点を超えてしまった。とくに大きかったのが、赤道付近に集まっていたロディニアが少しずつ分裂していったことだ。八億五〇〇〇万年前に起こった最初のひび割れはそれほど大きくはなく、コンゴとカラハリ・クラトン（現在のアフリカ南部の一部）が、超大陸の南西に離れ始めた。八億年前に二度目の小さなひび割れで、西アフリカ・クラトンが分離し、大きな陸塊から離れて南へ移動した。ロディニアの分裂は七億五〇〇〇万年前までどんどん進み、長く連なる火山列島と、玄武岩を含む溶岩流が、地殻の大きな裂け目をあらわにした。超大陸が半分に分かれるとき、南北に大きく割けてウルが西に、そしてローレンシア、バルティカ、アマゾニア、さらに他の小さなクラトンが東へと向かった。

大陸が割けたことで、何千キロメートルにも及ぶ新しい海岸線ができて、急速に海岸が浸食されるようになった。クラトンの間の海に堆積盆地が形成され、岩石記録がない時代に終止符が打たれた。中原生代に始まり、ほぼ二億五〇〇〇万年続いた堆積層のなかった時代が終わった。この移動と分裂の世界には微生物が広く棲息していた。浸食された陸地は光合成を行う藻類に無機栄養素を提供した。リン酸塩、モリブデン、マンガン他、必須元素が海水にはわずかしか含まれていなかったため、長い間、無機栄養素は限られた量しかなかった。ここで古生物学者が思い描くのは、厚い緑のマットを敷いたような、海底が砂質の浅海の潮間帯と、臭い藻類が大量に茂る沖合の光景だ。

地殻変動はさらに地球の海、大気、気候の変化を推し進めた。大気中の酸素が増加した原因の一つは沿岸で藻類が繁茂したためだが、同時に藻類のバイオマスの生産量が増加して、有機体炭素が急速に埋没したためでもあった。地球の歴史を通じて、酸素を主に消費するのは炭素を多く含むバイオマスだった。バイオマスが多く分解すれば、酸素の消費も速くなる（森林火災は著しく速い酸素消耗現象である）。同様に炭素を多く含むバイオマスが速く埋没するほど、大気中の酸素含有量が増加する。しかしバイオマスが埋没したかどうか、どうすればわかるのだろうか？　それを伝えるかすかな記録が、石灰岩にあることがわかった。

石灰岩中の炭素の同位体は、藻類の生成速度の変化を示している。生命体に不可欠な化学反応（たとえば水と二酸化炭素を光合成で糖に変える）では、常に炭素13に比して軽い炭素12が濃縮する。その結果、バイオマス（この場合は生死は問わず藻類）中の炭素は石灰岩中の無機炭素に比べると、常に〝同位体的に軽い〟。通常、微生物が増えて軽い炭素が海中で使われてしまうと、それに合わせるように石灰岩は重い同位体特質を示す。そしてバイオマスの埋没が急速に進んでいるときは、さらに多くの軽い炭素同位体が、系統的に海中から取り除かれ、残った炭素により、石灰岩は（平均して）さらに重くなる。たしかに七億九〇〇〇万年から七億四〇〇〇万年前に、ロディニアの沿岸に沈殿した石灰岩は、著しく重い。その時期、藻類が前例のないほどのスピードで広がっては埋没したに違いない。

このような生物の繁栄は、地球の気候に大きな影響を与えたと思われる。微生物は温室効果ガスである二酸化炭素を消費しているが、二酸化炭素は火山から絶えず噴き出している。通常は二酸化炭素のインプットとアウトプットはバランスが取れているので、大気中の濃度は比較的、一定である。しかし藻類の急速に成長した新原生代には二酸化炭素レベルが下がって、温暖化が緩和していたかもしれない。

二酸化炭素に関わるもう一つの複雑なフィードバック・ループも、地球の寒冷化を進めた可能性がある。ロディニアの分裂の結果、何千キロメートルにも及ぶ新しい海底火山ができ、それが熱くて密度の低い海底地殻を生んだ。そのような熱くて浮揚しやすい地殻には浅い海ができやすいため、平均海面が上昇する。そのため七億五〇〇〇万年前以降には、多くの内海があったと思われる。内海が多くあると海水の蒸発量が増え、雨量も増加し、岩石の風化が急速に進む。しかし岩石が風化すると、温室効果ガスの二酸化炭素も急速に消費され、大気中の濃度が下がって地球が寒冷化する。

ロディニア以前からの独特の大陸と海の配置も、地球全体の気候変動に影響したかもしれない。海と陸では、日光を反射したり吸収したりする力、いわゆるアルベドがまったく違う。黒っぽい海はアルベドが低い。太陽エネルギーのほとんどを吸収し、その過程で温度が上昇する。乾いた不毛の陸地は逆に、太陽光を反射する。ロディニアのように乾燥して荒れた超大陸は、日光の大半を宇宙へとはね返していただろう。赤道には極よりも多くの太陽エネルギーが集まるので、大陸が赤道付近に集中して極が海という状況では、地球を寒冷化させる出来事が起こった場合、影響は大きくなる。

そのような地球規模の動きと、複雑なフィードバック・ループの詳細については、まだ解明されていないが、比較的安定した時代のあとの新原生代の地球は大きな変化へと向かっていた。

スノーボール・アースとホットハウス・アース

七億四〇〇〇万年前、地球は空前絶後の気候不安定な時代に突入した。それはすべて壮絶な氷河期から始まった。

氷河が存在していた場所には、それとはっきりわかる特徴的な沈殿物が残される。ほとんどは漂礫岩と呼ばれる指標となる石の、厚く不規則な岩石層だ。その中には砂、小石、角ばった岩石の破片、細かい岩粉が無秩序に入り混じっている。氷河の跡には、ゆっくり進む氷床にこすられて角が取れた岩盤の露頭も残される。迷子石や土手のようなモレーンも氷河があった証拠となるし、薄い層をなす年縞堆積物も、季節ごとに氷河湖へ水が流出していたことを示している。

七億四〇〇〇万年前から五億八〇〇〇万年前の岩石に、氷河の存在を示すそれらの証拠が、世界中のあらゆる場所で見つかっている。およそ七億四〇〇〇万年前に劇的な気候の変化が突然起こったという証拠は、数十年前から次々と見つかっていた。そんなとき、一九九八年八月二八日付の『サイエンス』に、ハーバード大学のポール・ホフマンと三人の研究者が「新原生代の全球凍結（スノーボール・アース）」という衝撃的な論文を発表した。ホフマンらは、その時期に少なくとも二回、ただの氷河期が訪れただけでなく、地球の極から赤道まで完全に凍りついたと、それまで誰も考えたこともない理論を展開した。その主張の根拠の一つは、ナミビアのスケルトンコーストの岩石層の綿密な観察にあった。厚く堆積した漂礫岩とともに、氷河が赤道付近（緯度およそ一二度）にあったことを示す古磁気学的な徴候が見つかった。それは高山にある山岳氷河でもなかった。その漂礫岩は明らかに浅い海の海面で沈殿したものだ。その時代、赤道付近はとても寒かったのだ。比較のため一番最近の氷河期を例にとると、氷河が緯度四五度を越えることはなかったし、氷が最も広い範囲をおおっていた時期でさえ、比較的暖かい熱帯が存在していたことが化石証拠から示されている。ところが新原生代には、赤道付近の海面位にまで氷が累積していた。ハーバード大学のチームはそれを示す確固たる証拠を見つけたのだ。以来、その現象はスノーボール・アースと呼ばれるようになった。

一九九八年に発表されたホフマンの論文を読んだ多くの科学者にとって、炭素同位体こそが、そのような突然の壊滅的変化が起きた決定的証拠だった。最初のスノーボール・アース現象が起こる何百万年も前（七億四〇〇〇万年以上前）、藻類のバイオマスが急激に増加して、炭素の軽い同位体が濃縮した。同時期に分裂した超大陸ロディニアの沿岸部に沈殿した石灰岩は、逆に重くなった。裏を返せば、もし微生物の生産活動が遅くなる、あるいは停止すれば、石灰岩の炭素同位体は平均的にもっと軽くなるはずだ。これこそまさにホフマンらが発見したことだ。およそ七億年前、氷河沈殿物が出現した直前直後には、重い炭素が一パーセント以上、減少していた。

この新しいモデルは、それぞれが地球の温度を低下させる、入れ子型の正のフィードバック・ループの理論に基づいている。あるフィードバックは大陸の風化作用で左右された。それは暑く湿度の高い熱帯で加速したプロセスで、二酸化炭素を大気からどんどん減らしていった。別のフィードバックは、大量の藻類が光合成を行って、大気からさらに多くの二酸化炭素を取り除いたことで広がった。

その一方、大気の温室効果が弱まって気候が寒冷化し、極に氷冠が形成され始めた。そのできたての白い氷や雪がさらに多くの日光を宇宙に反射し、正のフィードバックが働いて地球がこれまでにないほど急速に冷えていった。そして氷床がどんどん低緯度帯まで広がっても、まだ温暖だった赤道付近の大陸と豊かな藻類の生態系が、大気中の二酸化炭素をさらに減らしていた。地球の気候は一時的にバランスを崩して転換点を超え、両方の極から白い氷が赤道に向かって広がり、やがて地球全体をおおった可能性がある。ポール・ホフマンらが主張するシナリオの、とくに〝ハードなスノーボール〟仮説では、地球の温度はマイナス四五℃まで低下し、一六〇〇メートルもの厚さの氷が地球をぐるりとおおったということになっている。

何百万年もの間、地球は氷（完全に凍りきっていないとしても）にすっぽり包まれていた。白い〝スノーボール・アース〟は日光を吸収できないため、気温が氷点を超えず、永遠に氷のまゆに閉じ込められるかのように思えた。地球規模の氷河期が、ほぼすべての生態系を停止させた。以前は豊かだった微生物もほぼすべて絶滅した。いくつかの丈夫な微生物が、それまで何十億年もそうしてきたように、海底の熱水噴出口の永久の暗闇の中で生きながらえた。他のところどころで生き残った藻類は、日が当たる薄い氷の割れ目や、暖かい火山の山腹近くにある、浅い水たまりに棲息場所を見つけたのだろう。

そんな長くて冷たい冬から、地球はどのようにして脱け出したのだろう？　その答えは地球のはるか深いところで起こっていた、ある動きにあった。白い氷と雪におおわれても、プレートテクトニクスによる地殻変動は止まることはなかった。また氷から突き出している何百という火山からガスが噴き出すスピードを遅くすることもできなかった。火山ガスの主成分だった二酸化炭素が再び大気中に蓄積され始めた。陸地が氷でおおわれると、岩石の風化作用と光合成による二酸化炭素の減少もほとんど止まった。二酸化炭素はしだいに増加し、それまでの一〇億年で見られなかったほどのレベルにまで上昇し、やがて現在の数百倍もの量になり、それが引き金となって新たな正のフィードバックが起き、こんどは温室効果が暴走した。日光はまだ白い地面で四散していたが、大気中の二酸化炭素がその放射エネルギーをすぐ地表にはね返した。そうなると温度上昇は避けられない。

大気の温度が上がると、何百万年ぶりかに赤道近辺の氷の一部が融けた。黒い陸地が露出して、吸収される日光が増えると、温暖化は加速した。太陽と地表との間の正のフィードバックにより、地球がどんどん暖まると、海でも白いおおいが取れ始めた。

ガスのケース

現在、多くの科学者が地球温暖化を急激に悪化させた原因とみなしているのが、もう一つの正のフィードバック——現代に生きる私たちにとって大きな心配事でもあるメカニズム——だ。最も単純な炭化水素燃料であり、〝天然ガス〟として家庭で燃やしているメタン（CH_4）も温室効果ガスだが、二酸化炭素より太陽エネルギーを効率よく閉じ込める。メタンは何十億年もかけて海底に沈殿したが、そのメカニズムはおそらく二つある。一つは微生物が通常の代謝サイクルの一部でメタンを放出するという説だ。これはよく記録されているため異論も少ない。そのようなメタン生成微生物は、有名なメタン埋蔵地近くの、酸素がない海の沈殿物中でよく育っている。そのため大きな天然ガス田は、こうした微生物の継続した行動で形成されたと考えられている。

最近の実験で、地球のもっと奥深くにメタンが存在するという、第二の可能性が示された。これは生物とはまったく関係ない。地殻深部とマントル上部、深さ一六〇キロメートル以上の高温、高圧の環境で、水と二酸化炭素が鉄を含む鉱物と反応してメタンをつくると、一部の科学者が主張している。この地球深部での反応を再現しようと、高温高圧での実験が行われている。よく引用されるのが二〇〇四年にカーネギー地球物理学研究所で行われた研究だ。ポスドクのヘンリー・スコットが、地殻に多く含まれる二つの成分、方解石（炭酸カルシウム――石灰岩の主成分の一つである含炭素鉱物）と酸化鉄を水と混ぜた。スコットはこれらの材料をダイヤモンドアンビルセルに固定して、五〇〇〇℃以上でレーザー加熱する。上部マントルの極限的環境と同じ環境をつくるのだ。ダイヤモンドアンビルセルの大きな利点は、透明なので標本の反応と変化を見られることだ。ヘンリー・スコットの目の前で、小さなメタンの泡ができた。水の水素が方解石の炭素と反応して天然ガスがつくられたのだ。ロシア、日本、カナダで行われた他の実験でも、地球深部と同じ条件下で炭化水素が合成された。

これらの実験は、新原生代の地球温暖化を理解するうえで重要な意味を持つかもしれない。メタンがとくに強力な正のフィードバックの一因であるかもしれないからだ。海底近くに貯蔵されているメタンの多くは、メタンハイドレートと呼ばれるメタン包接水和物として存在している。それは氷に似た水と気体の結晶混合物で、大陸斜面の海底に露頭を形づくる（この氷点下の氷状のメタンは明るい炎を出して燃える）。メタンハイドレートは、地下から上昇してきたガスが冷たい海水と反応したときに形成される。ある推定によれば、他の産状のメタン埋蔵総量の数倍にものぼる大量のメタンがそこに閉じ込められているという。さらに相当な量のメタンハイドレートがシベリア、カナダ北部など、北極圏の永久凍土中に何千年も眠っている。

海水の温度がわずかでも上昇すると、気候に関する極端な正のフィードバックが起こり、とくに浅い海に沈殿したハイドレートが融け、大量のメタンガスが大気中へ放出される。このメタンが温室効果を助長して、さらに海水の温度が高くなる。新原生代に海底のメタンが大量に放出されたために地球温暖化が加速して、凍てついていた地球がほんの数十年で暑くなった可能性を指摘する科学者もいる。

このシナリオはメタンがどこから生じるかで、大きく違ってくる。もし微生物が海中に埋蔵されている天然ガスの大半を生産しているなら、スノーボール・アースの時代にはメタンハイドレートの生産スピードが遅くなり、メタンの放出が温暖化に大きな影響を与えることはなかったかもしれない。一方、相当な量のメタンが高温高圧のマントルから生じたなら、微生物とは関係なく、地球が寒冷化した時期も大量のメタンハイドレートが増え続け、さらに大きなフィードバックを起こしていただろう。それではメタンはどのプロセスで生じたのだろうか？　地球深部の岩石か、浅い海の微生物か、それともその二つを合わせた作用によるのか。

メタンは深いところにあるのか浅いところにあるのか。それは単純な問いに思えるかもしれないが、この問題をめぐっては、石油とガスのビジネスの世界で、国際的な論争が長年にわたり続いていて、激しい議論を呼ぶこともある。石油は基本的に炭化水素分子でできている。炭化水素分子の最も単純な形で、最も多く存在するのがメタンだ。メタンをつくる自然のプロセスがどのようなものであれ、それが石油の生成にもなんらかの役割を果たしていると、広く認められている。

この論争で対立する派閥の片方は、ロシア・ウクライナ学派で、これは一九世紀半ばに、元素周期表を作成したことで知られるロシアの化学者ドミトリ・メンデレーエフが創始したものだ。メンデレーエフはこの主張を裏付ける実験がないころから、石油の無機起源説を提唱した。「注目すべき事実は、石油は地球の奥深くで生まれたということで、石油の起源をさがすべき場所はそこしかない」と、彼は書いている。メンデレーエフの説はロシアとウクライナで二〇世紀後半に復活し、ロシアの石油と天然ガス業界を活気づけた。ロシアの地球科学者の中には、すべての石油と天然ガスは地球深部の無機物に由来すると、いまだ主張する人もいる。生産力のある油田は再生可能であり、地下の巨大マントルからたえず補充されているというのが、彼らの見解である。

しかしそのような考え方は、アメリカの石油地質学者にとっては異端である。彼らはもっぱら、石油の起源は生物にあるという証拠を出してくる。石油が見つかるのは、かつて生命体が多く棲息していた堆積層のみである。石油には独特の分子バイオマーカーが含まれている。石油の同位体組成は有機体に似ている。微量元素を見ても生物が起源であることを示している。北米の石油地質学者の大半にとって、この問題にはもう結論が出ているのだ。ほぼすべての石油と天然ガスは生物に由来すると。

何十年にも及んだロシアとアメリカの対立によって議論が二分したこの問題に再び火をつけたのが、優秀だが短気なオーストリア人の天体物理学者、トーマス・ゴールドだった。彼はコーネル大学で教えていたが、二〇〇四年に不慮の死をとげた。ゴールドの科学者としての名を高めたのは

（少なくとも天体物理学の世界で）、パルサーと呼ばれる深宇宙からの規則正しい電波信号が実は高速で回転している中性子星であると気づいたことだ（一時期、この電波信号は地球外生命体からの人為的信号ではないかと考えられたため、最初に発見されたパルサーは当初、緑の小人〈Little Green Man〉の頭文字をとってLGM－1と名付けられた）。

ゴールドはさまざまな科学領域の問題に取り組んだが（聴覚の仕組みから、パウダー状の月の表面の粘度まで）、天体物理学以外の功績で最もよく知られているのが、石油と天然ガスの無機起源説を擁護したことだ。石油が生物に由来するように見えるのは、微生物の群れ（〝深くて熱い生物圏〟）が、無生物の炭化水素を食物として使っているからにすぎないというのが、彼の主張だった。つまり微生物が無生物の炭化水素に、独特の生物化学マーカー（ホパン、脂質など）を刻み付けるのだ。この仮説に基づき、ゴールドはそれまで誰も考えなかったようなところ、たとえば火成岩や変成岩などで、炭化水素をさがすべきだと主張した。スウェーデンの企業を、そのような硬岩を掘るよう説得までした。そのプロジェクトの結果は興味深いものだったが、はっきりとした結論は出なかった（不運な投資家が多額の資金を失った）。

この議論について、双方の言い分に耳を傾ければ、炭化水素の起源の問題には、まだ答えは出ていないことがわかる。トーマス・ゴールドは果てしない探究心の持ち主で、常に答えを求めていた。思いがけない死をとげる前、彼は私の研究室にやってきて、深くて熱い生物圏に関する議論をして、共同研究の可能性について話し合った。問題解決の助けになりそうな実験についてだ。メタンの起源という重大な問題の答えはまだ出ていないが、答えられない問題ではない。私たちに必要なのは、地球の深部にある炭素を理解するための、新たな国際的取り組みなのだ。

地球深部の炭素観測

炭素はおそらく地球で最も重要な元素であり、地球の変わりやすい気候や環境を理解する鍵だ。炭素は大昔からエネルギー追求の中心的な元素であり続けている。生命にとっても重要であり、ひいては新しい薬をはじめ無数の製品をつくるうえで中心となる元素だ。私たちは、すでに多くの研究がなされている海、大気、岩石、生命の表面のサイクルだけでなく、地殻から核に存在する炭素を理解する必要がある。

二〇〇九年夏、アルフレッド・P・スローン財団とカーネギー地球物理学研究所が、深部炭素観測計画（DCO）に着手した。これは一〇年にわたる地球に存在する炭素の研究プログラムで、とくに地球深部の炭素が、化学的、生物学的にどのような役割を担っているのかを調べるものだった。炭素はどこにあるのか。どのくらいの量の炭素があるのか。地下と地表の間をどのように移動するのか。深部の生物圏はどのくらい広いのか。この国際的、学際的な取り組みに、すでに何十もの国からの何百人もの研究者が関心を示している。私たちには多くの目的がある。たとえば深部に棲息する微生物についての地球規模の調査から、すべての活火山から放出される二酸化炭素のモニタリング。しかし地球の炭化水素の起源（メタンから石油まで）を突き止めるのが、DCOの最重要課題と言っていい。地球化学者のエド・ヤングと彼の同僚エドウィン・ショーブル（どちらもカリフォルニア大学ロサンゼルス校）は、海底のメタンが岩石からつくられたのか、微生物からつくられたのか突き止める鍵は、同位体にあると考えている。しかし重い同位体と軽い同位体をふつうに測定しても、理論上の計算を検証することはできない。そこでエド・ヤングは〝アイソトポログ（同位体分子種）〟を測定したいと考えている。

アイソトポログとは化学的には同一だが、同位体の配列が違っている分子のことだ。一個の炭素原子と四個の水素原子からなるメタンには、さまざまなアイソトポログがある。炭素原子の九八・九パーセントが軽い炭素12で、一〇〇個に一個が重い炭素13の同位体だ。同じように、水素には軽い同位体（専門的には〝水素1〟だが、単に水素と呼ばれる）と、重い水素2の同位体がある。水素2は重水素と呼ばれる。地球上に存在する水素と重水素の比率は、だいたい七〇〇〇対一だ。するとメタン分子一〇〇個のうち一個は炭素13の同位体を含み、メタン分子七〇〇〇個のうち四個が、重水素を含むということになる。

これら二つのどちらにしても、微量の同位体を測定するのは困難だ。しかしエド・ヤングらがさがしているのはそれではない。彼らが測定しようとしているのは見つけるのが難しい、二重に置換したメタンのアイソトポログだ。メタン分子のおよそ一〇〇万個に一個に、炭素13と重水素一個を持つもの（$^{13}CH_3D$と書く）、あるいは炭素12に重水素二個を持つもの（$^{12}CH_2D_2$）がある。エドウィン・ショーブルの計算によると、どんな標本であっても、これら二つの希少なアイソトポログの比率は、そのメタンがつくられたときの温度を示す指標となる。温度が鍵なのだ。もしメタンが二〇〇℃以下の環境で生成されたのなら、それは微生物に由来する。もし一〇〇〇℃以上だったら無生物に由来する可能性が高い。

　これは理論的にはすばらしく思える。問題は、$^{13}CH_3D$と$^{12}CH_2D_2$の比率を測定できる器具が、世界中さがしてもないということだ。従来の同位体分析は質量分析法、分子を質量によって分ける方法に基づいていた。この二つのアイソトポログの質量の違いは一〇〇分の一パーセント以下のため、区別するのがとても難しい。さらにアイソトポログの濃度は極端に低く、従来の分析法ではそれが大きな障害となっている。エド・ヤングらには、質量分解能および分子センサーの感度を高めた新しい装置が必要なのだ。ＤＣＯがすぐに、メタン中のアイソトポログの比率を測定するよう特別に設計された装置の試作品製作のために、二〇〇〇万ドルの資金提供を決めたのもそのためだ（アメリカ国立科学財団、米国エネルギー省、シェル石油、カーネギー研究所もこの取り組みを支援してくれている）。これはリスクの高い取り組みだ。器具をつくるのに何年もかかり、それがうまくいくかどうか見極めるまでにはもっと長い時間がかかる。しかし地球深部のメタンの起源について明確な答えを出し、メタンがきっかけで生じるフィードバック・ループが地球の気候を大きく変える可能性について洞察することには、それだけの価値がある。

変化のサイクル

新原生代の地球に話を戻すと、七億年前、最初のスノーボール現象の終わりに、気候変化の転換期が訪れた。それには二酸化炭素の増加が大きな役割を果たしていた。メタンハイドレートから突然メタンが放出されたことも影響を与えた。地質学的にはほんの一瞬で（おそらく一〇〇〇年未満で）、気候が大きく変化したはずだ。スノーボール・アースがホットハウス・アースに変貌し、気温は記録的なレベルにまで上昇した。

おそらく三〇〇〇万年ほどの長きにわたって温暖な気候が続いたが、ホットハウス効果には終わりが見えていた。上昇していた大気中の二酸化炭素濃度が天井を打ち、しだいに低下し始めた。温室効果ガスの一部は岩石と反応して取り除かれた。むき出しの地表に、腐食性の高い炭酸が混ざった雨が降り注ぎ（大気中の二酸化炭素が高濃度になった結果）急速に風化が進む。無機栄養の流入と日光の回復によって藻類が爆発的に増殖し、温室効果ガスを大量に消費した。これらの出来事すべてが、炭素同位体の記録にきちんと保存されている。

その後の一億五〇〇〇万年、地球はこの極端な状態を行きつ戻りつしていた。一回どころか二回、少なくとも三回は凍っては融け、地球の気候は極寒から酷暑へと大きく変わり、またもとに戻った。最初の氷河期であるスターティアン氷期は、七億二〇〇〇万年前に最高潮に達した。そのあと六億五〇〇〇万年前にはマリノア氷期、そして五億八〇〇〇万年前には、やや緩やかなガスキアス氷期があった。一〇を超える国々に見られる厚く累積した岩石が、この劇的なサイクルの詳細を明らかにしている。氷が後退したとき、氷河のあとには土から引き出された巨礫、ごつごつした漂礫岩、丸みを帯びた岩盤などが残された。その後まもなく、炭酸塩鉱物の結晶が厚く沈殿して、漂礫岩の層の上をおおった。これも海水の温度が上昇したサインだ。二酸化炭素が飽和状態にあった海で炭酸塩が急速に生成されたため、一メートル前後の結晶ができて浅い海の海底をおおった。これらの落とし物は、痛めつけられた地表が化学的な均衡を失っていたことを示している。退屈な一〇億年の状態は、永遠に消え去ってしまったのだ。

一九九八年にポール・ホフマンがスノーボール・アース説を発表したあと、地質学者たちは全球凍結のシナリオを受け入れていたが、そのブームも今は去りつつある。気象研究家は、氷が全地球をおおうのは難しいとしている。彼らの計算によると、寒冷化が最も進んだときでも、赤道は温暖だったと考えられるからだ。現在、凍結が最高潮に達していた時期に、氷の移動や海面の波、そして海流があったという証拠が見つかっている。その時期でも少なくとも凍っていない海がいくらかあったということだ。大半の地質学者は、スノーボール説からもっと穏やかな〝スラッシュボール（訳注：融けかかったシャーベット状の氷）説〟に乗り換えている。議論すべきモデルが新たに現れたわけだ。ホフマンはシャーベット状の地球は、凍結の最盛期の直前直後の状態と考えられると反論している。

それらの違いを区別することができるだろうか。ハードな全球凍結を支持する証拠としてあげられるのは、氷が地球をおおっていたのと同じ時期に形成された縞状鉄鉱層である。この堆積層がどのようにできたのか説明するのは難しい。その一〇億年以上前、退屈な一〇億年が始まる前に海中の鉄はすっかりなくなっていたからだ。では鉄はどのようにして、再び海に蓄積されたのだろうか？　考えられる一つのモデルは、スノーボール・アース現象で海が密閉され、海水と酸素が切り離されたということだ。その間も引き続きマントルから上昇してきた新たな鉄が、海底の熱水噴出口から海底へと送り込まれていた。しだいに鉄の濃度が高くなって急速に沈殿し、氷河期が終わったときには新たな縞状鉄鉱層ができていた。

スノーボール対スラッシュボール。このような論争は科学界では目新しいものではないし、他の論争に比べれば、控えめで友好的である。ポール・ホフマンはすでに引退して、新たな世代が難題に立ち向かっている。その答えはまだ岩石の中に隠されているのだ。

氷の謎

より大きな謎はまだ残っている。スノーボールあるいはスラッシュボール・アース現象が起こった時期が、最初の氷河作用ではなかったし最後でもない。しかし新原生代のこの三回の氷期は際立っている。私たちが知る限り、これほど極端な寒冷化はそれ以前にも以降にも起こっていない。なぜそのようなことになったのだろうか？　地球史上、なぜそれほど異質な時期が生じたのだろうか？

それ以前に起きた二回の氷河期については、岩石に記録がよく保存されている。そのときはそれほど苛酷なものではなかった。現在知られている限り、最も古い氷河期は二九億年前、始生代の中期に南アフリカ・クラトンで起こった。これは漂礫岩の堆積層から明らかにされたもので、比較的短期間だった。地球の氷冠が極から広がるのに、それほど長い時間が必要だったこと自体、ちょっとした謎である。初期の地球では太陽の光はまだ弱々しく、最初の数億年は、現在の放射量の七〇パーセント、始生代中期でもせいぜい八〇パーセントだった。太陽からのエネルギーが今よりはるかに少なかったとすると、他の温暖化メカニズムが働いていたはずだ。多くの科学者が温暖化の主原因と考えられるものの一つとして指摘しているのが、温室効果ガス（二酸化炭素、メタン、そしてオレンジ色の炭化水素の霧）の濃度が、現在よりはるかに高かったことだ。地球深部からの高熱の流れ、火山からの噴出物も気温を高めるのにひと役買ったはずだ。

皮肉なことだが、地球の最初の氷河期は温室効果ガスが増えすぎて起こった可能性がある。大気中のメタン量が増加すると、成層圏の高いところで起きる反応で炭化水素の大きな分子がどんどんつくられ、空がくすんだオレンジ色になっていたかもしれない。その霧が厚くなって太陽エネルギーの一部が遮断され、地球の温度が下がり始める。

第二の長い寒冷期は、赤道付近にあったケノーランド超大陸の分裂のあとに起こった。これは二四億年から二二億年前の、広範囲に見られる氷河堆積物に記録されている。大気のシミュレーションでは、新たに形成された海岸線で風化と土砂の堆積が増えたことで、当時、存在していた二酸化炭素の大半が消費されたことが示唆される。同時に酸素の増加によって、大気中のメタン（もう一つの重要な温室効果ガス）も消滅へと向かった。弱い日光（現在の八五パーセント）のもとでは温室効果が続かず、その後、延々と続く寒冷期が始まったのだ。

その後の一四億年間――退屈な一〇億年を含む、地球史のほぼ三分の一――には、氷河期の痕跡がまったく見つかっていない。地球の気候は暑すぎず寒すぎず、絶妙なバランスを保っていたようだ。これほどの長期間、なぜごく限られた変化しか起きなかったのか説明しろと言われれば、考えられうる負のフィードバックをいくつもあげることはできる。そのどれもが停滞に寄与していた可能性がある。しかしはっきりした影響が見られなければ、原因を正確に特定できない。確実に言えるのは、およそ七億四〇〇〇万年前に転換点に達し、その後、スノーボールとホットハウスのサイクルが始まったということだ。

第二の大酸化イベント

生物界がそのような地球規模の変化に反応しないわけはない。少なくとも過去三五億年、岩石圏の変化は生物圏に大きな影響を与えてきた。地球が暑さと寒さの極限の間で揺れているとき、大陸のむき出しで風化した海岸では、生態系に不可欠な栄養分がつくられていた。光合成に必要なマンガンは、そのような重要なミネラルの一つだ。モリブデン（窒素の処理に使われる）と鉄（さまざまな代謝の役割がある）も豊富につくられていた。しかし新原生代の海で最も重要な化学元素はリンかもしれない。リンはすべての生物に不可欠だ。遺伝分子であるＤＮＡとＲＮＡの骨格の形成を助け、細胞膜を形づくり、化学エネルギーを貯蔵したりすべての細胞に運んだりするのに、主要な役割を果たしている。

私の同僚でポスドクの研究を地質学研究所で行っているドミニク・パピノーは、リンに心を奪われている。大昔の地球の地質構造への彼の情熱は、ボストン大学の岩石だらけのオフィスの隅々まであふれている。ストロマトライトや縞状鉄鉱層から採取した岩石は、遠く離れた土地に彼が何度も調査のために訪れた証拠である。

パピノーはある生態系では、微生物の成長の程度は、利用できるリンの量と結びついていることに気づいた。そこで彼が思い描いたのは、かつてないほどの量の栄養素が存在している新原生代の浅い沿岸海水だ。世界最大級のリン鉱床（リンが豊富に含まれている細胞が死んで海底に沈殿した堆積物）のいくつかが、スノーボールとホットハウスのサイクルと同じ時間間隔で形成されている。パピノーは世界中を旅して、そのような古代のリン灰土層を訪れ（カナダ北部、フィンランド、アフリカ、インド）、その独特な地質環境と化学的組成を調べている。

リンの増加によって藻類が繁殖したことで、大気中の酸素濃度が新たなレベルへと押し上げられた。おそらく一五パーセント程度まで増加したと考えられる。これは呼吸ができるレベルだ。しかし矛盾しているようだが、腐りかけて海底にたまった藻類は海水中の酸素と反応するため、深海はすぐに酸素がない状態に戻る。そのためスノーボール・アース以後、生物が復活すると、海中は酸素の豊富な海面近くの層と、酸素がない深海の層に分かれた。ドミニク・パピノーは現代の海岸付近に、それとよく似た状況を見ている。肥料中のリンが大量に海へと流出し、藻類が繁殖すると、深海部にはまた酸素のない領域が生じる可能性がある。

そこで私たちは鉱物進化の中心的テーマに戻る。岩石圏と生物圏の共進化だ。鉱物は生物を変え、生物も鉱物を変える。四〇年前、私が大学院で地球科学の研究を始めたころは、生物学は地質学とほとんど関係ないと思われていた。論文指導教官に選択科目として生物学をとるべきか尋ねると、彼は量子力学にするよう力説し、「君が生物学を使うことはない」と断言したものだ。

地球の進化のあらゆる面（それこそ生物の起源から）で、生物が地質学的性質に影響し、地質学的性質が生物に影響していることを思えば、これは頼りないアドバイスだった。二〇〇六年にカリフォルニア大学リバーサイド校の地球化学者のマーティン・ケネディと他の四人が、この相互依存関係について、確実性にはやや欠けるものの目新しい例をあげている。「粘土鉱物製造所の始まり」というタイトルの彼らの論文が三月一〇日付の『サイエンス』で発表された。それによれば、数パーセントだった大気中の酸素濃度が現在のレベルまで上昇したのは、微生物と粘土鉱物との間に正のフィードバックが働いたためだという。

粘土は基本的にとても小さな鉱物の粒でできていて、よく水を吸って粘り気のある塊となる。粘土質の深いぬかるみに足や車を突っ込んで、さんざんな経験をした人もいるだろう。粘土鉱物は主に風化作用によって形成される。とくに新原生代のような湿度が高く酸性の環境下での化学的変化による風化だ。ケネディらは氷河期後に急速に陸地が風化したことで、三回のスノーボール／ホットハウス・サイクル以前よりも、生成される粘土鉱物の量が大幅に増えたと主張している。さらにこのころ微生物のコロニーが沿岸部に集まってきたという証拠が次々と見つかっている。微生物は硬い岩石を軟らかな粘土に効率的に変えるのだ。

粘土鉱物のすばらしい性質の一つは、有機生体分子に結合する能力だ。粘土鉱物の生産が増加して海に流れ込むと、炭素が豊富なバイオマスがその粒子の細かい泥に飲み込まれて隠されたと思われる。ケネディのシナリオによれば、炭素の埋没が酸素量の増加につながり、さらに陸地における粘土鉱物の生成を加速させて、より多くの炭素が埋没することになった。このように〝粘土鉱物製造所〟は大気中の酸素増加と現代の生物世界の進化に直接寄与していたのかもしれない。

動物の出現

ホットハウスの時期にリンや他の栄養に助けられて藻類が繁殖したことは、大気中の酸素の激増に間違いなくひと役買っている。粘土鉱物製造所がその影響をさらに拡大したかもしれない。そしておよそ六億五〇〇〇万年前に、大気中の酸素量は現代に近いレベルにまで増加した。その結果、複雑な多細胞生物が生まれた。そのレベルの量の酸素が存在しないと、クラゲや虫などの活動的でエネルギーを必要とするライフスタイルが成り立たない。事実、化石の記録に現れる最初の多細胞生物と思われるものは、およそ六億三〇〇〇万年前、第二のスノーボール現象の直後だ。

新原生代に動物が出現したことを理解するには、まず一〇億年以上さかのぼって、退屈な一〇億年以前に目を向ける必要がある。わずかな化石の証拠から、およそ二〇億年前にまったく新しい種類の単細胞生物が生まれたことが示される。それ以前、細胞はすべて物理的に分離された（相互依存していても）生物だった。しかしマサチューセッツ大学アマースト校の生物学者であるリン・マーギュリスが、一つの細胞が別の細胞を丸ごと取り込むという、革命的なアイデアを初めて提唱した。取り込んだ細胞は消化されず、大きい細胞が小さいものを吸収して共生関係を築いたのだ。それによって地上の生物は永久に変わった。

マーギュリスは創造力にあふれた、精力的かつ知的好奇心旺盛な人物だ。彼女はもっぱら生物の集団がどのように相互に作用し、共進化しているのかを理解することに取り組んだ。彼女は共生的な関係と生物学的発明を、生物の歴史の広範にわたるテーマと見なした。彼女の主張が少なからぬ人々を動揺させたのは、進化は基本的に突然変異と選択によって起こるという、正統なダーウィニズムの見解から逸脱しているからだ。異論はあるにしろ、マーギュリスの内部共生論には説得力があり、現在では広く受け入れられている。現代の植物、動物、菌類をつくっている細胞には数多くの内部構造がある。小さな発電所のような働きを持つミトコンドリア、光合成をする生物の中で太陽エネルギーを活用する葉緑体、遺伝分子であるＤＮＡが入っている細胞核。これらと他の細胞小器官には、それぞれ細胞膜が、場合によっては独自のＤＮＡがある。マーギュリスはこれらの小器官はそれぞれ、もっと前に単純な細胞から進化し、取り込まれ、やがて吸収されて、特別な生化学的作業を行うようになったと主張している。今、最も有力な説によると、変化はおよそ二〇億年前に始まり、はるかに複雑な多細胞生物出現のための準備が整った。

マーギュリスは生物の進化を、異なった生物の共生と特徴の共有によって促されるものと考えていた。このアイデアが内部共生を超えることは（そのために主流からはずれるときがあることも）彼女自身よくわかっていた。最近の話題の一つは、コロラド州デンバーで行われた地質学者の会合の講義で、イギリス人生物学者のドナルド・ウィリアムソンのアイデアを擁護したことだ。二〇〇九年にウィリアムソンは、チョウは非常に異なった二種の動物——地面をはうイモムシと羽のあるチョウ——の遺伝物質が混ざったことを示していると提唱し、物議を醸していた。マーギュリスが米国科学アカデミー会員の特権を使い、ピアレビューの過程を省いてウィリアムソンの論文を『米国科学アカデミー紀要』に掲載しようとしたため論戦が激化した。会員の中には腹を立て、その説を〝ナンセンス〟と切り捨て、科学雑誌よりもタブロイド紙の『ナショナル・エンクワイアラー』に載せたほうがいいと言う者もいた。それに対してマーギュリスは、ウィリアムソンの論文は真剣に吟味して議論する価値があると反論した。「ウィリアムソンの主張を全員が受け入れるよう求めているのではなく、科学と学識に基づいて評価してほしいと思っているだけです。先入観で反射的に反論するのではなく」

その議論の結果がどうあれ、マーギュリスの内部共生理論は、今では標準的な考え方となっている。新原生代には核を持つ複雑な細胞と、他の内部構造がしっかりできあがっていて、新しい共生の境界を越えようとしていた。六億年以上前、単細胞生物は協力したり集まったり特殊化したりすることを覚え、まとまって成長し、移動するようになっていた。それらは動物になったのだ。

動物が優位となった生態系を示す最古の化石証拠は、いわゆるエディアカラ紀のものだ。エディアカラ紀はおよそ六億三五〇〇万年前、二回目のスノーボール現象の直後に始まった。はっきりとした模様が刻まれた最初の化石は、南オーストラリアのエディアカラで発見された、五億八〇〇〇万年前のものだ（そのためにこの名がついた）。それらは軟体動物で、クラゲや蠕虫《ぜんちゅう》の親戚と思われる。おもしろいほど左右対称の形で、並んだパンケーキや美しい筋のついた葉のように見える。大きさは最高で幅六〇センチメートルほどだ。世界中で同じような化石が、六億一〇〇〇万年前から五億四五〇〇万年前の岩石で次々と見つかっている。とくに際立っているのが、六億三〇〇〇万年前に形成された中国の南部の峙山　沱《ヂーシャントウオ》層（リンが豊富に含まれる）で、動物の卵や胚と思われる小さな細胞の塊が見つかっている。それらはマリノア氷期のあとに浅い海に棲息していたものだが、構造はすべての面で現代の動物の胚とそっくりだ。

どうやら過酷なスノーボールとホットハウスのサイクルが、この時代の生命の進化において中心的な役割を果たしたようだ。私たちのような多細胞生物が存在しているのも、安定した日光と熱を閉じ込める二酸化炭素によって暖かい時期が一〇億年以上続いたあと、八億年前に地球が気候の転換点を迎えた、あの瞬間のおかげとさえ言える。赤道付近の新たな大陸の風化によって二酸化炭素が急速に消費され、日光を反射する氷が極と赤道の両方に広がると、地球の温度は急激に下がり、それが数百万年続いた。やがて二酸化炭素が着実に増加し、さらに海底からのメタン放出で増幅されたことが引き金となって、同じくらい急な暴走温室効果が起こったのだろう。

激しく不安定なスノーボール／ホットハウス・サイクルには、均衡が崩れた惑星の姿がはっきりと表れている。変動が激しかった新原生代の気候の直接的な影響で、大気中の酸素が空前のレベルに上昇したことで動物と植物が出現し、大陸へと進出した。進化する地球には、まもなく新しい生物があふれた。水中を泳ぐ、穴を掘る、地面をはう、そして空を飛ぶ。それまで見たこともない習性を持った生物が、地球の隅々にまで広がっていった。六億五〇〇〇万年前に酸素が豊富な大気が出現したことによって、地球の長い歴史上で初めて、人間が深く呼吸しても死んだり苦しんだりしない環境ができた。どろどろした緑の物体を集めてささやかな食事をとることもできるし、致死量を超える紫外線を避けることもできるようになったのだ。

現在、地球は再び大きな気候変動の時期に入り、正のフィードバックが働き始めているようだ。日光を反射する氷が融けるスピードが加速度的に上がり、海と陸地が吸収する太陽エネルギーが増えている。樹木が伐採されて燃やされ続けているため、大気中に送り出される二酸化炭素量が増える一方、二酸化炭素を消費する森林面積は減少している。そして何より重大なのは、永久凍土層と深海の氷から放出されるメタンで世界的に気温がさらに上昇し、気候のバランスを崩しかねないということだ。地球の過去から学ぶべき教訓をリストアップするなら、新原生代の突然の気候変動をトップに据えるべきだろう。スノーボールからホットハウスへと気候が転換するたびに、そのとき生きていたものがほとんど死に、生物が進化する新たな機会を与えられることになったのだ。

第10章

緑の地球

陸上生物圏の出現

地球の年齢

40億〜46億年
(現代を含む5億4200万年間)

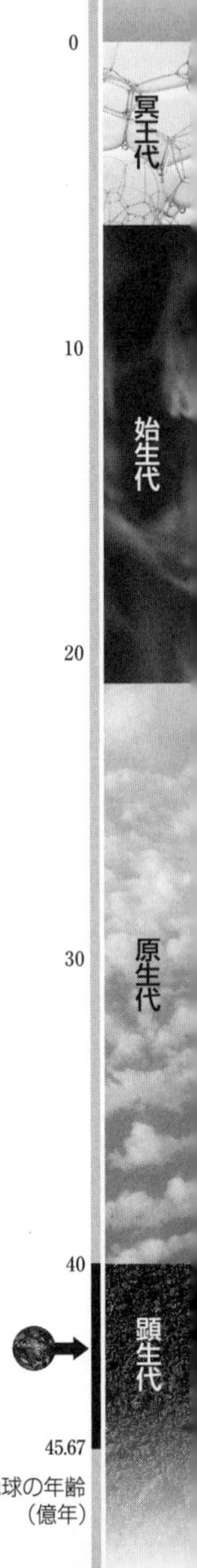

プレートテクトニクスのおかげで地球は救われた。ゆっくり止まることのない地球内部の対流が、赤道付近に広がるロディニア超大陸を分裂させ、より手ごろな大きさの大陸が生まれた。それらの大陸塊は極のほうへ移動し、氷を蓄積した大陸が赤道付近から減って、極端なスノーボール／ホットハウス・サイクルが緩和された。新たに光合成を行う藻類が増えたことで、二酸化炭素量の激しい増減を抑え、酸素濃度が現在のレベル近くまで上昇した。これ以降、地球は顕生代に入り、その前の時代ほど、地球規模で極端に気温が変動するようなことはなくなった。

　現代を含む五億四二〇〇万年の間には、地球では少なくとも五つの変化が起こっている。大陸は移動を続け、まず一つの海をつぶして別の超大陸を形成し、それがまた分裂して大西洋がつくられた。大西洋はいまだ拡張し続けている。気候は温暖化と寒冷化を何度も繰り返しているが、新原生代のスノーボール／ホットハウスのような極端なものではない。この時期に三回目の酸素増加イベントが起こり、大気中の酸素濃度が急増したが、その後、約半分まで低下してあとでまた増加に転じている。海面の高さも変化し、地球の海岸線を大きく変えた。岩石の記録を見ると、海面が何度も上昇しては低下していた（たいてい一〇〇メートル前後）ことがはっきりとわかる。しかし最も際立っているのは、生物が根本から不可逆的な変化と進化を遂げていることだ。それらすべての変化の中で、生物と岩石は共進化してきた。

地球は常に変化する惑星だったが、顕生代の歴史は以前の時代よりはるかに詳しく調べられている。証拠となる岩石が広範囲にわたって見つかり傷みも少ないために、複雑でニュアンスに富むバリエーションが読み取れるのだ。その豊かな歴史を語るうえでの鍵は、保存状態のよい化石だ。これは生物が新たに、硬く耐久性のある部位（歯、甲羅、骨、木質部など）をつくる能力を身につけた結果だ。動物や植物は地表付近の環境変化に敏感に反応することがわかった。化石には環境変化に適応するための機能が数多く残されている。微生物はどんな過激な変化も生き残ることができる。その復元力と単純すぎるほどの形、まばらであることを考え合わせると、カンブリア紀以前の岩石に大量消滅の痕跡は見当たらない。そのころ地球の支配者は微生物だった。しかし顕生代になると、話はまったく違ってくる。

この五億四二〇〇万年の間、私たちが見ているのは新しい地球だ。ゆっくりと何億年以上もかけて変化する惑星ではなく、急速に進化して、一〇万年前とは目に見えて違ってしまう世界だ。より詳しい記録が残っているために変化が目につきやすいということもあるが、一つには生物の存在のせいでもある。動物や植物、とくに陸地に群れで棲息する生物は、地球のサイクルにすぐさま反応する。大急ぎで進化できなければ死んでしまう。古い種が絶滅すると新しい種が取って代わる。

世界という舞台劇

五億五〇〇〇万年前から今まで動き続けている大陸は、地球の進化と多様化する生物相にとって、変更のきく舞台であり続けている。この話は単純な三幕物の舞台劇と考えると想像しやすい。

第一幕――カンブリア紀の始まり。五億四二〇〇万年前。原生代に存在した超大陸ロディニアは、いくつかに分かれて四散している。最大の陸地は南極から赤道に向かって広がるゴンドワナ大陸で、この名はインドの地名に由来する。現在の南側の大陸とアジアの広い範囲が、この巨大な一つの陸地にまとまっていて、その大きさは南北に一万三〇〇〇キロメートルにも及んでいた。超大陸ロディニアのあとにできた大陸は、すべて南半球に位置していた。そこにはローレンシア大陸（現在の北米とグリーンランド）をはじめ、いくつかの大きな島（ヨーロッパの大半）も含まれる。北半球はほぼ海で陸地はなかった。その後の二億五〇〇〇万年で、すべての大陸がプレートによって北へと運ばれた。ローレンシア大陸はまず、のちにヨーロッパになる大陸と、シベリアの大部分と合体して二倍以上の大きさになった。

第二幕――およそ三億年前。北へ向かっていたゴンドワナ大陸がローレンシア大陸と衝突して、最も新しい超大陸パンゲアが誕生した。ゴンドワナ大陸とローレンシア大陸が一つになったことで起こった最も壮大な地質学的事件は、北米とアフリカの間にあった古代の海が消滅し、アパラチア山脈が生まれたことだ。現在のアパラチア山脈はメイン州からジョージア州にかけて連なっているが、比較的のどかな、丸みを帯びた山脈だ。うねるようなその地形は、浸食の力がいかに大きいかを示している。三億年前にはのこぎりの歯のようにとがった山頂が、一〇キロメートル程度の高さまで突き出し、世界屈指の大きな山として、現在のヒマラヤに肩を並べるほどだった。超大陸パンゲアができたとき、乾いた陸地のほぼ四分の三が南半球に位置していた。そして一億年の間、超海洋のパンサラッサ（ギリシャ語で〝すべての海〟という意味）が超大陸パンゲアを囲んでいた。

第三幕――一億七五〇〇万年前。陸地が割れて、大西洋の形成が始まる。超大陸パンゲアの陸塊が七つの大きな陸地に分かれ始めた。まずローレンシア大陸とゴンドワナ大陸が分かれ、北大西洋が生まれる一方、大陸はさらに分かれて、さらに北西と南東へと広がった。南極大陸とオーストラリア大陸がゴンドワナ大陸から分かれてそれぞれ小さな大陸を形成し、南へ移動した。南米大陸とアフリカ大陸西海岸の間の裂け目が南大西洋を開き、インドはアフリカ大陸東海岸から離れて、その後五〇〇〇万年前にわたる北方への長い旅路についた。やがてアジア大陸にぶつかり、しわが寄るようにヒマラヤ山脈が盛り上がった。

長い歴史を通して、大陸があちらこちら動き回り、あるパートナーとペアを組んだり別れたりしていたさまは、人間ドラマと似ていなくもない。この世界がどのように動いていたか知っておくのは有益だ。ググルで「Pangaea animations」と検索するだけでいい。それを見ているとき、大陸が移動すると地球の他の部分も変わらざるをえないことを忘れずに。海岸線が長くなれば浅い海に棲む生物が増える。極にある陸地では厚い氷床が増え、そのぶん海面が低くなる。大きな大陸では激しい競争の中で生物が進化するが、孤立した大陸や他と遠く離れた海では独自の進化を遂げる。山脈や海の位置によって気候が変わる。現代もそうだが、地球の大きなサイクルはどれも他のサイクルに影響を与えている。

動物の爆発的増加

何十億年もの間、地球の微生物は気候、栄養、日光などに合わせて、増えたり減ったりを繰り返していた。しかし、浅い海の堆積物から見つかった新しい証拠には、新原生代の終わりに起きた藻

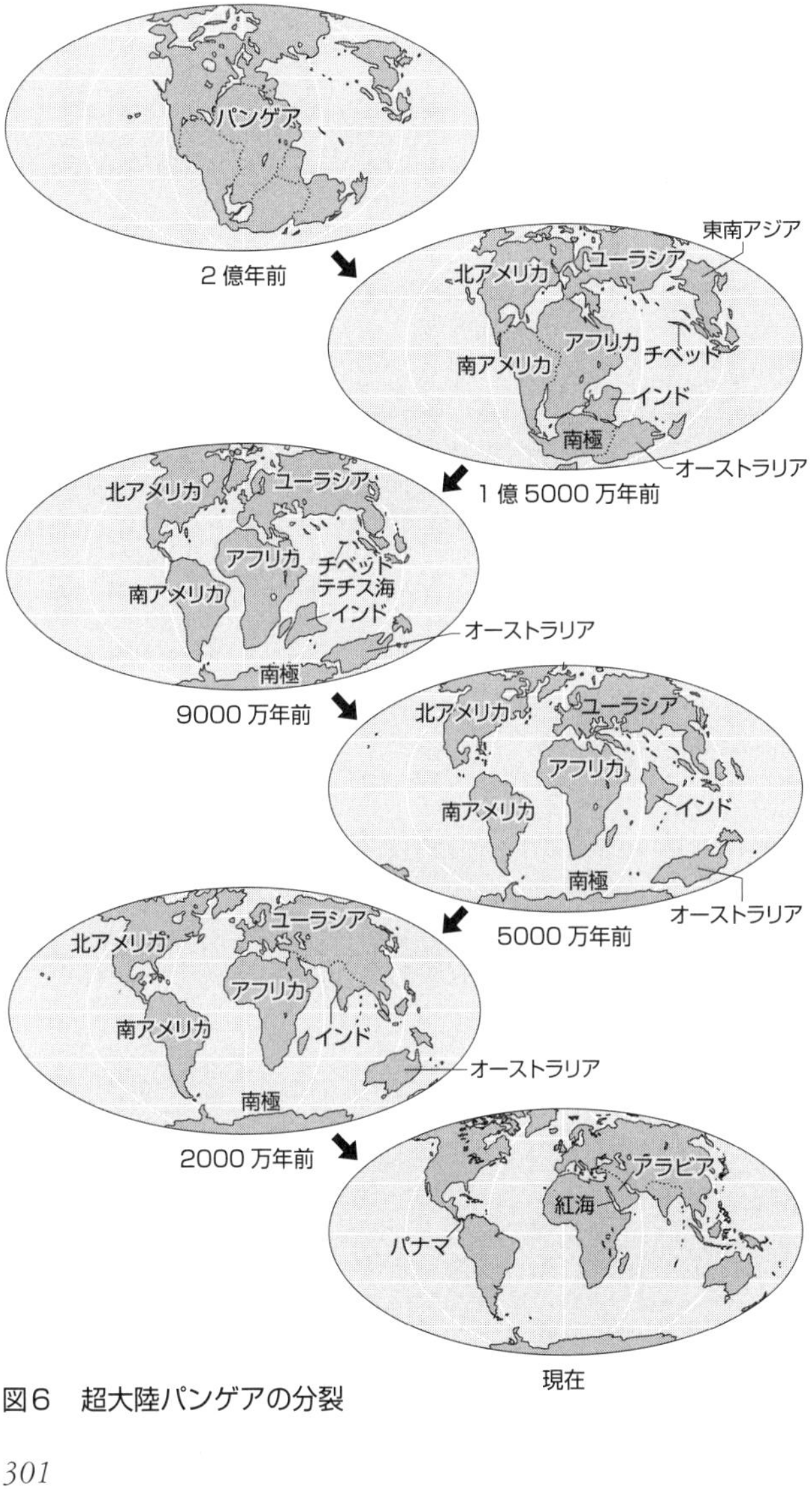

図6　超大陸パンゲアの分裂

類の大繁殖が、一時的な盛り上がりではなかったことが示されている。光合成を行う緑の藻類が初めて、ぬかるんだ陸地にしっかりとした足場を築くようになったのだ。それは新しい戦略だった。こうして大陸にようやく緑が生まれ、火星のようなオレンジ色が青い海に浮いている星ではなくなった。大気中の酸素濃度は急上昇し、成層圏のオゾン層も濃度が高くなった。これが太陽から地表に降り注ぐ強い紫外線を防ぐバリアの役割を果たしている。この保護膜の発達は、植物が地面にしっかりと根を張り、動物が自由に歩き回る生物圏出現の序章だった。

しかし不思議なことに、動物が完全に陸地で生きるようになるまで、さらに一億年かかった。長い間、生物学的な変革は日光のあたる浅い海で起こっていた。およそ四〇〇〇万年の間、クラゲや蠕虫などの多細胞生物が、氷河期以降の海の主役だったようだ。無数の軟体動物は（化石にはほとんど残っていない）海底の有機堆積物を食べ、微生物の祖先が築いた鉱物の奥に隠れていた。生態系としてはその状態が何千万年も続いたと思われる。

およそ五億三〇〇〇万年前、動物が進化によってある特徴を手に入れたことで、停滞した状態は途切れた。多くの種類の動物が、身を守るための殻を硬い鉱物からつくるようになったのだ。すでに何十億年も前から、生物はストロマトライトに鉱物の層をつくっていたが、殻をつくるという進化はどのようにして起こったのだろうか。わかっているのは、およそ五億八〇〇〇万年前にあったガスキアス氷期のあと、どこかで名もない動物が、ありふれた鉱物（炭酸カルシウムと二酸化ケイ素が多い）から硬い体の部位をつくるという、すばらしい技を習得したということだ。そこには激しい生存競争があったと思われる。捕食者は硬い殻を割ってエネルギーを浪費するのを避け、軟らかい体の動物を食べようとするからだ。やがて殻をつくるか死ぬかという問題となった。そのころの化石の記録は驚くほど豊富で、生きていたときの姿そのままの生物の骨格が堆積層に詰まっている。カンブリアの〝大爆発〟と呼ばれる時期だ。

大爆発という表現は誤解を招きやすい。こうした〝生体鉱物化〟が完成するには何百万年もかかっていて、決して突然の変化ではない。五億八〇〇〇万年前に硬いとげを持つ一部の海綿動物が（化石の豊富な中国南部、貴州の峙山沱《ヂーシャントゥオ》層で見つかった）、この技を進化させたのかもしれない。およそ五億五〇〇〇万年前、エディアカラ紀の末期には、さまざまな生物が、海底で炭酸塩鉱物から管状の保護シェルターをつくるようになっていた。

最初の有殻動物群は小さくてもろかったが、世界中でおよそ五億三五〇〇〇万年前の岩石の中に見られる（私が学部生のとき、マサチューセッツ州のボストン北部の海岸ナハントに希少な化石を掘りに行ったことを思い出す。爽快な海風、岩場に波が打ち寄せる絵のような風景、こんもりとした白い雲、そして青い海。すべてが記憶に刻まれている。もっとも風化してくだけた化石の断片は、裸眼ではほとんどそれとはわからず、あまり印象に残らなかったのだが）。

本当の〝大爆発〟は数百万年後、およそ五億三〇〇〇万年前に起きた。あらゆる種類の有殻動物が、やや唐突に登場したのだ。そして進化上の軍備拡張競争が起こった。捕食者も被食者もどんどん大きくなり、歯や爪、外骨格や甲板（殻）、身を護る鋭いとげなども現れた。生物があふれる古生代の海の非情な世界を生き抜くためには、目を持つ必要にも迫られた。殻を持つ生物が何世代にもわたって生まれては死に、その炭酸塩を含む骨格が、浸食に強い石灰岩の地層形成にひと役買っている。それらは過去五億年の地球史を変わらぬ姿で彩ってきた。化石が詰まったすばらしい炭酸塩の崖や尾根が世界のあちこちに存在し、何十もの国で周囲の風景を圧倒している。カナディアンロッキーの最高峰やドーバーの白い崖を形成し、エベレスト山の山頂をおおっている。

進化によってカンブリア紀に新たに現れたもので、最も貴重で最も見栄えがいいといえば、大きな目を持つ海洋生物の三葉虫である。私が三葉虫の愛好者であることは、ここで言っておくべきだろう。私は七歳か八歳のとき、オハイオ州クリーブランドでほぼ完全な三葉虫の化石を初めて見つけて以来、ずっと収集をしている。保管庫には二〇〇〇以上の化石が置かれているが、それらはすべてスミソニアン博物館に寄贈されることになっている（国立自然史博物館の海洋ホールで、とくに保存状態のよい種を見ることができる）。

初期の生体鉱物化までには時間がかかったが、五億三〇〇〇万年前、体の一部が硬い動物が急激に増えて、どこでも見られるようになった。肢がたくさんある三葉虫、筋のついた貝類、木の実のような腕足類の貝や、デリケートな扇のようなコケムシ、多孔性の海綿、角のような形のサンゴが世界中の堆積層岩の層という層に保存されている。モンタナからモロッコの岩石層では、この時代の地層に手を触れて、歴史の息吹を直接感じることができる。

軟体動物から有殻動物への突然の移行を研究するのにすばらしい土地の一つが、西モロッコのアンチアトラス山脈のふもとにある、風光明媚で歴史のある村ティウートの近くだ。ほぼ垂直な炭酸塩の堆積層が何千メートルも続き、スース川の両側の切り立った谷に露出している。そこにエディアカラ紀の終わりからカンブリア紀の初めまでの継続的な記録が保存されている。赤茶けた石灰岩の薄い層の重なりには、なじみ深い化石はまったくといっていいほどない。ほぼ一年中乾いている、石がごろごろしている川の土手をしばらく歩いても、ときどき虫の穴のようなものが見えるだけだ。

するると突然、村より高い丘の中腹にある、石灰岩の層（遠くからだと、上や下の水平線と変わらないように見える）に化石が現れる。三葉虫の中でもとくに早い時期に現れたイオファロタスピスが、カンブリアの大爆発の始まりを告げる印だ。そのような化石が含まれる歴史的な層の少し上（つまりそのぶん若い）では新しい種が見つかる。長円形で五センチメートルほどのチューベルテーラとダグイナスピスだ。後者はとくによく見られるものだが、最も化石の量が多く、最も近づきやすい露頭は、神聖なイスラム教寺院の墓地の中にある。小さなドーム型の白い建物が、三葉虫がいっぱいの低い岩壁に囲まれている。外国人の地質学者がハンマーとのみを持ち出して、この静かな場所をじゃまするわけにはいかない。しかし地元の子供たちにはそれが許されているようだ。彼らは「ティウートの虫」を観光客に売るために、車の窓をたたいては掘ったばかりの戦利品を掲げて見せる。

「ねえ、ミスター、これで一〇〇ディルハムだよ」。約一二ドルだ。

私は彼らの言い値ですべて買い上げた。

変わりゆく種

何年もの間、私は三葉虫の化石ばかりを集めていた。岩石を割ったとき、中に完全な形の三葉虫を見つけたときのスリルは言葉では言い尽くせない。漁師が大きな魚を釣り上げたとき、ポーカーのプレーヤーがフルハウスを揃えたとき、同じような興奮を味わうのではないだろうか。私にとっては五億年も地中に隠れていた珍しい動物を見つけたときが、その喜びの瞬間なのだ。

何年もの間、私は化石をさがすだけでじゅうぶん満足だった。やがて一九七〇年、学部生最後の年に、カリスマ教授であるロバート・シュロックの本格的な古生物学の講義を初めて取った。シュロック教授は何十年もＭＩＴで教鞭をとり、第二次大戦後ほぼ二〇年、ＭＩＴの地質学部と地球物理学部の学部長を務めていた。この分野では大御所で、多くの著作が古典となっている。中でもとくに有名なのが『北米の示準化石』だろう。カンブリアの大爆発以降の、すべての地質年代に特徴的な種を写真付きでまとめた大部である。

ロバート・シュロックは優しい笑顔の才能あふれる教師で、ユーモアと彼の実績にふさわしい情熱を、自然にクラスに吹き込んだ。彼の教え方は親しみやすいスタイルで、過去の物語を生き生きと語った。あるとき彼は、ブリティッシュコロンビア州でバージェス頁岩が発見されたときのことを話してくれた。発見者であるウォルコットの妻が馬で山道を下りている途中、馬が足を滑らせてひっくり返した岩石が、五億五〇〇〇万年前の化石だったのだ。その比類なき軟体動物の化石についてはスティーブン・ジェイ・グールドが『ワンダフル・ライフ』でとりあげて有名になった。またあるときは、ノバスコシアの西海岸の町、ジョギンズにあった三億年前の木の切り株の細かい粒子のシルト（沈泥）に保存されていた小さなカエルの化石が、いかにかわいらしかったかを説明した（小さいカエルが空洞になった切り株に飛び込み、出られなくなってしまったのだろう）。また九〇〇〇万年前、現在アメリカ中西部の大平原《グレートプレーンズ》が内海におおわれて、そこに巨大な爬虫類やイカに似たアンモナイトが覇権を争っていた時代の光景を鮮やかに描いてみせた。

おかしなめぐりあわせで、私と妻のマージー（当時ウェルズリー大学の四年生だった）は、シュロックの最後の教え子となった。一九七〇年の春、学生たちのベトナム反戦運動が激化し、授業は中断し設備は破壊された。勉学に集中できない状況が広がっていたので、ＭＩＴの事務局は学生に、成績はつけずに合否判定のみでいいのなら、期末試験を受けないでもかまわないという選択肢を与えた。古生物学の期末試験を受けることを選択したのは、私とマージーだけだった。その期末試験というのは、一週間かけて空いている時間に断片的に行われたのだが、トレーに並べられた一〇〇個の化石で、名前が書かれていない標本すべての種類を特定し、その標本の絵を手描きすることだった。自然のものを描くのは観察眼を高めるのにとてもいい方法だが、私は芸術的な人間ではない。鉛筆でそれぞれの絵を描くのは、小さな悪夢だった。とてつもなく長い時間がかかり、思い出せないほどの量の消しゴムを消費した。

それがシュロックの古生物学の最後のクラスとなった。一九六五年に有名な地震学者のフランク・プレスが新たな学部長として着任したとき、首脳の交代と、より量的な物理学に基づく地球科学のアプローチへの移行がはっきりした。手描きの絵はその現代的な世界にはなじまない。プレートテクトニクスは大陸だけでなく、大学のカリキュラムも動かしていたのだ。

その最後のクラスに刺激されて、マージーと私は週末に何度も化石の多い土地へ出かけてキャンプをした。それから数年間、私たちはマサチューセッツ州南部でシダの化石を、ペンシルベニア北部でサンゴを、ニューヨーク東部で腕足類を、バーモント北西部で三葉虫を集めた。シュロックの授業の中で私たちは、化石を新しい文脈の中で見ることを学んだ。さまざまなタイプの岩石や化石は、大昔の多様な生態系について語っているのだ。

どんな時代でも、場所や水深によって、いくつかの違うタイプの岩石（違う岩相）が形成されていることがわかった。陸地に近く潮の満ち干の影響を受けやすい浅瀬では、砂岩が形成される。その特徴は、打ち寄せる波にも耐えられる厚い殻を持つ貝やカタツムリの化石が含まれていることだ。一方、石灰岩は大昔にサンゴ礁があったことを示し、ウミユリ、ヒトデ、カタツムリ、腕足動物など、日当たりのよい外部から守られたサンゴ礁で繁殖する動物の化石が多く見られる。浅い礁の生態系に棲息していた美しい三葉虫の多くは、三六〇度、まわりを監視できる大きな目を持っている。遠くの沖では、深い海底に黒色頁岩がゆっくりと蓄積する。そこにはたいてい濾過摂食動物と目が見えない三葉虫が棲息している。日光が届く浅い海とは、かなり違った動物相だ。

露頭が時代と場所を示すものとすれば、岩石の層がいくつも重なった地層は、変化の豊かな歴史を語るものだ。とくにドラマチックな地層は、経済的にも価値のある（そのためよく調査されている）石炭鉱床で生じる。石炭は沿岸地帯の湿地で多く形成されるが、たいてい砂岩の層に挟まれていて、それがさらに頁岩層に挟まれている。そのような層（頁岩―砂岩―石炭―砂岩―頁岩が何度も繰り返されている）の存在は、海面の高さが大きく変化したことを意味する。おそらく極の氷や氷河が前進、後退するのに合わせて、海面も上昇したり下降したりしていた。そこから必然的に導かれるのは、数億年にわたり、海の深さは数十メートル単位で変わっていたということだ。

沿岸部に巨大な都市がつくられ、インフラ設備が並ぶ現代に生きる私たちからすると、海面の高さ（潮の満ち干の範囲で）は変わらないように見える。一メートルの変化すら想像できないのだから、一〇メートル単位で変わるなど、まったくの想定外だ。しかし堆積物の記録には、はっきりとした事実が示されている。過去数万年の間でさえ、海面の高さが現在より五〇メートル以上高い時代、そして九〇メートルも低い時代があったのだ。

陸地の生物

地球史上、最もドラマチックな変化は、陸上植物の登場だった。これは四億七五〇〇万年も前の微小な胞子の化石にはっきりと記録されている。繊細で壊れやすいその時代の植物の体化石は見つかっていないが、最初の本物の植物は、おそらく現代のゼニゴケに似たものだっただろう。低い湿地でしか育たない緑の藻類の子孫で、根がなく地面にへばりついていた。四〇〇〇万年以上、世界中の地層で陸生植物の存在を示す物理的証拠は、崩壊や腐食に強い胞子だけなのだ。これら丈夫な緑色の先駆者の進化は着実に進んでいたが、その速度は遅かったようだ。

およそ四億三〇〇〇万年前、世界的に胞子の化石の種類が大きく変化し、陸上植物の主役が明らかに変わったことを示している。それから三〇〇〇万年、ゼニゴケの胞子は以前より減り、現代のコケに似たものや、単純な維管束植物が優勢になった。この時代のスコットランド、ボリビア、中国、オーストラリアの岩石には、間違いなく植物そのものだとわかる化石が見られる。たとえばヒカゲノカズラや現代の維管束植物の近親（内部配管システムを持つ）と思われるものの断片だ。長い根を持たず背が低いこれらの植物があったのは、低い湿地に限られていたようだ。初期の植物が丈夫になって分布範囲が広がると化石の質も向上する。四億年前には、原始的な維管束植物が、かつては不毛だった世界中の土地へと入り込んだ。それらは細くて葉のない小型の低木で、光合成を行う緑色の茎と枝を持ち、地面から十数センチメートルほどの高さだった。岩の多い地面にうまく根を張り、毛細管の働きで水を上へと送り届けた。

生物の陸への進出を語るうえで非常に重要であるにもかかわらず、植物の化石は長いこと、三葉虫や恐竜の脇役に甘んじている。動物は捕食者あるいは被食者として動きの多い生活をおくっていたため形も行動も多様で、私たちに似ているため興味をそそる。その一方で植物の化石はたいてい全体がわからない断片で、一枚の葉や一本の茎、樹皮や、種類によって特徴的な模様のある木部だ。シカゴ大学の古植物学者であるケヴィン・ボイスは「二枚貝のような満足のいく完全性」が植物に欠けていると言うが、実はそれらが驚くべきことを語っているのだ。

私が初めてケヴィンに会ったのは二〇〇〇年のこと、彼は熱意と創造力にあふれたハーバード大学の大学院生で、地球最古の植物化石からそれらが語る物語を引き出すための新しい方法をアンディ・ノルとともに考えていた。熱心な読書家であり書くことの才にも恵まれたケヴィンは、話をおもしろくするこつを知っていた。植物の歴史を魅力的に語れるタイプの科学者なのだ。しかし地球最古の植物について新たな物語を紡ぐには、植物化石についての新しいデータが必要だった。それでアンディはケヴィンをカーネギー地球物理学研究所に送り、元素、同位体、分子の微量分析テクニックを学ばせた。植物の化石を分析するのに、この技術が体系的に使われたことはそれまでなかった。

私たちの最初の共同研究は、スコットランドのアバディーンシャーにあるライニー・チャートで発見された、四億年前の植物化石を調査、分析することだった。ライニーの植物が腐食を免れたのは、鉱物を豊富に含む温泉が周囲を取り囲んでいたため、密閉されて空気が遮断され、埋まった植物の一部が粒子の細かい二酸化ケイ素と置き換わったからだ。一〇〇年前、地質学者がライニーという小さな村の石垣に、そのチャートの巨礫を発見した。かなり大規模な発掘作業が行われてようやく、実際に小さな地層が発見され、調査が始まった。ライニー・チャートの標本は今でもとても貴重で手に入りにくいのだが、ケヴィン・ボイスは古いハーバード大学のコレクションで、こぶし大の標本や、薄く切断され、ガラスに載せられた岩石標本を調べることができた。それを顕微鏡で見ると、植物の内部を細胞レベルまで細かく観察できる。それらの化石から見えてくるのは、なじみがあると同時に今とはまったく異質の光景だ。そこをおおうのは全体が枝分かれしていて、光合成を行う緑の茎はあるが葉を持たない植物だ。

数十年前、ライニーの植物化石から情報を引き出そうとするのは、まさに勇敢な試みだった。そのためには、複雑な三次元の物体の平面図となる、薄くスライスした標本を何百と用意する必要があった。お気に入りの植物を硬い樹脂に埋め込み、それを薄くスライスする。それらの切片を組み立て直して、全体を再現するところを想像してみてほしい。ライニー調査の先駆者である古植物学者たちは、そのような作業をしなければならなかったのだ。そこで彼らが発見したのは、小さくてひょろりとした、葉のない風変わりな植物だった。これが現代の緑の植物の祖先である。

ケヴィン・ボイスはライニー・チャートを再び訪れ、大昔の地球の植物相についての新しい情報を得ようとした。彼が考えた方法は、新たに切断され磨かれたライニーの化石の断片（だいたい二五セント硬貨ほどの大きさ）を分析することだった。私たちは電子マイクロプローブを用いることにした。これは岩石の断面に分布する化学元素を調べるための装置で、鉱物学者にはおなじみだが、古植物学者が使うことはめったにない。私たちの目的は、原始植物の一部でも保存されていないかどうか調べることだった。そのためにマイクロプローブの狙いを、岩石より生物に多く見られる炭素に合わせた。するとうれしいことに、ライニー・チャートの化石には炭素が多く含まれていた。おまけに同位体的に軽い炭素なので、それらが生物由来であることもわかった。その炭素の分布状態から、それら原始の維管束植物が管状の構造であったことが明らかになったのだ。私たちの、文字通り細胞規模のマッピングからなる最初の論文は、ライニーの風変わりな茎様の植物や植物の胞子を含めた、大昔のさまざまな植物化石に関するもので、二〇〇一年の『米国科学アカデミー紀要』に掲載された。

ケヴィンの次のステップは、化石から何らかの生体分子情報を引き出せるかどうかだった。原始植物の組織から、実際に分子の断片が見つかったのだろうか？　ケヴィン・ボイスはプロトタキシーテスという、高さ八メートルにも達する樹木に似た謎の多い生物を集中的に調べた。これは四億年前の地球に生きていた最大の生物だ。この生物の化石で不可解なのは、当時、存在していたもっと小さな植物と細胞構造が違っているように見えることだ。この〝幹〟は複雑に絡み合った管状の構造をしているようだ。地球物理学研究所での私の同僚であるマリリン・フォーゲルとジョージ・コーディとともに作業をして、ボイスはいくつかのプロトタキシーテスの標本から、分子の断片を取り出して分析することができた。その断片はもっと近い時代の植物化石のものとも、かなり違っていた。それについて彼はこう結論した。プロトタキシーテスは巨大な真菌、おそらく地球最古の毒キノコだった。

ケヴィン・ボイスの研究は、古植物学界が出した結論も裏付けている。四億年前の地球にはようやく緑が現れたが、現在とはまったく違っている。茎のような細長い植物と、背の高い樹木のような菌類、そしていくらかの小さな昆虫とクモのような動物が、陸地に棲息していた。

葉の出現

四億年前の地球なら、人間も意外に楽に生き延びられたかもしれない。酸素と水はたっぷりある。植物と昆虫を食べることもできる。巨大なプロトタキシーテスの下で、雨風もしのげる。しかし周囲の風景はとても奇妙に見えるだろう。緑の茎や緑の枝はあっても、葉はまったくないのだから。

事実、エネルギーを保存する最初の小さな葉が出現するまでに、さらに何千万年もかかった。そしてそれは植物の世界における勝利の可能性を高めるための大きな進歩だった。より多くの日光を集めるには背が高くて大きな葉を持つ植物が有利なので、扇のように葉が広がっているシダ類、分岐した大きな枝、頑丈な幹が進化した。三億六〇〇〇万年前には森林が出現して、まったく新しい地上の生態系が生まれた。地球の歴史上初めて、陸地は鮮やかな緑色になったのだ。

何度も何度も繰り返されているテーマだが、岩石はこの緑の生物と共進化した。陸上植物が急激に広がり、その一部は樹木のように背が高くなると、鉱物の世界にも大きな影響があった。玄武岩、花崗岩、石灰岩を含む多くの表面岩石の風化速度が桁違いに速くなった。それは根が出現して、生化学的崩壊作用が急速に働くようになったからだ。その結果生じた土には粘土鉱物や有機物質が豊富で、微生物が多く棲息していた。それが広範囲にわたってより深いところへ広がったため、もっと大きな植物や菌類の棲息場所もさらに拡大した。

目に見えないところに隠れているが、根の組織も驚くほど進化した。何より重要なのは、植物の根と根菌（網状に広がる菌類の糸状体）の共生関係だ。この驚くべき進化戦略は、現在見られる植物の大半に影響を与えている。菌類の胞子があまり含まれていない土壌では、たいていの植物は成長が悪くなる。根菌は土からリン酸塩や他の栄養分を効率よく抽出し、それを植物に渡す。するとこんどは植物が菌にブドウ糖と他の炭水化物を提供する。地中がどのような構造になっているのか想像するのは難しいが、地下に広がる樹木の根と菌糸のネットワークは、地上に見える樹木よりも、はるかに大きいことも多い。

食用となる植物が陸地に広がると、動物の進化も大きく前進した。最初に陸地を探索し始めたのは、昆虫、クモ、蠕虫などを含む、小さな無脊椎動物だった。最初の脊椎動物は約五億年前に現れた原始的な円口類だが、さらに一億年は海で進化を続け、その後おずおずと乾いた陸地へ歩を進めることになる。恐ろしげな顔で骨のように硬い顎を持つ魚が、四億二〇〇〇万年前に出現した。それから二〇〇〇万年以上かけて、なじみのある軟骨魚のサメや硬骨魚が出現し、多様化した。しかし陸地にはまだ脊椎動物は、まったくいなかったのだ。

最近、中国で三億九五〇〇万年前の魚の骨の化石が発見され、ひれから四本の肢を持つ動物への移行を示す最古の証拠となった。少なくとも二〇〇〇万年の間、魚は浅くてときどき水がなくなる沿岸の環境でうろうろしていた。その中の一部が肺を発達させて、陸地に留まる時間がどんどん長くなるが、空気をふつうに呼吸する脊椎動物が現れるまでには、さらに何百万年も待つ必要がある。ひれに似た肢を持つ、歩く魚のような四本肢の陸上動物の最古の化石は、三億七五〇〇万年前の岩石から発見されている。

魚から両生類への段階的な移行については、ここ二〇年でますます注目が集まっている。中国からペンシルバニアまで、目をみはるような古生物学上の発見が相次いでいるのだ。新たに発見された化石は、魚類と両生類の中間の生物が存在した三〇〇〇万年間くらいのものと考えられる。それらの生物は陸上の生活に適応しつつあったが、まだ魚の特徴も備えていた。本当の両生類と言える生物が出現したのは約三億四〇〇〇万年前、石炭紀と呼ばれる時代の中期だ。世界中の低い湿地に森林が多く存在していた。広くて平たい頭蓋骨と、五本指の広がった肢、大気中の音を聞くのに向いた耳など、陸地での生活に適応した原始的な陸上動物は、先祖である魚類とは明らかに違っていた。石炭紀になって初めて、地表では現代とよく似た環境が生じた。シダのような背の高い木が生い茂る緑の森、ぬかるんだ湿地、青々とした草原には増え続ける昆虫、両生類、その他の生物が棲息している。そして生物の影響によって、地表近くの岩石や鉱物の多様性や分布が現代の状態に近くなった。

念のために言っておくと、地球は停滞とはかけはなれた状態だった。大きく変動する気候、干魃《かんばつ》、洪水などで陸地はストレスにさらされ、ときおり小惑星の衝突や超火山の噴火が起きて、生物に傷を負わせた。私たちがもう決して見たくない種類の傷だ。しかし地球とその生物相は損傷を受けても、必ず回復している。生物はそのときの現実に適応する方法を、常に見つけてきているのだ。

第三の大酸化イベント

三億年前になると、地上の森林には植物が繁殖していた。大量の葉のバイオマスが生産されて地中に埋まりそこに高圧高温作用が働いて、石炭という新しいタイプの岩石が形成された（そのため石炭紀と呼ばれる）。それによって有機体炭素が除去されたため、新原生代に起きた酸化イベントと同じように、大気中の酸素が再び増加した。酸素濃度の上昇は段階的に起こり、三億八〇〇〇万年前には大気のおよそ一八パーセント、三億五〇〇〇万年前には二五パーセント、三億年前にはなんと三〇パーセント以上だった。ある推定によると大気中の酸素濃度が三五パーセントと、現代のレベルをはるかに超えていた時期がある。この驚くべき数値は単なるあてずっぽうではない。コハクは樹液が化石化したものだが、石炭紀に形成されたものには大昔の空気の泡があり、その空気の酸素濃度はいまだ三〇パーセントを保っている。

大気中の酸素増加は動物にとってありがたい結果をもたらした。酸素が増えるとエネルギーが増え、動物の代謝率も上昇した。その余分な力を利用して大きくなった。とくに目立つのが巨大な昆虫で、羽の端から端まで六〇センチメートルもある巨大トンボがその例だ。酸素が増加したことで大気の密度も高くなり、飛行や滑空がはるかに楽になった。以前は動物が棲めなかった高地も空気が濃くなって呼吸ができるようになったため、そこに移動する動物もいたはずだ。

数千万年の間、パンゲア超大陸では生物が隆盛をきわめていた。気候は温暖で、資源はたっぷりあり、生物は思うままに進化していた。しかし二億五一〇〇万年前に突然、生物の世界は地球史上最も悲惨な事件によって崩壊した。

大絶滅と他の大量絶滅

過去五億四〇〇〇万年の期間における化石の記録はどっさりある。それは次々と現れた新しい生物について語っている。何百、何千という種類のサンゴ、ウミユリ、腕足動物、コケムシ、二枚貝、カタツムリ。そして膨大な数の微生物は言うまでもない。専門家の推定によると、三葉虫の種は二万を超え、さらに毎年数十種類ずつ見つかっているという。三葉虫が存在していた期間がたった一億八〇〇〇万年だったことを考えると（四億三〇〇〇万年前から二億五〇〇〇万年前）、数千年ごとに新しい種の三葉虫が生まれていたことになる。他の化石についてもその豊かな多様性を考慮に入れると、生物全体として平均で一〇〇年ごとに新しい種がいくつか生まれるという状況が、五億年以上続いたと考えられる。

何度かあったはずなのに、化石の記録から直接はわからない出来事もある。それは何百万もの種が突然、消滅する「大量絶滅」だ。新しいものを見つけるのは比較的簡単だし、古生物学者も〝世界初〟や〝最古〟を発見したいという気持ちが強い。世界初の植物、世界初の両生類、世界初のゴキブリ、世界初のヘビ（退化した後肢はあったが）、すべて化石界のニュースになった。ある最近の論文では、地球最古のペニスの化石の発見が大々的に発表された（四億年前のクモのもの）。これもまたライニー・チャートでの重大な発見である。

他方、消滅したものを化石の記録で確かめるのは難しい。ある種が絶滅したことを知るには世界中の地層ごと、時代ごとの化石の多様性を入念に調べ上げる必要があるからだ。これまで何十年もの努力が実り、五回の大量絶滅があったことが裏付けられた。過去五億四〇〇〇万年で、地球に棲息する生物の半分以上の種が失われるという忌まわしい事件が五回もあったのだ。データが増え、さらにそれほど大規模でない大量絶滅が、一五回も起こっていた可能性があることもわかった。

突然の種の消滅を化石の記録で確かめるのは簡単ではない。海の拡張と後退、浅い海の出現と消滅、寒冷期の堆積速度の低下、回復不可能なほどの浸食。そのようなことが何度も繰り返されたため、岩石の記録はむらがあって不完全だ。多くのページが破られた、ときには一巻まるごとなくなった百科事典のようなものだ。また地層の正確な年代を特定し、それを地球の反対側の層の形成のタイミングと突き合わせるのも困難なことが多い。そのためある動物がいなくなったように見えるのも、単に長い間、記録に残らなかったというだけかもしれない。それでも化石のデータベースは増え続け、世界中の古生物学者の間で情報交換が行われるうちに、生物が生死を繰り返すふつうのレベルをはるかに超えた、最大級の絶滅があったことが浮かび上がってきた。

およそ二億五一〇〇万年前、古生代の終わりに最大の大量絶滅が起こった。陸上生物の七〇パーセント、そして海洋生物の九六パーセントが絶滅したと推定されている。これが「大絶滅」と呼ばれる地球規模の大惨事だ。地球史上、これほど多くの生物（すべての三葉虫も含まれていた）が消滅したことは、後にも先にもない。

大絶滅の原因については、科学者の間でも議論が分かれている。もちろん小惑星衝突のような、単独の原因で起こったわけではない。そしてすべてがいっぺんに起こったわけでもない。いくつかのストレスを強化する作用が働いた可能性もある。その一つとして考えられるのは、酸素レベルが石炭紀の三五パーセントから、急激に低下し始めたことだ。二億五一〇〇万年前には、およそ二〇パーセントというレベルに戻っている。動物が生きながらえるにはじゅうぶんだが、もっと高濃度の酸素が必要な代謝に適応した動物は、大きなストレスにさらされただろう。古生代の終わりには地球寒冷化と小型の氷河期に見舞われ、パンゲア大陸の南極圏が厚い氷におおわれていた。その結果、海面が大幅に下がり、世界中の大陸棚の大半が露出してさらにストレスが高まっただろう。大陸棚は海洋で最も生産力の高い生物圏なので、そのような浅い沿岸地帯の大部分が失われたら、サンゴ礁をはじめ、多様な浅海の生態系の成長が制約され、海洋全体の食物系が縮小する。

古生代末、二億五一〇〇万年前の大絶滅とほぼ時を同じくして起きた大規模な火山活動も、地球の生物圏を混乱させた大きな要因の一つだ。シベリアで四〇〇万立方キロメートルの玄武岩が流出する、大規模な噴火が長々と続くような、地球史上最大級の火山活動もまた、地球の環境を激しく傷つけたはずだ。何千、何万年もの間、火山性の灰や塵によって、地球に届く太陽エネルギーが減少し、さらに寒冷化が進んだと考えられる。それに加えて有毒な硫黄化合物が大量に放出されて酸性雨が降り注ぎ、環境は悪化した。

一部の科学者はこうした環境の悪化だけではなく、オゾン層の破壊も大規模な絶滅の要因である可能性を指摘している。世界中（南極からグリーンランドまで）の古生代末の岩石に見られる変異体の胞子の化石は、決定的とは言えないが、興味深い証拠を提供してくれている。おそらくシベリアの火山からの噴出物がきっかけで、大気圏の高層部で化学反応が起きてオゾン層が激減し、突然変異を誘発する紫外線を通す窓が開いたのだろう。

原因が何であれ、大絶滅によって地球の生物多様性に大きな穴が開いた。それが回復するまでに三〇〇〇万年かかったが、ともあれ回復はした。そして絶滅が起こるたびに繰り返される言葉だが、喪失はチャンスにつながる。新しい時代、中生代に入ると、新たな動物相と植物相が生まれ、空いていたニッチ（隙間）を埋めるべく進化した。

● 恐竜類

ある大手出版社が私に、科学書を多く売りたいなら二つの人気テーマのうち一つについての本を書くべきだ、とアドバイスしてくれた。その二つとはブラックホールと恐竜だ（その出版社はブラックホールには何の関係もない私の著書のタイトルにまで、ブラックホールという言葉を使おうとした）。

というわけで、いよいよ恐竜の登場だ。恐竜はおよそ二億三〇〇〇万年前、古生代末期の大量絶滅の恩恵で出現した。これら人々の興味をそそる爬虫類は、はじめこそ数も少なく増える速度も遅かったが、生態系のあらゆるニッチに一億六〇〇〇万年以上かけて広がっていった。大絶滅のあと、恐竜は大型両生類と肩を並べていたが、二億五〇〇〇万年前にまた、大きな絶滅と大規模な噴火が同時期に起こり、恐竜以外の脊椎動物のほとんどが消滅してしまった。

恐竜は中生代の動物相でカリスマ的な存在だ。しかし、当時の化石で最も数が多いのは、海に棲む美しい渦を巻いた頭足類、アンモナイトのものだ。私がもし三葉虫が多く含まれる古生代の岩石のそばではなく、中生代の地層が多いサウスダコタ州で育っていたら、きっとアンモナイトを集めていただろう。アンモナイトの殻は驚くほど美しく、バランスよく渦を巻いていて、表面は玉虫色だ。体節が分かれたこの頭足類はオウムガイの遠い祖先で、縫合線と呼ばれる、殻に浮き出した精緻な模様が特徴である。縫合線は内部を仕切っていた隔壁が外殻と接している部分だ。三葉虫と違って、アンモナイトの殻からは、この動物の全体像はわからない。突き出た大きな頭や大きな目、一〇本の吸盤付きの触手など、軟体部は腐敗してすぐなくなってしまう。残っているのは体を保護していたよろいだけだ。それを身につけていた生物は、それよりさらに興味深いものだっただろう。およそ一億六〇〇〇万年前、アンモナイトは中生代の海で進化し多様化していった。

中生代には他にも重要な生物学的な進歩があった。花をつける植物、そして最初の哺乳類が現れたのもこの時代だ。そして生物世界の発展にともなって、地理や地形にも多くの変化が起こった。パンゲア大陸が分裂し始め、大西洋が誕生した。大気中の酸素は減少し続け、一五パーセントという危険なレベルに達したが、結局、現在とほぼ同じ二一パーセント程度に戻った。海面は上昇したり下降したりを繰り返したが、中生代に大きな氷河作用があったことを示す証拠はない。古生代を終焉させた氷河期に匹敵するものは何もなかったということだ。

時間を六五〇〇万年前まで早送りして、地球史上最悪に近い日々を見てみよう。直径が約一〇キロメートルもの小惑星が現在のユカタン半島に衝突したのだ。巨大な津波が地球を襲い、その後大規模な火災が大陸全体を焼き尽くした。岩石が蒸発して発生した巨大な雲で空が暗くなり、光合成はほぼできなくなった。この衝突が起きたとき、地球はすでに危険な状況にあったと思われる。インドの大規模な火山噴火が、古生代末期の絶滅と同じように地球の大気を変化させ、何万年もかけて生態系を弱らせていたのかもしれない。海面が大幅に下降して大陸棚が露出していたのも、前の絶滅が起こったときと同じだ。これによって海洋の食物網が混乱し、何千種もあったアンモナイトのうち八種だけが残って、あとは死に絶えた。その時代には氷河期がなかったので、なぜそれほど海面が下がったのかまったくわからない。中央海嶺の活動が低下したため寒冷化と収縮が起きた結果、海底全体が沈んだのではないかという科学者もいる。

原因が単独であれ複合的なことであれ、恐竜はほぼすべて絶滅し、マイナーだった鳥類の系統だけがのこった。最後のアンモナイトもやはり絶滅した。これで哺乳類が進化する土壌が整った。小さな齧歯《げっし》類に似た脊椎動物は、より大きな（そのために滅びた）恐竜とともに陸地に定着していた。そこから中生代末期の絶滅から生き残ったことで、生態系のほぼすべてのニッチに棲息できるようになった。インドの巨大火山噴火と小惑星衝突が重なった一〇〇〇万年の間に、哺乳類は多様化した。一五〇〇万年かけてクジラ、コウモリ、ウマ、ゾウの祖先が進化していた。

つまり地上では大量絶滅によって、何度も生物がふるいにかけられていたのだ。過去五億四〇〇〇万年の間で、そのような浮き沈みが何度もあった。しかしそれより以前はどうだったのだろうか？　五億四〇〇〇万年前より以前に、大量絶滅はなかったのだろうか？　ここで古生物学者は行き詰まっている。カンブリア大爆発より前の、判断に役立つ化石はほとんどない。絶滅を突き止めるには、恐竜や三葉虫のような特徴的な生物が数多く必要なのだ。しかし五億四〇〇〇万年前以前には、そのような生物は存在していなかった。微生物も外部要因によるダメージや種の喪失を経験しているのはほぼ間違いない。小惑星の衝突や破壊的な火山噴火で、地表のかなりの部分が不毛の地となったことがあるはずだ。スノーボール現象のとき生物は苦労したに違いないし、それはもっと以前の氷河作用でも同じだったはずだ。生物の誕生のときから、何百回もの大量絶滅現象があったと思われる。しかし先カンブリア時代のとても小さな化石の記録にはむらがあり、そこからは何もうかがい知ることはできない。

ヒトの時代

地球が存在していた期間の九九・九パーセントには、人類は存在していない。この惑星の歴史の中で、私たち人類の歴史はほんの一瞬にすぎない。

ホモ・サピエンスの出現は、六五〇〇万年前にマンハッタンと同じくらいの大きさの小惑星衝突を生き残った、齧歯《げっし》類のような動物にまでさかのぼれるかもしれない。恐竜が絶滅してから数百万年のうちに、哺乳類は野原、ジャングル、山、砂漠、空中、海中などのニッチに広がった。しかしそれでも過去六五〇〇万年を楽に生きてきたわけではない。それら新たに誕生した哺乳類の多くが、また大量絶滅現象で死んでいる。そのような現象は五六〇〇万年前、三七〇〇万年前、三四〇〇万年前に起きたと考えられているが、原因はまだよくわかっていない。

その最後の惨禍を生き延びた動物から、ようやくヒトの祖先となる系統が生まれた。サル、類人猿、そして私たち。元をたどればみんな三〇〇〇万年前に存在していた、共通する霊長類の祖先へと行きつく。最初のヒト科の動物（直立で歩く霊長類を含む科）が出現したのは、八〇〇万年前の中央アフリカだった。

その一方で、二〇〇〇万年前に再び始まっていた氷結が、しだいに激しく頻度も多く起こるようになっていた。おそらく過去三〇〇万年の間に、氷が極から高緯度帯のかなり大きな領域、おそらく米国中西部の南側まで達していた。前の時代のスノーボール現象ほど極端ではなかったにせよ、氷河期が繰り返し起こるたびに、海面が何十メートルも低下した。アイスブリッジ（氷橋）がアジアと北米をつなぎ、マンモス、マストドン、やがてはヒトと、あらゆる種類の哺乳類が新世界、すなわち現在のシベリアから北米大陸、さらに南米大陸へと移動した。

これらの氷河期が驚くべき進化へとつながった可能性がある。ある理論によると、気温が低い環境では、母親のすぐそばにいる子や、頭の大きな子のほうが生き残る確率が高くなる（頭が大きいほうが熱を失いにくいから）。頭が大きくなれば脳が大きくなる。また母親の近くにいる時間が長ければ、学習する時間も多くなる。〝道具をつくるヒト〟という意味のホモ・ハビリスが、二五〇万年前の大規模な氷河期の直後に出現したのは、おそらく偶然ではない。

氷河期に挟まれた数千年、人類は繰り返される変化に耐え、適応してきた。氷が広範囲に広がったあとには、いつになく暖かい〝間氷期〟が訪れる。干魃のあとに洪水が起こる。海が大幅に後退したあと、同じくらい前進する。このような変化には何世代にもわたる長い時間がかかるので、ヒトはその間に移動して生き延びることができた。そのような適応が見られるのは、変化する地球に対応できる最近の生物だけだ。

過去五億年の地球では、生物と岩石の驚くような相互作用が起こっている。現在のようなテクノロジーの時代にも、その共進化はすさまじい勢いで続いている。はるか昔、岩石と水と空気が生物をつくった。そして生物は呼吸しても安全な大気をつくり、緑で自由に歩き回れる大地をつくった。生物が岩石を土に戻し、それがさらに多くの生物を養い、広がり続ける植物相と動物相の故郷となった。

地球の歴史を通じて、空気、海、陸地、そして生物は、周囲を変える地球の力によって形づくられている。日光の力、地球の内部熱、水のマジック、炭素と酸素の化学的パワー、地下奥深くで絶え間なく起こっている対流と、その結果起きる地震による地殻の崩壊、火山活動、絶え間なく動いている大陸プレート。そのような力の狭間にあって、私たち人間は回復力に富み、知恵を持ち、環境に適応できる存在である。人間はこの世界を自分の思うように形づくる技術を身につけた。私たちは鉱物を掘って精製し、土を豊かにして耕し、河川を迂回させて活用し、化石燃料を採掘して燃やしている。人間のそのような行為には必ず結果がともなう。私たちの故郷であるこの惑星のダイナミックな変化に順応していれば、その相互に絡み合った創造的な力のあらゆる側面を経験できる。そして世界が破壊的な変化をとげる可能性があること、それが私たちのはかない願望とはまったく無関係に起きることを理解できるだろう。

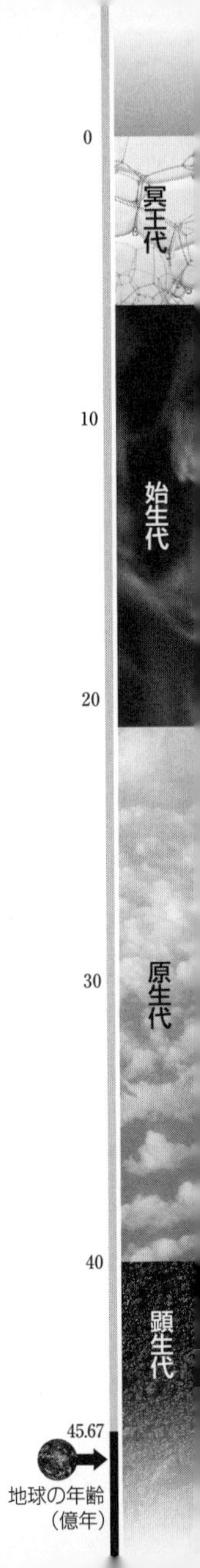

第11章

未来

惑星変化のシナリオ

地球の年齢

これからの50億年

過去は未来への序章なのだろうか？　地球に関して言えば、答えはイエスでありノーでもある。地球はこれまでと同じように、急に逆方向へ進むような変化が絶えず起こっている惑星であり続けるだろう。気候は暑くなったり寒くなったりを繰り返す。再び氷河期が訪れ、また極端な熱帯化が進むかもしれない。プレートの移動は続き、大陸が入れ替わり、海が開いては閉じる。巨大小惑星の衝突や巨大火山の噴火が原因で生物が絶滅する。

しかしこれまでになかった変化も起こるだろう。その多くは花崗岩の地殻の出現のように、不可逆的な変化だ。数えきれないほどの生物種が死に絶え、二度と見られなくなる。トラ、ホッキョクグマ、ザトウクジラ、パンダ、ゴリラ。これらはすべて絶滅へと向かっている。それどころか、人類が絶滅する可能性もあるのだ。

　地球の歴史の細かい部分の多くはあまりわかっていない。おそらく知ることはできないだろう。しかし私たちの母なる惑星の豊かな歴史と、自然の法則を組み合わせれば、今後どのようなことが起きるのか想像はできる。まず長期的な展望から始め、しだいに現代に近づいて考えてみよう。

エンドゲーム：これからの五〇億年

　地球は来るべき終焉までのほぼ中間地点にいる。四六億年の間、太陽は途切れることなく地球を照らし続け、大量に蓄えている水素燃料を燃やし、少しずつ明度を増している。これからおよそ五〇億年間、太陽は水素を核融合させて核エネルギーを生み続けるだろう。それはほとんどの恒星で起こっていることと同じだ。

　やがて水素が足りなくなる。この段階に達した小型の星の中には、そのまま小さくなり、以前ほどのエネルギーを放出できなくなるものもある。太陽がそのような〝赤色矮星〟だったら、地球はいずれカチカチに凍ってしまうだろう。そこで生きられるのは、地下の奥深くに残った水で生きられる、丈夫な微生物だけと思われる。

　しかし太陽は巨大で、核エネルギーの代替を持っているため、そのような惨めな最期を迎えることにはならない。どの恒星も二つの反対向きの力が釣り合っていなければならないことを、思い出してほしい。一方では、引力が星の質量を内向きに引っ張り、できるだけ表面積を小さくしようとする。もう一方では、核反応によって内部で水素爆弾が立て続けに爆発しているような状態になり、星を大きくしようとする外向きの力が働く。太陽は今、厳かに水素を燃やす段階にあり、直径一四〇万キロメートルでほぼ安定している。この大きさが四五億年間保たれ、さらに今後五〇億年は続くだろう。

太陽は巨大なので、水素を燃やす段階が終わったら、さらにエネルギーの大きなヘリウムを燃やし始める。ヘリウムは水素の核融合反応の副産物で、他のヘリウムと核融合して炭素をつくるが、太陽がこの段階に入ったら内惑星は壊滅的な打撃を受けるだろう。ヘリウムが反応すると大量のエネルギーが生じるので、太陽はどんどん膨張し、脈動型の赤色巨星となる。膨張を続けて水星の軌道を越え、この小さな惑星を飲み込む。さらに外側の金星も飲み込む。やがて現在の直径の一〇〇倍以上にまで膨張し、地球の軌道さえ越えてしまうだろう。

地球の最終段階に何が起こるかは不透明だ。地球は赤色巨星となった太陽に押しつぶされ、太陽の大気の中で蒸発して何もなくなってしまうという、殺伐とした結末もある。また強烈な太陽風の発散のため、太陽が現在の質量の三分の一以上を減らすとするモデルもある（太陽風は荒涼とした地表に絶え間なく吹き付けているだろう）。太陽の質量が減ると、地球の軌道は外側に移動するはずだ。おそらく飲み込まれないですむだろう。しかし飲み込まれずにすんだとしても、かつて美しく青かった世界は、軌道を回る不毛な燃えかすだけになってしまう。まばらに存在する微生物の生態系は、さらに一〇億年持ちこたえるかもしれないが、陸地はもう二度と、生き生きとした緑の世界には戻らないだろう。

砂漠の世界：二〇億年後

水素が燃えている今の段階でも、太陽は少しずつ熱くなっている。四五億年前、太陽の明るさは現在の七〇パーセントほどだった。二四億年前の大酸化イベントの時期は、現在の八五パーセント。そしてこれから一〇億年たっても、太陽はまだ明度を増しているだろう。

おそらくこれから先、数億年は、地球のフィードバックのおかげで、激しい変化は抑えられる。熱量が増えればより多くの雲が生じて、宇宙にはね返る日光も増える。熱くなれば岩石の風化スピードも上がり、二酸化炭素の消費が増え、温室効果ガスの量は減少する。このような負のフィードバックのおかげで、地球が長い間、生物の棲める場所であり続けられるのかもしれない。

しかしいずれ転換点が訪れる。地球より小さい火星は、数十億年前にその重大な段階に達し、表面の水がほとんどなくなった。これから一〇億年後、地球の海は危険なほどのスピードで蒸発を始め、大気はずっとサウナのような状態になるだろう。氷冠や氷河はなくなり、極でさえ熱帯地域になっている。何百万年かは、温室のような環境で元気に生きられる生物がいるかもしれない。しかし太陽がさらに熱くなり水蒸気が大気に含まれれば、水素はどんどん宇宙へと放出され、地球はゆっくりと乾燥していく。およそ二〇億年後には海がすべて干上がり、地球は灼熱の不毛の地となり、生物は危機に瀕しているだろう。

ノヴァパンゲアかアメイジア大陸か：二億五〇〇〇万年後

地球の消滅は避けられない。しかしそれはずっと遠い未来の話だ。もっと近い将来をのぞいてみれば、もっと穏やかで、ダイナミックだが相対的に安全な惑星の姿が見える。数億年先の将来を理解する鍵になるのは、やはり過去のことである。

プレートテクトニクスは今後も地球の変化にとって中心的な役割を演じるだろう。現在、大陸は広範囲に散らばっている。アメリカ、ユーラシア、アフリカ、オーストラリア、それぞれの大陸が大きな海で隔てられている。しかしこれらの陸塊は常に動いていて、一年に数センチメートルから一〇センチメートル近くも移動しているのだ。一〇〇〇キロメートル移動するのに三〇〇〇万～四〇〇〇万年しかかからない計算だ。海底の玄武岩の年齢を調べれば、すべての陸塊が動く方向をかなり正確に予測できる。中央海嶺に近い場所の玄武岩は比較的若く、せいぜいできてから数百万年だ。しかし大陸の辺縁と沈み込み帯の玄武岩には、二億年を超えるものもある。このような海底の年齢をすべて調べ、プレートの動きを逆回しにして、過去二億年、大陸がどのように動いてきたか予想するのはそれほど難しくない。それらの情報から、今後一億年以上にわたるプレートの動きを予測するのも可能かもしれない。

これまでの軌跡のデータから考えると、すべての大陸がまた衝突に向かっているように見える。今からおよそ二億五〇〇〇万年の間に、陸地の大半がまとまって一つの巨大な超大陸をつくるだろう。すでに気の早い地質学者がノヴォパンゲアと名前をつけている。しかし将来の大陸の配置については、まだ論争の的である。

ノヴォパンゲアをまとめるには、いくらか複雑な動きが必要になる。現在の大陸の動きから、一〇〇〇万年から二〇〇〇万年先を予測するのは簡単だ。大西洋が数百キロメートル広がる一方で、太平洋は同じくらい縮小しているだろう。オーストラリアは南アジアに向かって北へ移動し、南極大陸は南極点からややずれて、やはり南アジアに近づいている。アフリカも忙しく、少しずつ北へ移動して、地中海がなくなりそうになっている。数千万年のうちにアフリカは南ヨーロッパに衝突し、地中海が閉じる過程で、アルプスがかすむほどのヒマラヤ級の山脈が隆起する。したがって二〇〇〇万年後の世界地図は、なじみはあってもゆがんでいるように思えるだろう。このように考えると、一億年くらい先までなら、かなり正確に予想できると思われる。大西洋が太平洋に取って代わり、地球で最大の水源になっているところまでは、ほとんどのモデルで同じだ。

しかしそこから先は、モデルによって変わってくる。エクストロバージョン（外向モデル）と呼ばれる仮説では、大西洋がこのまま開き続けて、アメリカ大陸がやがてアジア、オーストラリア、南極大陸に衝突して一体化する。超大陸が集合する後半の段階になると、北米が東から太平洋上を移動して日本に衝突し、南米は南東から時計回りに包み込むように、赤道付近にある南極大陸に寄り添う。これですべての断片が気持ちいいほどぴったり合う。ノヴォパンゲアは赤道にそって東から西に広がる、広大な陸塊になると思われる。

このエクストロバージョンの前提は、プレートの動きの根底にあるマントルの対流セルが、程度の差こそあれ、現在と同じように続いていくということだ。もう一つの、イントロバージョン（内向モデル）と呼ばれる考えは、海が開いたり閉じたりする過去のサイクルから、反対の方針を取る。過去一〇億年間の動きをみると、大西洋（あるいは西のアメリカ大陸とヨーロッパ、そして東のアフリカ大陸に挟まれた海）は数億年のサイクルで、開いたり閉じたりを三回繰り返している。その結果から、マントル対流は不規則で偶発的に起きていたことがうかがえる。岩石の記録から、およそ六億年前にローレンシア大陸と他の大陸が移動して、大西洋の祖先であるイアペタス海が形成されたことが明らかになっている（イアペタスはギリシャ神話の神でアトラスの父）。イアペタス海はパンゲアが凝集したとき閉じ、その超大陸が一億七五〇〇万年前に分裂を始めて大西洋が誕生した。

イントロバージョン説支持者によれば、いまだ広がり続けている大西洋も、同じパターンに従うと言う。おそらく一億年のうちに動きの速度が落ちて止まり、方向を変える。そして約二億年後、アメリカ大陸が再びヨーロッパとアフリカに衝突する。同時にオーストラリアと南極大陸が東南アジアに接合し、ここに未来の超大陸〝アメイジア〟が完成するのだ。この陸塊はアルファベットの

Lの字を横にしたような形で、使っているピースはノヴォパンゲアと同じだが、アメリカ大陸が西側になる。

当面、どちらの超大陸モデル（エクストロバージョンとイントロバージョン）にも見るべきものがあり、いまだ決着はついていないようだ。この友好的な論争の結果がどうあれ、二億五〇〇〇万年後の地球の形が現在とはまったく違っていても、過去と同じ現象が繰り返されているという点では、意見が一致している。ほんのつかのま大陸が赤道に集まり、氷河期の影響を減らして海面の高さの変化を抑える。大陸が衝突した部分で山が隆起し、天気や植物のパターンは変化し、大気中の二酸化炭素や酸素レベルは上下する。それらの変化が地球の物語の中心であるのは変わらない。

衝突：これからの五〇〇〇万年

最近、人は何によって死ぬか、その確率を調査した統計があったが、小惑星衝突によって死ぬ確率はかなり低かった。たしか一〇〇万分の一程度だ。これは統計上、雷や津波に襲われて死ぬ確率と同じである。しかしこの比較にはそもそも明らかな誤りがある。雷で死ぬのは一度に一人、年間約六〇人である。しかしここ数千年、小惑星の衝突で死んだ人はいない。しかし運悪く衝突が起こったら、一度にほぼすべての人間が死んでしまう。

おそらく小惑星衝突をあなたが心配する必要はないし、今後一〇〇世代にわたり何も起こらない可能性のほうが高い。しかし恐竜を絶滅させたレベルの衝突が、いつかどこかでまた起きるのは確実だ。これからの五〇〇〇万年で、地球には少なくとも一回、あるいはそれ以上の大衝突があるだろう。これは時間と確率の問題だ。

可能性が最も高そうなのは地球の近傍を通過する小惑星だ。これは、地球が太陽の周囲を回る円に近い軌道と交差する、細長い楕円の軌道を描く物体である。そのような凶器になりかねない物体が少なくとも三〇〇は知られていて、そのいくつかがこれからの数十年で、危ういほど近くを通過するだろう。一九九五年二月二二日、発見されたばかりの小惑星（1995CRという当たり障りのない名をつけられた）が、月までの距離の二、三倍しか離れていないところを通り過ぎた。二〇〇四年九月二九日には、小惑星トゥータティス（大きさ一・七キロメートル×四・三キロメートル）が、さらに近くを通過した。そして二〇二九年には、小惑星アポフィス（直径三二五メートルほどの天体）が、地表から三万キロメートル付近を通過すると予測されている。それほど接近するとアポフィスの軌道が変わって、将来、さらに近づく可能性もある。

地球の公転軌道を横断する小惑星（地球横断小惑星）は、すでに知られているものの他に、まだ見つかっていないものが一〇以上はあるだろう。それらの一つがようやく観測できたときには、近づきすぎて何もできない状態である可能性が高い。もしそれがまっすぐ地球に向かってきたら、手をうつための時間はほんの数日しかないかもしれない。統計の数値は、それが起きる可能性を教えてくれる。地球には、平均すると一年に一度くらいは七、八メートルに達するような岩石が落下している、と推定されている。大気のブレーキ効果によって、そうした岩石ミサイルは爆発して、地表に到着する前に小さく砕けてしまう。しかし一〇〇年に一度くらい、さしわたし三〇メートル以上ある物体が衝突して、一部の地域に大きな損傷を与える。一九〇八年六月にも、そのような岩石がロシアのツングースカ川の近くの森に飛び込んでいる。平均して五〇万年に一度は、八〇〇メートルもある危険な石が地球に衝突していた。また一〇〇〇万年に一度は、直径五キロメートルもある小惑星が衝突する可能性がある。

衝突がどのような結果をもたらすかは、物体の大きさと衝突の場所によって変わる。六五〇〇万年前に恐竜を絶滅させた小惑星の直径は、およそ一〇キロメートルと推定されている。もし直径一五キロメートルの物体が海に落ちたら（陸と海の割合を考えると七〇パーセントの確率で海に落ちる）、世界でも有数の高い山以外、激しい波ですっかり押し流されてしまうだろう。海面から一〇〇〇メートルあたりまでは何も生き残れない。沿岸の都市は完全に消滅する。一方、陸地に落ちてきたとしたら、直接の破壊はもう少し狭い範囲に限定されるかもしれない。とはいっても、一五〇〇キロメートル以内のものはすべて跡形もなく消え、大規模な火災が標的となった不運な大陸を焼き尽くすことになる。しばらくの間、孤島は災難を免れるかもしれないが、それほど大きな衝突があると膨大な量の岩石や土が蒸発し、一年以上にわたって太陽の光を遮る暗い雲が大気の上方に留まるだろう。光合成はほとんど止まる。植物の世界は荒廃し、食物連鎖も崩壊する。このような惨禍を生き延びる人間もいくらかいるだろうが、現在の文明は崩壊するはずだ。

衝突物が小さければ、死や破壊の被害は小さくなるが、一〇〇メートルに達するような小惑星が地球に落ちてきたら（陸でも海でも）、未曾有の自然災害が起きる。私たちはどうすればいいのだろうか。世界には他にも差し迫った問題が山積みで、小惑星衝突の脅威など、はるか遠い未来のこととして無視するべきなのだろうか？　巨大な岩石をかわすために、何ができるのだろうか？

過去五〇年で最もカリスマ的で最も影響力を持ち、科学界のスポークスマンであった故カール・セーガンは、小惑星について多くのことを考えていた。有名なテレビシリーズ『コスモス』で、彼は国際社会が協力して行動することを提唱した。そのために彼は、一一七八年の夏にカンタベリー寺院の修道士が、月で起こった激しい爆発を目撃した話をした。まだ一〇〇〇年もたっていない近い過去に、地球のすぐ近くで小惑星衝突があったのだ。もし地球に同じことが起こったら、数えきれないほどの人が死ぬだろう。「地球は広大な宇宙の中では、とても小さな舞台です。他から助けが来る気配はありません」と彼は言った。

そのような出来事を回避する簡単な第一歩は、見つけにくい地球横断小惑星をできるだけ監視する、つまり敵を知ることだ。そのためにはデジタルプロセッサー付きの、地球横断物体追跡専用の望遠鏡が必要だ。それで物体の軌道を追い、今後の行き先を予測する。そのような取り組みは比較的安価ですみ、すでに進行中だ。もっとできることはあったかもしれないが、少なくとも努力はなされている。

では巨大な岩石が地球に向かっていて、数年後には衝突することがわかったら、どうすればいいのだろうか？　セーガンをはじめ、科学者と軍事専門家の意見は、小惑星の進路をそらす戦略をとるのが当然だという。早めに着手すれば、小さなロケットエンジンでちょっと押すか、適切な場所で何度か核爆発を起こすだけで、小惑星の進路を変えて衝突を避け、ニアミスで済ませることは可能だ。いずれ来るかもしれないそのような事態へ備えることは、宇宙探査のしっかりしたプログラムをつくる理由になると、セーガンは述べた。一九九三年の論文でセーガンは次のように書いている。「小惑星や彗星がもたらす危険は、生物が棲息する銀河すべてに当てはまることだ。そこにいる知的生物はその世界を政治的にまとめ、故国である惑星を出て、近隣の小さな世界に移り住むことを余儀なくされるだろう。私たちを含め、残される選択肢は宇宙旅行か消滅かだ」

宇宙旅行か消滅か。長期的に生きながらえるためには、地球を出て近くの星に移住しなければならない。まずは月に基地を置くところだろうが、この輝く衛星では、住んだり働いたりするには不向きな厳しい環境が続くだろう。次の候補は火星だ。資源はじゅうぶんにある。とくに地表には大量の凍った水がある。それだけでなく、日光、鉱物、希薄だが大気も手に入る。しかし簡単ではないし、決して安いものでもない。また火星がすぐに植民地として繁栄することもない。しかし硬い地面があり、おそらくテラフォーミング（人間が住めるよう改造可能）で前途有望な隣の星は、私たちの種の進化における、次の不可欠なステップかもしれない。

火星の基地設立を妨げないまでも、遅らせる可能性のある障害は二つある。火星への上陸の構想と実行にかかると予想される何千億ドルという額は、経済状態がとくによかったとしても、ＮＡＳ

Aの予算を軽く超えている。世界中が協力するのが唯一の道かもしれないが、それほど大規模な国際プログラムがこれまで実行されたことはない。

宇宙飛行士の生命を守ることも同じくらい大きな課題だ。安全に火星を往復するのを保証するのは不可能に近い。宇宙に飛び交っている無数の隕石は、砂粒のような大きさでも、頑丈なロケットの外壁をも貫通するし、思いがけないときに太陽のバーストが起こり透過性放射線量が急激に増加することもある。かつてそんな宇宙に飛び立ち、一週間、何事もなく月で過ごせたアポロの乗組員たちは、とても幸運だったのだ。しかし火星への旅は、さらに何ヵ月も長くかかる。宇宙飛行はもともと賭けのようなところがあり、時間がかかればそのぶんリスクも増える。

それだけでなく、理論上、どんなロケット技術を使っても、火星に行って戻ってくるだけの燃料を積み込む方法はない。火星の水を処理して燃料を合成できるという発明家もいるが、そのような技術はいまだ夢にすぎず、実現するのは遠い先の話だろう。もっと現実的な選択肢は、片道だけで終えることだろう（NASAの慣習には反するが、しだいにそのような論調はさかんになってている）。宇宙船には燃料の代わりに、頑丈なシェルターと温室、種子、大量の酸素と水、生きるのに不可欠な資源を赤い星から抽出するための道具などを積み込んでいけば、うまくいくのではないか。想像を絶するほど危険だが、世界を開拓するための旅には危険がつきものだ。一五一九年から一五二二年の、マゼランによる世界一周。一八〇四年から一八〇六年の、ルイスとクラークの西部探検。二〇世紀初頭のピアリーやアムンゼンによる北極、南極の探検。人間は危険な冒険を求める欲求をまだ失っていない。NASAがもし火星への片道旅行計画への協力者を募ったら、何千人もの科学者がすぐに手を挙げるだろう。

今から五〇〇〇万年後、地球はまだ生物に満ちた活気あふれる星のままだろう。青い海と緑の大地の配置は変わっていても、まだ何がどこにあるかわかる。ヒトという種がどうなっているかは定かではないが、おそらく絶滅しているだろう。もしそうなれば、五〇〇〇万年の間に、人間がしばらく地球を支配していた痕跡はあとかたもなく消えてしまう。すべての都市、すべてのハイウェー、すべての記念碑的建造物は、その何百万年も前に風化しているだろう。宇宙人の古生物学者がその状況を見ても、絶滅した種の痕跡を地表近くで見つけるのは困難に違いない。

しかしヒトが生き残って進化し、近隣の惑星や近隣の恒星に移住している可能性もある。もし私たちの末裔が宇宙進出に成功したら、地球はかつてないほど大切にされているだろう。守られるべき遺産として、あるいは巡礼の地として。外に出てみない限り、ヒトが誕生した場所がいかによいところなのか、その真価を知るのは難しい。

地球の変化の地図：これからの一〇〇万年

一〇〇万年後の地球は、今とそれほど変わってはいないだろう。大陸はもちろん動いているが、現在の相対的位置から、せいぜい五〇～六〇キロメートル動いている程度だ。太陽は二四時間ごとに昇って地球を照らし、月はだいたい一ヵ月で地球を一周する。

しかし大きく変わっているものもあるだろう。地球の多くの場所で、不可避な地質プロセスによって、地形が変わっているはずだ。最もわかりやすい変化は、影響を受けやすい海岸線だ。私の大好きな場所の一つであるメリーランド州カルバート郡は、急激に浸食されつつある中新世の崖が何キロメートルも続き、化石が無限に出てきそうな場所だが、そのころには完全に消滅しているだろう。カルバート郡は端から端までたったの八キロメートルで、年間三〇センチメートルずつ小さくなっているのだ。そのスピードだと一〇〇万年どころか五万年も続かない。

地質プロセスによって新しい土地ができている場所もあるだろう。ハワイ島の南東の海岸沖にある海底火山は、すでに高さ約三〇〇〇メートルに達し（ただしまだ水面下にある）、年々、大きくなっている。今から一〇〇万年後には新しい島が水中から姿を現しているはずだ（すでにロイヒと名付けられている）。その一方で、マウイ、オアフ、カウアイなど、火山活動が停止した島々は風と波で浸食されて小さくなっている。

波と言えば、この先何が起こるかのヒントを求めて岩石の記録を調べた科学者らが、地形をとくに劇的に変えるのは、海洋の前進と後退だと結論した。地溝での火山活動による変化の影響は、海底で固まる溶岩の量によって長期的に現れる。海底火山の活動が停滞しているとき、海底で岩石が冷えて沈殿し、海水の温度が下がって海面が大幅に低下することがある。中生代の大絶滅が起きる直前、急激に海面が低下したとき、そのような現象が起こったと多くの人が考えている。地中海のような内海の存在、そして大陸の凝集と分裂は、沿岸部の浅い海の広さを大きく変える原因となり、その後の一〇〇万年の岩石圏と生物圏がどのような形になるかを左右する、重要な役割も果たす。

一〇〇万年で人間は何万回も世代が交代する。これまでの人間の歴史の、何百倍もの時間だ。もし人間が生き残れば、進歩を続ける技術によって、地球は想像を超える物理的変化を遂げるかもしれない。しかしもし人間が死に絶えれば、現在と同じような状況が保たれるだろう。陸上でも海でも生物がおおいに繁殖していると思われる。岩石圏と生物圏の共進化が、産業化が始まる以前のバランスを取り戻しているだろう。

巨大火山：これからの一〇万年

小惑星の衝突という突然の惨禍も、長期間にわたる巨大噴火や玄武岩の噴出の前では見劣りがするかもしれない。地球で起きたビッグ5と呼ばれる五回の大量絶滅（恐竜を絶滅させた小惑星衝突と同時期に起こったものも含む）のかげにはいつも、地球を揺るがすほどの火山活動があった。

これは噴火によって起こるさまざまな形のありふれた破壊や死と一緒にするべきではない。その中にはキラウエア火山の中腹に住むハワイ島住人にはおなじみの溶岩流も含まれる。途中にある住居はたいへんな被害を受けるが、その範囲は局所的、予測可能なので、避けるのも難しくない。この種のふつうの火山活動でたちが悪いのは、爆発と火砕物の降灰だ。高温の灰が蒸気によって噴き上げられ、時速一五〇キロメートル以上の速さで降り注ぎ、その周囲にあるすべてを焼きつくし埋めてしまう。一九八〇年に起きたワシントン州のセントヘレンズ山の噴火や、一九九一年六月のフィリピン、ピナツボ山の噴火では、もし事前に集団避難の勧告が出ていなければ、何千人もの人々が命を落としていただろう。さらにたちが悪いのが第三のタイプの火山活動だ。それは粒子の細かい灰と有毒ガスが、大量に大気の上層に噴き出すことだ。

アイスランドのエイヤフィヤトラヨークトルの二〇一〇年四月の噴火や、二〇一一年五月のグリムスヴォトンでの噴火は比較的小さく、火山灰の量は四立方キロメートル程度であった。しかしそれでヨーロッパの航空機運航が数日間混乱し、近隣地帯の住人の健康不安を引き起こした。一七八三年六月のラキ火山の噴火（史上最大級と言われる）では、一五立方キロメートルもの噴出物（玄武岩と付随ガスと灰）が放出され、長期にわたって有害な霧がヨーロッパをおおっていた。アイスランドでは人口の四分の一の人が死んだ。酸性の火山ガスによって死んだ人もいるが、多くはその後の冬に飢えで命を落とした。被害は南東一五〇〇キロメートルもの範囲に及び、何万というヨーロッパ人（ほとんどがイギリス諸島の住人だった）が、噴火の長引く影響によって死んだ。一八八三年八月には、インドネシアのクラカタウ山が噴火し、それによる津波がジャワ島とスマトラ島沿岸を襲ったこともあって、多くの人が死んだ。一八一五年四月、タンボラ山の噴火はさらに桁はずれで（八〇立方キロメートルもの溶岩が流出した）、被害は最も大きかった。七万人以上の命が失われたが、それは農作物が収穫できず大量飢餓に見舞われたためだ。タンボラの大気の上層にたまった硫黄化合物で日光が遮られたため、一八一六年の北半球は〝夏のない年〟と呼ばれた。

このような歴史的な噴火は、現代人の想像の妨げとなっている。それにはもっともな理由もある。たしかにこれらの噴火による死亡者数は、最近のインド洋とハイチで起こった地震によって何十万人もが亡くなったことと比較すれば、少ないように思える。しかし地震と火山には、重大な違いがある。地震の最大規模には、地下の岩石の硬さから限界がある。地下の岩石が持ちこたえられるストレスは決まっていて、それを超えると割れたり亀裂が入ったりして地震が起きる。その限界で起きる地震は並はずれた破壊力を持つが（マグニチュード九）、被害は局所的だ。

ところが火山の噴火の規模には限界がないようだ。事実、地質学的記録には、人類が経験した最大級の噴火の一〇〇倍もの規模の火山噴火があったことを示す、はっきりとした証拠が見つかっている。そのような巨大火山噴火が起これば、世界中の空が何年ものあいだ暗くなり、周囲の数千平方キロメートルどころか、一、〇〇〇、〇〇〇万平方キロメートルにも達する範囲の風景を変えてしまうだろう。最近の巨大噴火といえば、二万六五〇〇年前にニュージーランド北島のタウポで起きた噴火では、八〇〇立方キロメートルもの溶岩と灰が流出した。七万四〇〇〇年前に噴火したスマトラ島のトバ山の噴出物は、二八〇〇立方キロメートルと推定されている。それほどの規模の噴火が現代社会で起こったら、どのくらいの被害が出るか計り知れない。

しかしどれほど大規模な巨大噴火も、大量絶滅の一因となった洪水玄武岩の規模と比べたら小さく思える。一回限りの巨大噴火と違い、洪水玄武岩は何千年にもわたり激しい火山活動が続いたことを示している。最大級の現象（いつも地球規模の大量絶滅が起きる時期と一致している）では、何十億、何百億立方キロメートルもの溶岩が流出した。最大規模の洪水玄武岩現象は、約一三〇万平方キロメートル以上の範囲に広がる玄武岩流だったことが今ではわかっているが、二億五一〇〇万年前、最大の大量絶滅と同じ時期にシベリアで起こった。六五〇〇万年前の恐竜の絶滅は、小惑星の衝突が原因とされることが多いが、これもインドでの大規模な玄武岩流出の時期と一致している。デカン高原に位置し、五〇万平方キロメートルにも及ぶデカントラップは、そのとき新たにできた火成活動の痕跡で、階段状の丘をなす溶岩の量は約五〇万立方キロメートルに及ぶ。

こうした広大な地表の特徴が、地殻と上部マントルの再処理だけで生じることはない。洪水玄武岩形成についての今のモデルは、地球の初期に起きていた上下方向の地殻変動への逆行を想定している。泡立つ大量のマグマが超高温のコアーマントル境界からゆっくりと上昇し、地殻に亀裂を入れて冷たい地表へと噴き出す。ある仮説では、洪水玄武岩はおよそ三〇〇〇万年周期で現れるとしている。そうなると現在、次の大規模な氾濫がいつ起こってもおかしくはない時期だ。

テクノロジーが発展した現代の社会では、そのような現象が起きる前兆を察知できるだろう。地震学者は融解した熱いプルームが上昇してくるのを、追跡できるはずだ。災難には何百年も前から備えられるかもしれない。しかし再び巨大噴火の時期に入ったら、地球で最も激しい爆発を止めるすべはない。

氷の要素：これからの五万年

近い将来に関しては、地球の大陸の外形を決める最大の要因は氷である。数百年、あるいは数千年という短い時間尺度では、海の深さと最も強く結びついているのは氷冠、氷河、大陸氷床を含めた、地球の氷の総量だ。理屈は簡単だ。陸地で凍っている量が多いほど海面は低くなる。

未来を予測するための鍵は過去にある。しかし過去の海の深さを、どうすれば調べられるだろうか？　観測衛星による海面レベル測定は信じられないほど正確だが、データは過去二〇年ほどに限られている。検潮器は正確さに劣り、土地の性質にも左右されるが、一五〇年くらいはさかのぼることができる。海岸地質学者ならば、大昔の海岸線マーカーをマッピングする方法が使える。たとえば海岸段丘は、何万年も前に海岸近くの堆積物が沈殿したところだ。しかしそのような地形から正確にわかるのは、海面が高かった時期のことだけだ。サンゴは日の当たる浅瀬で育つので、サンゴの化石の位置を調べると、さらに昔のことがわかる。しかしそのような岩石層はたいてい隆起や沈下、傾動などの現象によって、記録が混乱していることが多い。

現在、多くの科学者は目に見えにくい指標を使っている。それは小さな貝殻の酸素同位体比である。それは第2章でふれたように、ある天体の太陽からの距離以上のことを教えてくれる。酸素同位体は温度に敏感な性質を持つため、地球にどのくらいの量の氷が存在していたか、ひいては海面の高さの変化を知るための鍵にもなる。

とは言うものの、氷の量と酸素同位体の関係は複雑だ。最も多く存在する酸素同位体、私たちが呼吸するものの九九・八パーセントは、軽い酸素16（八個の陽子と八個の中性子を持つ）だ。酸素原子およそ五〇〇個に一個の割合で、重い酸素18（八個の陽子と一〇個の中性子）が存在する。つまり海中の水分子五〇〇〇個のうち一個は平均より重いということだ。太陽が赤道付近の海を温めると、軽い酸素16を含む軽い水のほうが、酸素18を含む水よりやや速く蒸発するので、低緯度帯の雲の水分は、発生源である海の水よりも少しだけ軽くなる。雲がもっと低温のところまで上昇すると、酸素18を含む水が酸素16を含むものより速く凝縮して雨粒になり、雲の中の酸素は前よりさらに軽くなる。雲が極に向かって移動するとき、そこに含まれる水分子は海水よりはるかに軽くなっている。その極の雲が氷冠や氷河に雨を降らせると、軽い同位体が氷に閉じ込められ、海の水は重いままだ。

地球の水の五パーセント以上が凍る寒冷化のピークでは、海水中にとくに酸素18が多くなる。温暖化して氷河が後退すると、逆に海水中の酸素18の濃度は下がる。そのため海岸の堆積物の酸素同位体比を一層ずつ入念に測定することで、地球の表面に存在する氷の量が、時期によってどのくらい変わったかがわかる。

こうした厳格な作業は、地質学者のケン・ミラーとラトガーズ大学の同僚たちの得意分野だ。彼らは何十年も、ニュージャージー州沿岸に広がる海底堆積物の厚い層を細かく調べている。それらの一億年前にまでさかのぼる堆積物には、有孔虫と呼ばれる生物の殻の化石がたっぷり含まれている。それぞれの有孔虫に、それが生きていたときの海の酸素同位体が保存されている。そのためニュージャージーの堆積物の一層ごとの酸素同位体を測定すると、当時、地球に存在した氷の量を簡単かつ正確に推定できる。

地質学的にはそれほど遠くない過去、地表の氷は絶えず前進と後退を繰り返し、それに合わせて数千年の単位で海面の高さが大きく変わっていた。一番近い氷河期のピークでは、地球の水の五パーセント以上が氷に閉じ込められていて、海面の高さは現在より一〇〇メートルも低かった。およそ二万年前、海面が低い時期にアジアとアメリカの間、現在のベーリング海峡を横切るように、ランドブリッジ（陸橋）ができたと考えられている。人間と他の動物にとって、新世界へとわたるための最初の通路だ。そのころはまだイギリス海峡は存在せず、乾いた谷間がイギリス諸島とフランスをつないでいた。対照的に温暖化のピークでは氷河がほとんど消え、氷冠は後退し、海面の高さは現在より一〇〇メートルも高く上昇することが何度もあり、世界中の海岸地帯が海中に沈んでいた。

ミラーらは過去九〇〇〇万年の間に、氷の前進と後退のサイクルが一〇〇回以上、過去一〇〇万年だけで、少なくとも一二回あったことを特定した。海面の高さの差は二〇〇メートルもあり、大きく変動していたことがわかる。細かいことはサイクルによって違うかもしれないが、こうした現象が周期的に起きていたのは明らかで、その周期はいわゆるミランコビッチ・サイクルに関係している。これは約一〇〇年前にそのサイクルを発見したセルビア人の宇宙物理学者、ミルティン・ミランコビッチにちなむ名前だ。彼は地球の傾き、楕円形の軌道、そして自転軸のわずかなぶれなどを含め、太陽のまわりを回る地球の軌道の変化によって、周期的な気候変動が起きていることに気づいた。その周期はだいたい二万年、四万一〇〇〇年、一〇万年である。これらの変化で地球を照らす日射量が大きく変わり、気候に計り知れない影響を与えている。

ではこれからの五万年はどうなるのだろうか？　たしかなのは今後も海面の高さは上昇と下降を繰り返し、大きく変わるということだ。これから二万年で氷冠が大きくなり、氷河が前進して、海面の高さが六〇メートル以上、低下する事態が何度か起こる可能性は高い。過去一〇〇万年で、それは少なくとも八回起こっている。そのような変化があれば、世界中の海岸線が大きく変わるだろう。アメリカの東海岸は何キロメートルも東に移動し、浅い大陸斜面は露出する。東海岸の大きな港は、ボストンからマイアミまですべて乾いた内陸都市になる。新たに生じた氷とランドブリッジがアラスカとロシアをつなぎ、イギリス諸島は再びヨーロッパの大陸の一部になっているかもしれない。現在、世界でもとくに漁獲量の多い大陸棚沿いの漁場も、乾いた陸地になっているだろう。

海面については、低下することがあるからには上昇することもあるはずだ。これからの一〇〇〇年に限って言えば、海面が三〇メートル以上、上昇する可能性はとても高いという意見もある。地質学的な基準ではそれほど大きくはない変化だが、地図に描くと元のアメリカがどこにあったかまったくわからなくなってしまうレベルだ。海面が三〇メートル上昇すると、東海岸沿いの平野の大半が水に浸かり、海岸線は最高で一六〇キロメートルも西に移動するだろう。主要な沿岸都市はすべて――ボストン、ニューヨーク、フィラデルフィア、ウィルミントン、ボルチモア、ワシントン、チャールストン、サバンナ、ジャクソンビル、マイアミなど――水没しているだろう。また、ロサンゼルス、サンフランシスコ、サンディエゴ、シアトルも、水面下に消えているはずだ。フロリダの大部分は消滅し、あの独特の形の半島は浅海域に潜り込んでいる。デラウェアとルイジアナの大半も水中に消えているだろう。世界の他の区域に目を向けると、三〇メートルの海面上昇の結果、アメリカ以上に壊滅的な被害を受けるところがある。オランダ、バングラデシュ、モルディブなどは、国自体がなくなっているだろう。

地質学的記録から、次のことがはっきりわかる。こうした変化はいずれまた起きる。そしても し、多くの専門家が予測しているとおり地球の温暖化が急速に進めば、近い将来、海面も一〇年で三〇センチメートルほどの割合で、急速に上昇するだろう。大規模な地球温暖化の時期には、海水が熱膨張するだけで海面の高さは最高で三メートル上昇する。それは人間社会にとっては大きな問題だが、地球自体はほとんど影響を受けない。

それは世界の終わりではない。私たちの世界が終わるだけだ。

温暖化：これからの一〇〇年

ほとんどの人は数十億年後どころか数百万年後のことでさえ気に病んだりしない。私たちが心配するのは、ほんの少し先のことだ。一〇年後に子供の学費をどうやって払おうか。来年、昇進できるだろうか。来週は株価が上がるだろうか。夕飯は何にしよう。

そういう意味でなら、心配することはほとんどない。予測できない災害を除けば、来年もこれから一〇年先の地球も、現在とそれほど変わってはいないだろう。ある一年と次の一年との違いは気づかないほど小さい。たとえ異常なほど暑い夏や、穀物が枯れるほどの干魃や、並はずれて激しい嵐を体験してもだ。

しかし地球は変化を続ける。それだけは断言できる。今後は温暖化で氷河の融けることが、さまざまな指標によって示されている。しかも人間の活動によってそれが加速される可能性が高い。これからの一〇〇年で、温暖化は多くの人々にさまざまな形で影響を与えるだろう。

二〇〇七年の夏、私はグリーンランド西海岸の漁村であるイルリサットで行われた、カヴリ・フューチャー・シンポジウムに参加した。北極圏からやや南に離れた場所だ。この場所を選んだのは正解だった。会議が行われたアークティック・ホテルの目の前で、変化が起きているのだから。壮大なイルリサット氷河が崩壊して分かれるさまをすぐそばで見られるこの入り江は、一〇〇〇年にわたり豊かな漁場だった。一〇〇〇年の間、冬になると完全に凍ってしまうこの港で、漁師は穴釣りをしていた。ただしそれは新しい世紀に入るまでのことだ。二〇〇〇年の冬、港が凍らないという事態が初めて起こった（少なくとも口頭で伝えられてきた一〇〇〇年の歴史上で初めて）。世界遺産にも登録された壮大な氷河が、それ以来、驚くべき速度で後退しているのだ。それまで何十年もの間、大きな変化がなく安定していたものが、三年でほぼ一〇キロメートルも移動した。もう一つ変化がある。一〇〇〇年の間、イルリサット近くの村には害虫がいなかった。しかし二〇〇七年八月に、カとブヨが現れたのだ。これらはまだ奇談として扱われているが、同時に重大で避けられない変化の前触れでもある。

世界中で同様の変化が起こっている。アメリカ東海岸にあるチェサピーク湾の漁師によれば、数十年前から満潮時の潮位が年々、上昇しているという。サハラ砂漠北部は、年ごとにさらに北へと移動し、かつて豊かだったモロッコの農地が砂漠化している。南極の棚氷が融け出して、割れる速度も速くなっている。世界中で大気と水の平均温度が上昇している。これはすべて温暖化の一貫したパターンの一部だ。過去に地球が何度も経験し、これからも数えきれないくらい経験するだろう。

温暖化によって、ときに矛盾した影響も出る。赤道から北大西洋へ温度の高い水を運ぶ壮大なメキシコ湾流の原動力は、赤道周辺と高緯度帯の水の温度差にある。いくつかの気候モデルによって指摘されているが、温暖化によってその差が小さくなれば、メキシコ湾流は勢いを失うか、止まってしまうことさえ考えられる。この直接的な影響として、現在メキシコ湾流のおかげで気候が穏やかなイギリス諸島とヨーロッパ北部が、はるかに寒くなるだろう。他の海流（たとえばインド洋から南大西洋を通ってアフリカの角へと流れるもの）の変化の影響で、穏やかな南アフリカや、雨が多くて肥沃なアジアのモンスーン地域の気候も変わるかもしれない。

氷が融ければ海面は上昇する。次の世紀には六〇センチメートルから一メートル近く上昇するという予測もある。最近の岩石の記録からすると、過去には一〇年で一〇センチメートル近くという、急激な上昇が何度か起こっていた可能性がある。そのような変化があると、世界中の沿岸部の住人は大きな影響を受けるだろうし、土木技師やメイン州からフロリダ州の海辺の土地所有者にとっては頭の痛い問題となる。しかし数十センチメートルの上昇なら何とかなる範囲だろう。しばらくの間、おそらく一世代から二世代は、海水が迫ってくることをそれほど心配する必要はない。

しかし一部の動物や植物種にとっては、もう少し深刻かもしれない。北極の氷が融けると、ホッキョクグマの棲息地が減少し、すでに数が減っているというのに、状況はさらに困難になる。極に近い気候帯の急激な変化は、他の多くの絶滅危惧種の動物、とくに鳥類にとってストレスになるかもしれない。鳥類は移動中の営巣地や餌の取れる場所の変化に、とても影響を受けやすい。最近のある報告によると、世界の平均気温が一～二℃上昇すると（いくつかの気候モデルで、次の世紀にこの程度は上昇すると予想されている）、それがきっかけで鳥類の絶滅率がヨーロッパで四〇パーセントに近づき、オーストラリア北東部の豊かな熱帯雨林では七〇パーセントを超える可能性があるとしている。もう一つの国際報告書では、およそ六〇〇〇種のカエル、ヒキガエル、サンショウウオの三分の一近くが絶滅の危機にさらされているが、その原因は急速な温暖化によって両生類の間に真菌性の病気が広がっているからだという。これからの一〇〇年で他に何が起ころうと、私たちは急速に絶滅に近づいている時代に入ろうとしているようだ。

これからの一〇〇年で起こる、地球を変える出来事の中には（確実なものもあれば、かなり高い可能性で起きると考えられていることもある）、瞬間的なものもあるだろう。大地震や巨大火山の噴火、あるいは直径一キロメートルを超えるような小惑星の衝突。人間社会は一〇〇年に一回の嵐や地震に対する準備が不足している。ましてや一〇〇〇年に一回の災害のことはほとんど考えていない。地球史をひもとけば、そうした衝撃的な出来事はふつうに起こっていて、延々と続いているこの惑星の歴史の一部だとわかる。それなのに私たちは活火山の中腹や、地球で最も活発な断層帯に都市をつくり、自分が生きている間は地殻変動の襲撃にあわないことを願うのだ（宇宙からの飛行物は避けられないにしても）。

変動している地質学的プロセスは速すぎず、遅すぎず、通常は数百年から数千年のサイクルで変化する。たとえば気候や海面レベルや生態系などがそうで、数世代を経ないとその違いに気づかない。これらについて私たちが最大の関心を向けるべきなのは、変化自体ではなく、変化の〝速さ〟である。気候や海面や生態系は、あるとき転換点に達し、変化の方向が変わってしまうことがあるからだ。行き過ぎると正のフィードバック・ループが作動する。ふつうは一〇〇〇年かかることが、一〇年か二〇年で起きることがあるのだ。

危険から目を背けて安心してしまうのは簡単だ。しかしその安心の根拠となった岩石の記録の解釈が誤っていることもある。二〇一〇年まで、現代に関わる懸念は、五六〇〇万年前に起こったことと同じモデルについての研究によって和らいでいた。それは哺乳類の初期の進化と拡大に大きく影響した大量絶滅の一つだ。これはどちらかといえば突然、何千という種が消滅するという残酷な出来事で、この時期は暁新世・始新世境界温暖化極大イベント（Paleocene-Eocene Thermal Maximum）、頭文字を取ってＰＥＴＭと呼ばれている。このＰＥＴＭが現在の私たちにとってなぜ重要かと言えば、地球の歴史の中で最も急速に起こった温度変化であり、しかもそれを示すじゅうぶんな証拠があるからだ。火山の爆発により、二大温室効果ガスである二酸化炭素とメタンの大気中の濃度が上昇したのが原因で、正のフィードバックと穏やかな温暖化が一〇〇〇年以上続いた。今日の地球に起こっている現象が、このＰＥＴＭによく似ていると見る専門家もいた。これはもちろん悪い状況だが（五℃以上の気温の上昇、海面の急激な上昇、海水の酸性化、動植物の棲息地の極方向への移動などをともなう）、ほとんどの動物や植物の生存を脅かすほど壊滅的なものではない。

最近、ペンシルベニア州立大学の地質学者リー・カンプと同僚たちによってなされたショッキングな発見で、長いこと続いていた楽観論の根拠は打ち砕かれたかもしれない。二〇〇八年、カンプのチームは、ＰＥＴＭの時期全体の記録が保存されている、ノルウェーで採取されたボーリングコアを調べるチャンスを得た。堆積岩の一つ一つの層に、大気中の二酸化炭素濃度と気候の変化のスピードが非常に細かく記録されている。悪いニュースは、一〇年以上の間、ＰＥＴＭは地球の歴史上最も急激に起こった気候の変化だと考えられていたが、そのきっかけと思われる大気の変化が起きたスピードは、現在の変化スピードの一〇分の一未満だったということだ。ＰＥＴＭの大絶滅のとき一〇〇〇年以上かかった地球規模の大気の成分と平均気温の変化を、過去一〇〇年で追い越してしまっているのだ。それは人間が炭素を多く含む燃料を大量に燃やしているからだ。

これほど急激な変化が起こった例は過去になく、地球が今後どのような反応をするかは誰にもわからない。二〇一一年八月にプラハで三〇〇〇人の地球化学者が集まる会議が行われたが、ＰＥＴＭに関する新たなデータをよく知る気候の専門家の間には、陰気なムードが漂っていた。専門家は用心深いので、公的に発表されたのは控えめな予測だったが、ビール片手に聞いた彼らのコメントは悲観的で恐ろしいものだった。温室効果ガスの濃度が急激に上昇したら、それを吸収できるメカニズムは今のところ見つかっていない。温暖化がきっかけで大量のメタンが放出され、あらゆる正のフィードバックが働いて、以前と同じシナリオ通りの現象が起こるのだろうか？　海面は過去に何度もあったように、一〇〇メートル近く上昇するのだろうか。私たちは未知の領域へ足を踏み入れようとしている。後先を考えず、これまで見たことのない、地球規模の実験を行っているのだ。

岩石の証言から明らかになっているのは、生物圏は生物そのものと同じくらい弾力性があるし、これからもそれは変わらないが、気候が急激に変化する転換点では大きなストレスを経験するということだ。農作物の生産性を含めた生物生産力が、しばらくの間、大幅に低下するのはほぼ確実だ。そのようなダイナミックな状況では、私たちのような大きな動物は高い代償を払うことになるだろう。岩石と生物の共進化が変わらず続くのは間違いないが、何十億年にわたる壮大な時間の流れの中で、人間がどのような役割を果たすかを知るすべはない。

私たちはすでにそのような転換点に達しているのだろうか？　この一〇年にはないかもしれないし、私たちが生きている間にはないかもしれない。しかしそれが転換点の問題だ。起きてみるまで確かなことはわからない。住宅バブルが崩壊する。エジプト国民が蜂起する。株式市場が暴落する。あとになって振り返ってようやく何が起こったのか気づくが、ときすでに遅く、元の状態に戻ることはない。これまでの地球に〝元の状態〟などというものがあったかどうかも、そもそも疑問なのだ。

エピローグ

気候は変化し、海面の高さも変わり、雨や風も変わり、地表と海中における生物の分布も変わる。岩石と生物はこれまで何十億年もそうだったように、これからも共進化を続ける。人間は地球の軌道を変えることができないように、地球の変化を止めることもできない。

私たちは地球の生物を破滅させることも、進化を止めることもできない。生物は北極の氷や沸騰する酸性の水たまり、何キロメートルも地下に存在する岩石の穴、何キロメートルも上空へと風で運ばれる塵、あらゆるところにあふれている。私たちがいくら自分たちの首を絞める愚行を犯しても（気温を上昇させる原因をつくる、大気や水を汚す、海の魚種資源を減らす、核兵器の封印を解き世界を破壊させさえするかもしれない）、生物はいなくならないだろう。人間は姿を消して戻ってこないかもしれないが、微生物は微動だにしないだろう。これからの数十億年も、地球は一日に一回自転し、一年で太陽を一周する。この惑星には青い海と緑の大地と渦を巻く白い雲がある。地球は生きた惑星であり続けるだろう。宇宙から見れば、将来の地球も現在と同じように美しいはずだ。人間がいようといまいとそれは変わらない。

人間の過去一〇〇年の活動が、大気の成分の変化やそれに続く気候の変化を引き起こしたことは、物理法則と同じくらい疑いようのない事実だ。温室効果ガスである二酸化炭素とメタンの濃度は、この数億年に例のないほどの速さで上昇している。それは熱帯雨林の伐採や、海産物の消費、世界中の生物棲息地の絶え間ない破壊などで、さらに増幅されている。私たちの行動のせいで地球は暑くなり、氷は融け、海面は上昇するだろう。しかしそれは地球にとってなんら新しいことではない。それではなぜ、人間の行動で変化のプロセスが速まるのを心配しなくてはならないのだろう。

一つには、海の生物が大量に死滅したり、農産物の収穫が急に半分になったりしたら、どれほどの苦しみにおそわれるか考えてみてほしい。数百万平方キロメートルもの豊饒な農地に水があふれたり、港が水中に沈んだりして、生きる糧を失ったらどうなるだろうか？　何百万人もの人が働く場所や家を失ったところを想像してほしい。

私たちが行動を起こすのは、〝地球を救う〟ためでは決してない。四五億年以上、激しい変化の中を生き続けてきた地球を、私たちが救う必要などない。一部の道徳家は、クジラやホッキョクグマを救うことに尽力する。そうした動物が絶滅したら、たしかに悲しいだろう。しかしそのような大きな動物をはじめ、ゾウ、パンダ、サイなど、カリスマ的であると同時に身近な動物の絶滅は、地球にとっては一時的な喪失にすぎない。地質学的には一瞬のうちに（おそらくわずか一〇〇万年ほどで）動物が新たに進化して、そのニッチを埋めるだろう。私たちのような大型哺乳類も大量絶滅するかもしれないが、そうなれば他の脊椎動物（鳥かもしれない）が取って代わる。最近、とくに速く進化するということがわかったペンギンが、姿を変えて広がり、隙間を埋めるかもしれない。クジラのようなペンギンや、トラのようなペンギン、ウマのようなペンギンがいずれ見られるかもしれないのだ。あるいは大きな脳や、物をつかめる指が発達するかもしれない。人間が何をしようと、地球は変化に富む生きた惑星であり続けるだろう。

もし地球の行く末を心配するのであれば、それは何より人間という種のためであるべきだ。誰よりも危機に瀕しているのは私たちなのだから。地球は無駄なものや間違いを選んで排除するようにできている。生物は存在し続けるだろうが、とくに現在のような無駄の多い人間社会は、生き残ることができないかもしれない。私たち人間は思慮を欠いた行動や軽率な行動によって、自らの種を苦しめ、破壊する力を持っている。このまま故郷である世界――カール・セーガンの言によれば〝淡い青色の点（ペール・ブルー・ドット）〟――の変化のスピードがどんどん速くなれば、効果的な行動を起こすために残された時間がなくなってしまう。

地球はこの点については寡黙ではない。岩石の記録の中に読むべき物語が豊富に詰まっている。何千年もの間、私たちは思慮分別を持って、自分たちの故郷を知るために、地球の物語をさがしている。そこで教訓を学ぶのが遅すぎないことを祈ろう。

謝辞

本書のテーマと議論の進め方について、何十人もの友人と同僚から助言を得た。特に二〇〇八年、鉱物進化の概念を早い段階で受け入れてくれた四人の科学者に負うところが大きい。古くからの友人であり協力者でもある鉱物学者ロバート・ダウンズは、自然と鉱物の分布に関する深い専門知識を提供してくれた。ジョンズ・ホプキンス大学の岩石学者で大学院時代からの知り合いであるジョン・フェリーは、鉱物学への新しいアプローチのための高度な理論的枠組みを示してくれた。元カーネギー地球物理学研究所の博士研究員で、現ボストン大学教授である地質学者ドミニク・パピノーは、他のカーネギー研究所の師から反論があったにもかかわらず、早い時期から鉱物進化というアイデアに対して、洞察力に富む建設的な批評をしてくれた。ジョンズ・ホプキンス大学の地球化学者で、ここ数年は仕事上で最も近しかったディミートリ・スヴェルジェンスキーは、鉱物進化という概念を展開するうえで、多くのアイデアと洞察をもたらしてくれた。これら四人の友人たちは、鉱物進化のアイデアをまっさきに支持した人々であり、全員が心強い協力者だった。彼らの助けがなかったら、この本は書けなかった。

カナダ地質調査所の先カンブリア時代の地質学専門のウーター・ブリーカー、スミソニアン学術協会の隕石専門家のティモシー・マッコイ、アリゾナ大学の生体鉱物学の権威であるヘキソン・ヤンからは、このうえなく貴重な見識を得た。彼らはこのアイデアを発表したときの協力者だ。その後、デイヴィッド・アゾリーニ、アンドレイ・ベッカー、デイヴィッド・ビッシュ、ロドニー・ユーイング、ジェームズ・ファークワー、ジョシュア・ゴールデン、メリッサ・マクミラン、アンディ・ノル、ジョリン・ラルフ、ジョン・ヴァレーらとの共同研究により、このアイデアが広がって、新たに刺激的な方向へと進んだ。

エドワード・グルーには特に助けられた。希元素のベリリウムとホウ素の鉱物進化に関する彼の研究のおかげで、この分野は新しい量的なレベルへと進んだ。

生命の起源の研究分野における多くの同僚がいなければ、この本の執筆に着手できなかったかもしれない。ヘンダーソン・ジェームズ・クリーヴズ、ジョージ・コーディ、デイヴィッド・ディーマー、シャーリーン・エストラダ、キャロライン・ジョンソン、クリストファー・ジョンソン、ナムヘイ・リー、カタリナ・クロチコ、ショーヘイ・オノ、アントニオ・ヴィレガス＝ヒメネスに特別な感謝を捧げる。またハーバード大学の古生物学者アンディ・ノルと彼の仲間たち、特にチャールズ・ケヴィン・ボイスと、ノーラ・ノフキ、ニール・ガプタとの共同作業では計り知れないほどの恩恵を受けた。

同僚のコニー・バーカ、アンドレア・マグナム、そして深部炭素観測計画のローレン・クライアン、そしてアルフレッド・P・スローン財団のジェス・オージュベルからは多大な支援を受けた。同財団はこの全世界的な計画に着手するために、惜しみない援助をしてくれた。彼らはまた私がこの本を書いているときの苦悩を正面から受け止めてくれた。そしてカーネギー地球物理学研究所所長のラッセル・ヘムリーにも感謝する。彼らはこのプロジェクトのために無条件で支援の手を差し伸べ、研究を奨励してくれた。

この本のための調査を行っている間、多くの科学者がたいへん貴重な助言と情報を提供してくれた。アラン・ボス、ロバート・ブランケンシップ、ヨッヒエン・ブロックス、ドナルド・キャンフィールド、リンダ・エルキンス-タントン、エリック・ハウリ、リンダ・カー、リン・マーギュリス、ケン・ミラー、ラリー・ニトラー、ピーター・オルソン、ジョン・ロジャーズ、ヘンドリック・シャッツ、スコット・シェパード、スティーブ・シャーリー、ロジャー・サモンズ、マーティン・ファン・クラネンドンクに感謝する。

本書を制作したバイキング社の編集、制作チームの熱意とプロ意識に感謝する。アレッサンドラ・ルサーディはこの本を最初に認め、途中で的確な助言を述べてくれた。リズ・ヴァン・フーズは編集上の方向性を示し、創造性、効率、ユーモアをもって、原稿を完成させてくれた。ブルース・ギフォーズとジャネット・ビールにも感謝したい。

本書の着想はウィリアム・モリス・エンデバー社のエリック・ラプファーとの協力から発展したものだ。彼はこのプロジェクトのあらゆる段階で、思慮深い分析を行い、時宜を得た助言を与え、そして常に手を差し伸べてくれた。彼からは多大な恩を受けた。

マーガレット・ヘイゼンは、鉱物進化というアイデアを練っている間ずっと、私を助けてくれた。本書の案を初めて明らかにしたのは二〇〇六年一二月六日だが、そのはるか以前から本書が完成するまで、それは変わらなかった。彼女の鋭い目と周囲を巻き込む熱意、思慮深い助言と、私が書いたものへの鋭く厳しい批評、そして厳しい研究生活の中で、成功したときも失敗したときも、そのときどきに応じた喜びや温かい共感が、この努力を支えてくれている。

監訳者解説

本書は、端的に言えば「時空間というキャンバスに描かれた、生物と無生物の壮大な叙事詩」である。著者、ロバート・ヘイゼンが目指しているテーマは、「鉱物が生命の起源と進化に果たした地球化学的役割」といったところにある。

読者の多くがイメージするような「昔の鉱物学」について、著者は次のように述べている。「地球とその過去についてすべての知識の中心であったにもかかわらず、不思議なほど進歩や発展がなく、時間による変転という概念から切り離されてきた。これまで二〇〇〇年以上にわたって、鉱物の化学組成、密度、硬度、光学的性質、結晶構造の測定が、鉱物学者の主な研究対象だった。（中略）昔の研究方法は、鉱物からその感動的な生活史をほとんど切り離していたのだ」。関係する研究者にとってはまことに的を射た指摘であろう。

私はかつて無機物質を合成している研究者を野外にともない、ペグマタイト（地球深部で生成される鉱床の一種で、長石や石英などの巨大結晶が生成する）を見せたことがある。それは幅二メートル程度のものであったが、そのとき、このペグマタイトが生成した「時間」について議論をした。彼はこともなげに、「条件が整えば自分なら二週間で作れる」と述べた。それはすなわち、天然でもその程度の時間でできたのだろう、という意味だ。天然ではもっと長い時間がかかっているはずなのだが、残念なことに、私はそれに明瞭に反論する手だてを持たなかった。地球科学では一般に、長大な時間スケールを扱うことが多く、小さな地質現象に対しても、数万年や数百万年などといった数値が平気で飛び交う。さらに、その現象がどの程度の時間幅で起こったのかについては、議論することさえ難しいことが多い。

たとえば、このようなペグマタイトが花崗岩中に存在し、その母岩がある時代の堆積岩に覆われているとしよう。このような条件のとき、この鉱床が生成した「時代」は、両岩石の生成時代の間にある、と結論づけることはできる。しかしその時代幅の中で、そこに含まれる石英の単結晶がどの程度の「時間」で生成したか、ということを知るのは容易ではない。そのため、著者の書くように「感動的な生活史」を得られていないことになる。

著者は、そうした地球科学、地質学、鉱物学の困難をじゅうぶんにわきまえたうえで、本書の中心となる「生物と無生物の共進化」という新しいパラダイムを提示する。地球は時間の経過とともに変化するダイナミックな星である。その地球上で、生物と無生物の領域において互いを進化させる複雑な相互作用があった。中でも注目すべきは、生命がさまざまなタイプの鉱物を生み出しただけでなく、生命そのものが鉱物から生まれたのかもしれない、とする「生命と鉱物の共進化説」だ。

新しいパラダイムが生まれるときにはいつも、科学的なものの見方・捉え方を根底から揺るがす議論や著作が存在する。たとえば、古くはチャールズ・ダーウィンが自然選択説を唱えた『種の起源』であり、アルフレッド・ウェゲナーが大陸移動説を世に問うた『大陸と海洋の起源』である。

最近では、ジェームズ・ラブロックがガイア理論を説いた『地球生命圏　ガイアの科学』、エイドリアン・ベジャンとJ・ペダー・ゼインがコンストラクタル法則を紹介した『流れとかたち』などがそれに相当する。本書も、これらと肩を並べるエポックメーキング（画期的）な著作である。

著者ヘイゼンは自身を鉱物学者だとしているが、天体生物学者の洞察力があり、歴史学者の見解に長けているし、博物学者の鑑識力を有している。否、彼の言い方に倣えば、ひとつの学問領域に縛られることなく、物事を有機的に判断し、統一的に考えることで、はじめて「自然界」に臨める研究者たりうる、ということであろう。

科学の世界では、各種の「記載学（-graphy）」があってはじめて「成因論（-logy）」が展開される。ティコ・ブラーエの精密な観測結果がなかったら、ブラーエの弟子だったヨハネス・ケプラーが天体の法則を発見することはなかったであろうし、それまでの昆虫マニアによる膨大な観察結果がなければ、アンリ・ファーブルの昆虫記は完成しなかったであろう。ヘイゼン自身、多くの合成実験や反応実験を実施し、幾多の鉱物の物性や化学性を明らかにする研究を地道に行ってきた。そうした背景があって、共進化の理論を展開しているのである。

鉱物中には、さまざまな異物（結晶や非結晶の固体包有物、流体包有物、不純物）が含まれている。これらの異物は鉱物が成長する際の欠陥であるが、それゆえ生成時の時空間の状況を明らかにする手だてを含んでいると考えられている。その産状や性状を観察し、またそれらの変化や変遷を考察することは、鉱物ひいては地質体がいかにして生成されたかという研究に役立つ。さらに、異物を通して鉱物の生成時の物理化学的環境の把握はもとより、大気組成の変遷や地球表層のプレート運動に関する傍証的な研究も進められている。ヘイゼンが唱える生物と無生物の共進化、時空間的な地史の解明に光が当たり始めているのだ。

元素から鉱物、岩石、そして生命体という対象それぞれに命を吹き込み、かつ過去に著された多くの実験研究結果を統べるようにして本書は展開していく。無機質といわれてきた世界（岩石圏）と有機質の世界（生物圏）の関係、両者を有機的に結びつけて捉えるものの見方はとても示唆に富み、時折含まれる軽妙な諧謔や皮肉、風刺が、著者の意図や歴史観をさらに豊かなものにしている。

自然を見ることはじつに興味深い。自然そのものも面白いし、その見方や視点を変えた捉え方も、さらに魅惑的である。本書に示されたアイディアはひとつの見方であり、反論はあるかもしれない。しかし、学問もまた生きている。しかも躍動的に、日々進化している。新しい事実が見つかり、ときに改められ、そしてさらに高みを目指す。ちょうど、鉱物や生命体がともにそうであるように。読者諸氏が本書に啓蒙され、無機物や有機物に、そしてそれらの連関に、大いなる関心を抱いてもらいたいものである。

〈や行〉

〈ら行〉

〈わ行〉

〈ま行〉

〈な行〉

〈は行〉

〈た行〉

〈さ行〉

〈か行〉

索引

N.D.C.450　377p　18cm

ブルーバックス　B-1865

地球《ちきゅう》進化《しんか》　46億年《おくねん》の物語《ものがたり》

「青い惑星」はいかにしてできたのか

2014年5月20日　第1刷発行
2015年5月8日　第4刷発行

著者　ロバート・ヘイゼン
監訳者　円城寺《えんじょうじ》　守《まもる》
訳者　渡会《わたらい》圭子《けいこ》

発行者　鈴木　哲
発行所　株式会社講談社
〒112-8001　東京都文京区音羽2-12-21
電話　編集部　03-5395-3524
販売部　03-5395-5817
業務部　03-5395-3615
印刷所　（本文印刷）慶昌堂印刷株式会社
（カバー表紙印刷）信毎書籍印刷株式会社
製本所　株式会社国宝社

定価はカバーに表示してあります。
Printed in Japan

ISBN978-4-06-257865-3

発刊のことば

科学をあなたのポケットに

二十世紀最大の特色は、それが科学時代であるということです。科学は日に日に進歩を続け、止まるところを知りません。ひと昔前の夢物語もどんどん現実化しており、今やわれわれの生活のすべてが、科学によってゆり動かされているといっても過言ではないでしょう。

そのような背景を考えれば、学者や学生はもちろん、産業人も、セールスマンも、ジャーナリストも、家庭の主婦も、みんなが科学を知らなければ、時代の流れに逆らうことになるでしょう。

ブルーバックス発刊の意義と必然性はそこにあります。このシリーズは、読む人に科学的に物を考える習慣と、科学的に物を見る目を養っていただくことを最大の目標にしています。そのためには、単に原理や法則の解説に終始するのではなくて、政治や経済など、社会科学や人文科学にも関連させて、広い視野から問題を追究していきます。科学はむずかしいという先入観を改める表現と構成、それも類書にないブルーバックスの特色であると信じます。

一九六三年九月　　野間省一

ブルーバックス　宇宙・天文・地学関係書（I）

1293 宇宙300の大疑問　S・F・オデンワルド　塩原通緒＝訳　加藤賢一＝監修
1380 新装版　四次元の世界　都筑卓司
1388 新装版　タイムマシンの話　都筑卓司
1390 熱とはなんだろう　竹内　薫
1394 ニュートリノ天体物理学入門　小柴昌俊
1414 謎解き・海洋と大気の物理　保坂直紀
1484 単位171の新知識　星田直彦
1487 ホーキング　虚時間の宇宙　竹内　薫
1496 暗黒宇宙の謎　谷口義明
1499 マンガ　ホーキング入門　J・P・マッケボイ　オスカー・サラーティ＝画　杉山　直＝訳
1510 新しい高校地学の教科書　杵島正洋　松本直記＝編著　左巻健男
1576 富士山噴火　鎌田浩毅
1592 発展コラム式　中学理科の教科書　第2分野（生物・地球・宇宙）　石渡正志　滝川洋二＝編
1628 国際宇宙ステーションとはなにか　若田光一
1638 プリンキピアを読む　和田純夫
1639 見えない巨大水脈　地下水の科学　日本地下水学会　井田徹治
1645 DVD-ROM&図解　ハッブル望遠鏡で見る宇宙の驚異　ビバマンボ／小野夏子　渡部潤一＝監修
1659 地球環境を映す鏡　南極の科学　神沼克伊
1667 太陽系シミュレーター　Windows7/Vista対応版　DVD-ROM付　SSSP＝編

1670 森が消えれば海も死ぬ　第2版　松永勝彦
1687 宇宙の未解明問題　R・ハモンド　大貫昌子＝訳
1697 インフレーション宇宙論　佐藤勝彦
1713 太陽と地球のふしぎな関係　上出洋介
1716 「余剰次元」と逆二乗則の破れ　村田次郎
1721 図解　気象学入門　古川武彦／大木勇人
1722 小惑星探査機「はやぶさ」の超技術　「はやぶさ」プロジェクトチーム＝編　川口淳一郎＝監修
1723 宇宙進化の謎　谷口義明
1728 ゼロからわかるブラックホール　大須賀　健
1731 宇宙は本当にひとつなのか　村山　斉
1742 マンガで読む　タイムマシンの話　秋鹿さくら＝マンガ　銀杏社＝構成
1745 4次元デジタル宇宙紀行Mitaka　DVD-ROM付　ビバマンボ　小久保英一郎＝監修
1749 データで検証　地球の資源　井田徹治
1751 低温「ふしぎ現象」小事典　低温工学・超電導学会＝編
1756 山はどうしてできるのか　藤岡換太郎
1762 完全図解　宇宙手帳　渡辺勝巳／JAXA（宇宙航空研究開発機構）＝協力
1775 地球外生命　9の論点　立花　隆／佐藤勝彦ほか　自然科学研究機構＝編
1778 図解　台風の科学　上野　充／山口宗彦
1798 ヒッグス粒子の発見　イアン・サンプル　上原昌子＝訳
1799 宇宙になぜ我々が存在するのか　村山　斉
1804 海はどうしてできたのか　藤岡換太郎

ブルーバックス　宇宙・天文・地学関係書（Ⅱ）

1806 新・天文学事典　谷口義明＝監修
1824 日本の深海　瀧澤美奈子
1827 大栗先生の超弦理論入門　大栗博司
1834 図解　プレートテクトニクス入門　木村　学／大木勇人
1836 真空のからくり　山田克哉
1846 気候変動はなぜ起こるのか　ウォーレス・ブロッカー　川幡穂高ほか＝訳

ブルーバックス12cmCD-ROM付

BC01 太陽系シミュレーター　SSSP＝編

ブルーバックス12cm CD-ROM付